气候变化背景下北半球积雪变化及影响研究

陈晓娜　著

科 学 出 版 社

北 京

内 容 简 介

本书以北半球积雪作为研究对象，从北半球积雪的基本特征入手，通过国内外研究进展综述、常用积雪变化研究科学数据梳理、北半球积雪面积和积雪物候时空格局、北半球积雪变化的归因分析以及积雪的辐射冷却效应、积雪水文及其与夏季干旱的耦合、长时间序列积雪数据集研发等，系统地介绍气候变化背景下北半球积雪的响应及其对气候系统的影响。最后，本书介绍了积雪的脆弱性评价和积雪变化的适应框架，并对现阶段北半球积雪变化研究中存在的挑战和未来研究方向进行归纳总结。

本书主要面向高等院校和科研院所相关专业的科研人员。通过阅读本书，使读者较为全面地了解北半球积雪的研究现状，认识北半球积雪变化的复杂性和重要性，并在此基础上获得新的知识，发现新的问题。

图书在版编目(CIP)数据

气候变化背景下北半球积雪变化及影响研究／陈晓娜著．—北京：科学出版社，2021.4

ISBN 978-7-03-068667-1

Ⅰ.①气…　Ⅱ.①陈…　Ⅲ.①北半球-气候变化-研究 ②北半球-积雪-研究　Ⅳ.①P467 ②P426.63

中国版本图书馆 CIP 数据核字（2021）第075124号

责任编辑：刘　超／责任校对：樊雅琼

责任印制：吴兆东／封面设计：无极书装

科学出版社 出版

北京东黄城根北街16号

邮政编码：100717

http://www.sciencep.com

北京建宏印刷有限公司 印刷

科学出版社发行　各地新华书店经销

*

2021年5月第　一　版　开本：720×1000　B5

2021年5月第一次印刷　印张：16

字数：330 000

定价：198.00元

（如有印装质量问题，我社负责调换）

前　言

季节性积雪（简称积雪）是冰冻圈的重要组成部分，具有分布面积广、季节性变化大的特点。在春、夏季，积雪以融雪径流的形式影响到当地土壤湿度、植被长势、植被生物量和诸多生物活动；在秋、冬季，积雪以雪盖的形式影响到当地农牧业活动、交通、旅游等。因此，积雪的变化趋势一定程度是全球气候变化的佐证，积雪分布及其变化不仅是我国气候系统检测的关键指标之一，也是联合国政府间气候变化专门委员会（Intergovernmental Panel on Climate Change，IPCC）数次全球气候变化评估报告的重要变量之一。不仅如此，积雪与我们的生活密切相关，“小雪封地，大雪封河”，以及我国二十四节气中的“小雪”和“大雪”都是对积雪现象的直接反映。古语“瑞雪兆丰年”，严冬积雪覆盖大地，使得地面及作物周围的温度不会因寒流侵袭而降得很低，为冬作物创造了良好的越冬环境。积雪融化时又增加了土壤水分含量，供作物春季生长的需要。雪水中氮化物的含量是普通雨水的 5 倍，有一定的肥田作用。此外，我国农业活动中还有“小雪大雪不见雪，小麦大麦粒要瘪”和“今年麦盖三层被，来年枕着馒头睡”的诸多农谚。可见，积雪与农作物产量也密切相关。

积雪变化是全球变暖背景下研究者普遍关注的一个研究方向。从大尺度来说，积雪变化与地球表层能量平衡、大气循环、湿度、降雨和流域水文状况等有着重要的联系。从小尺度来说，积雪对局部气温、干旱状况、土壤湿度、融雪径流量等起着决定性作用。同时，积雪既是干旱、半干旱和高海拔地区重要的水源补给，是形成冰冻和融雪洪水灾害的直接原因，也是影响水资源管理、生态环境建设和社会经济可持续发展的关键因素。因此，在目前全球变化的大背景下梳理北半球积雪对气候变化的响应，探索积雪变化的驱动因子及其对气候系统的影响具有一定的现实意义。

受气温和降水纬度地带性分布规律的影响，全球 98% 以上的积雪分布在北半球，这使得北半球成为积雪变化研究的重点区域。过去几十年的遥感观测和模型模拟结果表明，北半球积雪面积在全球气温变暖的背景下呈现快速减少的趋势，尤其是在春、夏两季。此外，北半球积雪面积变化具有显著的季节性和区域性差异：与整体消减趋势相反，北半球积雪面积在秋冬两季呈现显著的增加趋势，尤其是在高纬度地区。然而，受研究时间段差异和积雪数据时空分辨率的限制，北半球积雪的变化范围、程度和时空差异性等尚缺少系统性研究。作为对北半球积雪面积变化的响应，北半球积雪物候在区域和半球尺度也发生着显著改变，包括积雪持续时间减短、初雪日推迟、终雪日提前等。

北半球积雪变化会对全球气候过程产生深刻影响。一方面，北半球积雪变化引起当地气候环境变化。例如，积雪变化不仅与本地天气情况、作物产量、植被物候、融雪径流、地表冻融状态、生物多样性等自然生态过程紧密相关，也与淡水资源、农业生产、旅游业、畜牧业等社会经济状况息息相关。另一方面，北半球积雪变化制约地球–大气系统的能量交换，影响大范围甚至全球气候的变化进程：积雪具有较高的反射率，是热能和辐射能量的“绝缘体”，在阻碍太阳辐射到达地表的同时，积雪也阻止了冬季地表热能向外辐射。研究表明，随着北半球积雪面积的减少，地球表层反射太阳辐射的能力减弱，这在增加地表吸收太阳辐射的同时，也减弱了地表储热能力，从而导致地球–大气系统的增温。因此，准确认识北半球积雪变化及其影响对积雪水资源的评估、极端气候事件的预测、生态环境保护，乃至整个社会经济的可持续发展都具有十分重要的意义。

我国积雪水资源丰富，季节性积雪分布广泛。受气温、降水和海拔等因素的影响，我国的稳定积雪区主要分布在青藏高原、东北三省、内蒙古高原以及新疆北部—天山一带。作为“第三极”“亚洲水塔”和欧亚大陆雪盖的重要组成部分，青藏高原冬、春季节积雪覆盖范围较广、积雪深度较深、积雪持续时间长且持续性强，由青藏高原积雪融水转化而来的水资源不仅是我国黄河、长江、雅鲁藏布江等河流的重要补给水源，也是湄公河、印度河等国际河流的发源地。我国西北干旱区地表水资源匮乏，但季节性积雪水资源丰富，新疆—天山一带稳定性积雪覆盖区不仅是天山南部、北部内陆河流域的重要补给水资源，也是该区域社会经济、生态环境建设的重要基础。对于处于湿润半湿润区域的东北地区来说，积雪对该地区草原、森林生长和作物产量有显著的影响。随着 2022 年北京冬季奥运会的筹办和“冰天雪地也是金山银山”生态文明建设理念的深入人心，在气候变化的背景下对积雪状况的评估和有效监测对我国水资源利用、生态环境建设和社会经济的可持续发展都有重要的意义。

气候变化背景下北半球积雪的响应及影响在之前的国内外研究中已经被广泛讨论，但其结果多基于单一积雪数据源、站点统计或者模型模拟，其研究范围多局限在北半球高纬度地区，且缺少对积雪变化影响的量化研究。同时，已有研究结果缺少近期气候事件对积雪的影响评估。因此，在前人研究的基础上，编者一方面采用多源积雪数据分析的方法，尽可能准确地估算了北半球积雪面积和积雪物候变化信息；另一方面，利用辐射和辐射核数据，进一步估算了北半球积雪变化对地球—大气系统短波辐射收支的影响。同时，进一步探索了北半球春季积雪变化对植被物候和夏季干旱的影响。

本书共10章。第1章绪论，介绍积雪研究的重要性以及国内外积雪研究现状。第2章国内外研究进展，介绍现阶段北半球气候变化、积雪数据研发、积雪面积、积雪物候、积雪变化的影响等方面的研究进展。第3章常用积雪变化研究科学数据，介绍北半球积雪变化研究中常用的积雪面积、积雪深度、站点观测和文本统计及其他辅助数据。第4章和第5章分别介绍北半球积雪面积和积雪物候的时空变化。第6章北半球积雪变化的归因分析，对北半球积雪变化的驱动因素进行简要归纳和总结。第7～第9章为应用研究，分别对北半球积雪的辐射冷却效应、积雪水文及其与夏季干旱的耦合、典型区域长时间序列积雪面积数据集研发等方面进行具体介绍。第10章北半球积雪研究的挑战与展望，结合积雪的脆弱性评价和积雪变化的适应框架，对气候变化背景下北半球积雪的未来研究方向进行展望。

本书主要面向高等院校和科研院所相关专业的科研人员。通过阅读本书，使读者较为全面地了解北半球积雪的研究现状，了解北半球积雪变化的复杂性和重要性，并在此基础上获得新的知识，发现新的问题。本书在作者自身科研工作归纳总结的基础上，对国内外同行在相关方面的研究进展进行梳理。但由于作者经验不足、学识有限，加上涉及的学科面广、学科发展迅速等，难免存在不足之处，敬请读者批评指正。作者也将进一步完善研究资料，以便再版时补充和修正。

本书的编撰和出版得到了国家自然科学基金委员会青年基金项目（42001377）、国家地球系统科学数据中心（2005DKA32300）和国家重点研发专项“全球气候数据集生成及气候变化关键过程和要素监测”（2016YFA0600103）的共同资助。同时，作者也感谢对本书出版予以关心、支持和帮助的孙九林院士和所有师长。

作　者

2021年1月

目　　录

第 1 章　绪　论

本章介绍气候变化背景下积雪研究的重要性和北半球积雪的基本特征。北半球积雪的基本特征包括积雪的形成与发育条件、积雪的类型、积雪的物理特征、积雪的地带性分布、积雪的季节性变化，以及积雪在地球-大气系统中的重要作用相关内容。

1.1　积雪研究的重要性

地球表面存在时间不超过一年的雪盖，即季节性积雪，简称积雪（秦大河等，2017）。积雪是寒区或寒冷季节特有的自然景观，与河流和湖冰、海冰、冰川和冰帽、冰架、冰原、冻土等构成了地球的冰冻圈（IPCC，2007），见图 1.1。

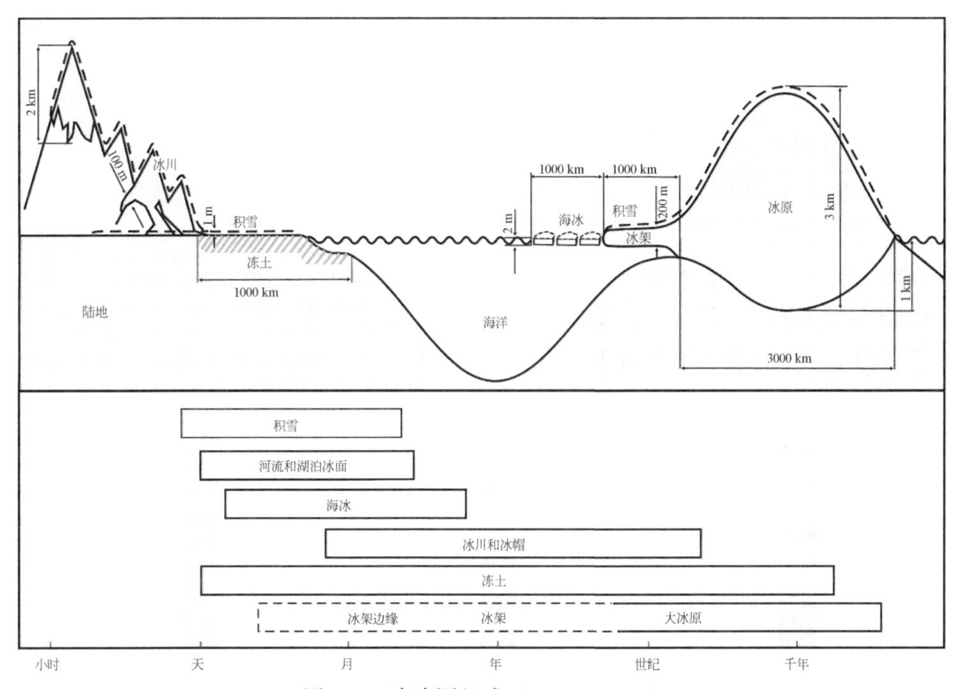

图 1.1　冰冻圈组成（IPCC，2007）

积雪是一个极其活跃的地球系统变量，是全球气候变化过程中的一个重要指示性因子，与地球表层的能量平衡、大气循环以及湿度、降雨、流域水文状况有着重要联系，并对其有明显的反馈作用（Frei et al.，2012；施雅风和张祥松，1995）。

积雪对气候变化十分敏感，在干旱区和寒冷区，积雪既是最活跃的环境影响因子，也是最敏感的环境变化响应因子（李培基和米德生，1983）。同时，积雪对气候系统有重要的反馈作用，以高反照率、高冷储、巨大相变潜热和显著的温室气体源汇作用影响着地球表层的能量平衡、大气循环、水循环和碳氮循环（Christiansen et al.，2018；Frei et al.，2012；施雅风和张祥松，1995；王建等，2018；杨建平等，2015）。此外，作为固体水资源，积雪还具有重要的资源效应。冰冻圈储存了世界上 75% 的淡水资源。超过三分之一的全球灌溉用水和超过六分之一的全球人口依赖于冰川/积雪融水。因此，积雪的变化趋势在一定程度上是全球气候变化的佐证。积雪分布及其变化不仅是我国气候系统检测的关键指标之一（中国气象局，2019），也是政府间气候变化专门委员会（Intergovernmental Panel on Climate Change，IPCC）数次全球气候变化评估报告的重要变量之一（IPCC，2013，2019）。

1.1.1 北半球积雪研究的重要性

受气温和降水纬度地带性分布规律的影响，全球 98% 以上的积雪分布在北半球（赤道以北的地区），其年均积雪覆盖面积为 1.9×10^6 ~ 45.2×10^6 km^2（IPCC，2007），这使得北半球成为积雪变化研究的重点区域。近年来的遥感观测和模型模拟结果表明，北半球积雪面积在全球气温变暖的背景下呈现快速减少的趋势（Brown et al.，2010；Brown and Robinson，2011；Déry and Brown，2007；Derksen and Brown，2012），尤其是在春、夏两季［图 1.2（a）］。研究表明，1972 ~ 2006 年北半球积雪面积的减少速度超过了世界气候研究计划（World Climate Research Programme，WCRP）耦合模式比较计划第五阶段（Coupled Model Intercomparison Project Phase 5，CMIP5）的模拟值（Déry and Brown，2007）；1979 ~ 2011 年北半球 6 月积雪面积的消减速度甚至超过了 9 月北极海冰面积的减少速度（Derksen and Brown，2012）。此外，北半球积雪面积变化具有显著的季节性和区域性差异：与整体消减趋势相反，北半球积雪面积在秋冬两季呈现显著的增加趋势，尤其是在高纬度地区（Chen et al.，2016；Chen and Yang，2020；Cohen et al.，2012，2019；中国气象局，2019）。北半球积雪面积变化的季节性差异在 2019 年尤为突出［图 1.2（b）］：2019 年北半球积雪面积 3 ~ 9 月较常年同期偏小，其余月份偏大。例如，6 月积雪面积大幅消减而 10 月积雪面积显著增加。根据 IPCC 对气候变化的预测，在未来一段时间，北半球积雪面积减少的趋势还将持续（Brown and Robinson，2011；IPCC，2013a）。同时，积雪面积的变化进一步造成北半球积雪物候的波动，如积雪初雪日（snow onset date，D_o）推迟、积雪终雪日（snow end date，D_e）提前、积雪持续时间（snow duration days，D_d）缩短等，从而进一步对地球表层的生物和生态系统产生影响（Goes et al.，2005；Post et al.，2009）。

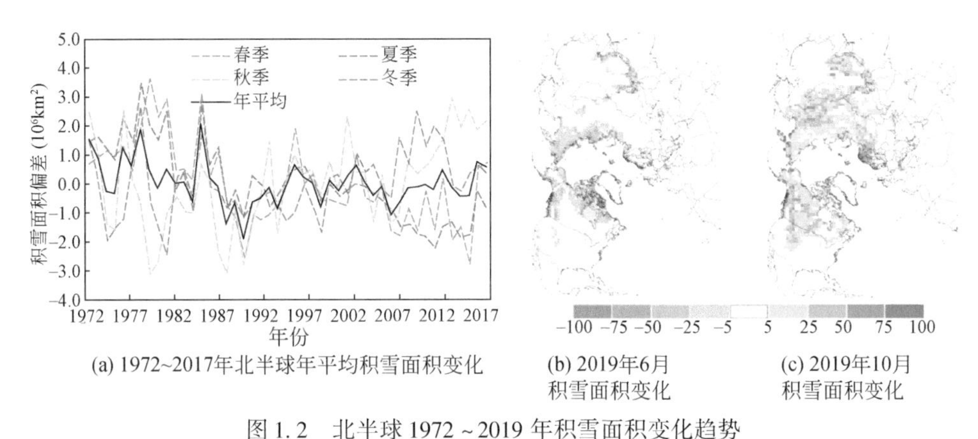

图 1.2　北半球 1972 ~ 2019 年积雪面积变化趋势

资料来源：罗格斯大学全球积雪实验室（https://climate.rutgers.edu/snowcover/index.php）

北半球积雪变化会对全球气候过程产生深刻影响。一方面，北半球积雪变化引起当地气候环境变化。例如，积雪变化不仅与本地天气情况（Richard，2015）、作物产量（Bokhorst et al.，2009）、植被物候（Chen and Yang，2020；Zeng and Jia，2013）、融雪径流（Zakharova et al.，2011）、地表冻融状态（郑思嘉等，2018）、生物多样性（Niittynen et al.，2018）等自然生态过程紧密相关，也与淡水资源（邓海军和陈亚宁，2018）、农业生产（Bokhorst et al.，2009；沈斌等，2011）、旅游业（Steiger et al.，2017）、畜牧业（Wei et al.，2017；邵全琴等，2019）等社会经济状况息息相关。另一方面，北半球积雪变化制约地球–大气系统的能量交换，影响大范围甚至全球气候的变化进程：积雪具有较高的反射率，是热能和辐射能量的“绝缘体”，在阻碍太阳辐射到达地表的同时，积雪也阻止了冬季地表热能向外辐射（Wang et al.，2018a）。研究表明，随着北半球积雪面积的减少，地球表层反射太阳辐射的能力减弱，这在增加地表吸收太阳辐射的同时，也减弱了地表储热能力，从而导致地球—大气系统的增温（Flanner et al.，2011；Qu and Hall，2014）。因此，准确认识北半球积雪变化对深入认识全球气候系统规律及其变化影响极其重要。此外，随着季节的推移，积雪的覆盖范围和深度会影响土壤水分和水分有效性，而土壤水分和水分有效性直接影响农业、野火和干旱。

1.1.2 中国区域积雪研究的重要性

我国是北半球季节性积雪的主要分布区域之一。我国积雪资源丰富，季节性积雪分布广泛。早在20世纪50年代，我国就开始了对中国积雪的大范围观测研究（王建等，2018），中国气象局在全国765个气象基准站实施了雪深观测（马丽娟和秦大河，2012）。我国气象观测规范规定，积雪（包括霰、米雪、冰粒）覆盖地面达到气象站四周能见面积一半以上时，记为积雪日（宋世平等，2017）。

我国的稳定积雪区主要分布在青藏高原、东北三省、内蒙古高原以及新疆北部—天山一带（李培基和米德生，1983）。作为"亚洲水塔""第三极"（Jane，2008）和欧亚大陆积雪的重要组成部分，青藏高原地区冬、春季节积雪覆盖面积广、雪深较大、积雪日数多且持续性强，由青藏高原积雪融水转化而来的水资源不仅是我国黄河、长江、澜沧江等河流的重要补给水源，也是其他众多亚洲河流的发源地。西北干旱区地表水资源匮乏，但季节性积雪水资源丰富，新疆—天山一带稳定性积雪覆盖区不仅是天山南部、北部内陆河流域的重要补给水资源，也是该区域社会经济、生态环境建设的重要依据（包安明等，2010；陈晓娜和包安明，2011）。对于处于湿润半湿润区域的东北地区来说，积雪对该地区草原、森林生长和作物产量有显著的影响（陈海山等，2013；严晓瑜等，2015）。因此，对我国积雪覆盖状况的评估和有效监测对水资源利用、生态环境建设和社会经济的可持续发展都有重要的意义。气候变化背景下，我国积雪覆盖变化情况倍受国内外科学家的关注。

我国进行积雪在内的冰冻圈研究已有十余年。早在2007年，国家重点基础研究发展计划启动"中国冰冻圈动态过程及其对气候、水文和生态的影响机理与适应对策"，该项目在探讨冰冻圈自身脆弱性的基础上，通过在典型区域将经济、社会、生态、技术与冰冻圈变化相结合，开展冰冻圈变化的脆弱性与适应研究，探索应对与适应冰冻圈变化影响的对策建议与战略措施。2010年、2013年与2017年，我国陆续启动了全球变化研究重大科学研究计划项目"北半球冰冻圈变化及其对气候环境的影响与适应对策（2010—2014）"、全球变化重大科学研究计划重大科学项目"冰冻圈变化及其影化的社会经济影响、风险与适应机制"和科技基础资源调查专项"中国积雪特性及分布调查"等，从机理研发到数据集研发，进一步对冰冻圈与积雪的物理特征、时空分布、数据资源等进行系统研究，以服务于气候变化、水资源调查和积雪灾害防治的数据需求。

近年来，在“冰天雪地也是金山银山”的建设理念指导下，积雪分布、变化、脆弱性及适应性研究尤为重要。然而，由于长序列积雪特性分布数据的缺失和不统一，我国许多地区积雪资源的分布情况以及对气候变化的响应仍不清楚。具体表现在两个方面：①在积雪储量的评估上，缺乏时空连续的雪水当量数据，其精度也有待提高；②在融雪水资源的评估上，用于模拟融雪径流的水文模型依赖于积雪属性的地面调查，如积雪面积、雪水当量、密度、粒径及反照率等参数这些变量实测数据的缺乏，使得融雪水资源的评估在许多地区都存在极大的不确定性（王建等，2018）。

1.1.3 气候变化背景下积雪研究的重要性

积雪是气候的产物，积雪的变化受气温和降水等气候系统变量驱动。气候变化研究表明，北极圈气温放大效应（Cohen et al.，2014；Francis and Vavrus，2012；Screen，2014；Tang et al.，2013）和太平洋海表气温的降低（Kosaka and Xie，2013）对北半球近地表气温产生了显著的影响。尤其是，北半球高纬度地区近地表气温的增温速度几乎是低纬度地区增温速度的两倍（Cohen et al.，2014）。同时，大气环流（Mölg et al.，2013）和人类活动（Min et al.，2008）也造成了北半球降水量分布格局的显著变化。与此同时，北半球气候变化呈现显著的区域和季节性差异。例如，尽管全球平均气温在升高，过去十年北半球中纬度地区却频繁发生大范围的极端寒冷事件（Cohen et al.，2012）。鉴于积雪对近地表气温和降水的高度敏感性，探讨气候变化背景下北半球积雪面积和积雪物候的时空变化及其影响因素，在水资源管理、生态环境可持续发展以及气候灾害预测等方面显得尤为重要。

1.2 北半球积雪的基本特征

季节性积雪是北半球冰冻圈分布最广泛、年际和季节变化最显著的重要组成部分，是全球气候变化过程中的一个重要变量。充分了解北半球积雪的基本特征是进行积雪变化研究的基础。

1.2.1 积雪的形成与发育条件

积雪的形成首先需要降雪过程的发生，雪降落到地表以后，能够形成肉眼可见或者仪器可以量到的雪层时，才能被称为积雪（秦大河等，2017）。积雪的形成与发育不仅与地表温度有关，还与降雪地表形态、风场等因素有关。只有当一个地点、地区的降雪量与风吹雪累积量之和大地表融雪量和风吹雪损失量之和时，积雪才能够形成。

积雪是水在固态的一种形式，是由大气中的水蒸气直接凝华或水滴直接凝固而成。因此，低温是积雪形成的最重要的条件。以雪花形式降落地表的降水为降雪，约5%的降水以降雪形式达到地球表面。由于气候的纬度地带性，降雪频次和持续时间也就随纬度的升高而增加。在高海拔地区，随着海拔的增加，降雪频次和持续时间同样增加。降雪能否形成积雪还依赖于地形条件。坡度、坡向、高程、表面粗糙度等地形条件是影响积雪形成与发育的重要条件。平地和缓坡有利于降雪在地面的累积和保存。不同坡向的坡面除表现为接收到的太阳辐射量不同外，所承受的风力作用也不同，积雪存在条件也有较大差异。高海拔地区尽管气温低，但太阳辐射强烈。此外，地表风速的大小对积雪形成与发育的影响也极大，大风不仅可能造成“风吹雪”现象，还极大地增加了积雪的升华，不利于稳定积雪的形成。例如，青藏高原高原腹地，一年四季的不同时期，降雪过程都有发生，但在较强太阳辐射和大风的作用下，高原面上积雪存在的范围并不大，积雪存在的时间也不长。

1.2.2 积雪的类型

积雪类型对于深刻认识积雪性质及其时空分布具有重要意义。积雪性质与积雪的状态及积雪内部微结构有着密切关系，积雪属性的时空演化与气候变化息息相关。因此，依据积雪的性质和特点，将积雪进行有规律的区域划分和归类，有助于深刻认识积雪的时空分布特征，以及积雪对于气候变化的响应和反馈（李晓峰等，2020；刘俊峰等，2012）。

积雪类型有微观和宏观两个尺度。宏观尺度积雪类型的划分主要依据积雪深度、密度、热传导性、含水量等物理属性；微观尺度积雪类型的划分主要依据野外实测积雪剖面数据（积雪粒径、积雪密度、含水量、积雪形态等）。此外，随着遥感技术的发展和积雪遥感数据的普及，在原有积雪类型划分的基础上，逐渐形成了基于遥感观测的积雪分类标准。

1. 北半球积雪分类

依据积雪稳定程度和积雪持续的天数，北半球积雪可以分为4种类型。

（1）永久积雪区：降雪累计量大于积雪消融量的区域，在遥感影像上无季节性变化，且积雪常年存在的区域。

（2）稳定积雪区：空间分布和积雪持续时间（60天以上）都比较连续的季节性积雪，在遥感影像上呈现稳定的季节性变化的区域。

（3）不稳定积雪区：积雪分布零散，积雪持续时间10～60天，且时断时续的区域，在遥感影像上呈现不规律的年际变化的区域。

（4）瞬间积雪区：积雪分布零散，积雪持续时间少于10天的区域。在我国，瞬间积雪区主要指因寒潮或强冷空气侵袭，发生大范围降雪，但很快消融的华南、西南地区。

北半球季节性积雪分布区域广泛，不同地区的积雪类型差异巨大。结合遥感观测数据，利用年均积雪覆盖率划分得到的北半球各类型积雪分布范围见图1.3。

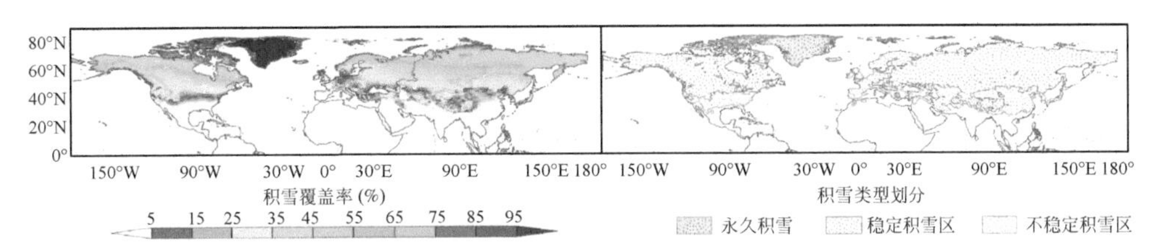

图1.3　基于遥感数据的北半球积雪分类

2. 中国区域积雪分类

利用台站资料和年变率，中国西部积雪可以分为稳定积雪区、年周期性不稳定积雪区和非年周期性不稳定积雪区3种类型。稳定积雪区主要包括北疆、天山和青藏高原东部高海拔山区；年周期性不稳定积雪区包括南疆和东疆盆地周边、河西走廊、青海北部、青藏高原西部至念青唐古拉山一带及藏南谷地；非年周期性不稳定积雪区包括塔里木盆地、吐鲁番盆地、巴丹吉林沙漠、川藏交界处及成都至昆明一线广大地区（何丽烨，2011）。此外，基于气象要素，中国区域的积雪类型可以进一步划分为以下7种（李晓峰等，2020），见表1.1。

表1.1　中国区域的积雪类型雪特性描述统计

积雪类型	积雪深度（cm）	积雪密度（g/cm^3）	分层数
泰加林型	30～120	0.26	>15
苔原型	10～70	0.38	0～6
大草原型	0～50	无数据	<5
高山型	75～250	无数据	>15
海洋型	75～500	0.35	>15

续表

积雪类型	积雪深度（cm）	积雪密度（g/cm^3）	分层数
瞬时型	0 ~ 50	无数据	0 ~ 3
罕见型	可变的	无数据	可变的

资料来源：李晓峰等，2020

1.2.3　积雪的物理特征

积雪独特的物理性质是其区分于其他地表覆被类型的关键，主要表现为高反射率、低导热率和热存储功能。

1. 高反射率

积雪在波长为0.5μm左右的可见光波段有较高的反射率，而在1.6μm左右的短波红外波段有较强的吸收特征；大部分云在可见光波段有较高的反射率，在短波红外波段反射率依然很高，这是基于光学遥感进行积雪信息提取的物理基础（Hall et al.，1995；陈晓娜等，2010）。积雪、岩石、植被和水体等不同表面的反射率曲线如图1.4所示。在可见光范围内，纯净新雪表面反射率通常在0.8以上（冯学智等，2000）。

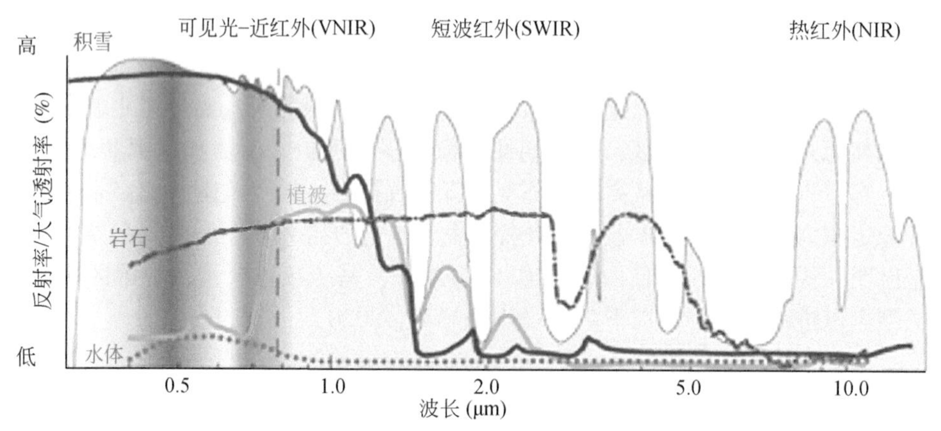

图1.4　积雪、岩石、植被和水体等不同表面的反射率曲线

资料来源：http：//www.eumetrain.org/data/3/358/print_ 2.htm

由于积雪在可见光波段的高反射率，到达地表的太阳辐射有一部分被反射回太空。因此，积雪对地球-大气系统有一定的辐射降温效应。美国国家冰雪数据中心（National Snow and Ice Data Center，NSIDC）研究表明，如果没有积雪覆盖，地球表层吸收的太阳辐射是有积雪覆盖状态下的4 ~ 6倍（NSIDC，2019）。

因此，地表的积雪覆盖状况比任何一种其他地表覆盖特征都更能控制地球表层的冷热状况。

由于积雪的上述特征，其对地球表层水汽和能量收支有巨大的影响作用。积雪的存在造成了地表反照率在年际、年内和不同季节间的显著差异。积雪覆盖地表可反射高达80%～90%的入射太阳辐射，而无积雪覆盖的地表，如土壤或植被，仅能够反射入射太阳辐射的10%～20%。近期的北半球积雪变化研究表明，在全球变暖背景下北半球积雪面积迅速减少（Brown and Robinson，2011；Derksen and Brown，2012），积雪面积的减少减弱了地球表面对太阳辐射的反射能力，使地球-大气系统吸收更多的入射的太阳辐射能量，从而造成地球-大气系统的增温和积雪的进一步消融，这是典型的温度作用下积雪-地表反照率反馈（snow-albedo feedback，SAF）机制（Chen et al.，2017；Hall，2004；Qu and Hall，2014）。

2. 低导热率

积雪的热传导性很差，有效热传导率只有0.000 63～0.001 67 J/cm，是地表良好的绝热层。积雪的导热率小，一方面可以阻止地面热量的散失，另一方面可以阻挡寒冷的空气。积雪表面的蒸发量很小，几乎接近于零，所以对土壤蓄水保墒、防止春旱具有十分显著的作用。研究表明，即使气温远低于零度，厚度为30～50cm的雪层也可以保护所覆盖的土壤不被冻结，为越冬动植物创造良好的生长条件。我国农谚“冬天麦盖三层被，来年枕着馒头睡”指的就是积雪对越冬作物的保护作用。

3. 热存储功能

积雪融化产生大量的潜热，因此融雪期积雪还是一个巨大的热量存储器。其结果是，季节性积雪是总气候系统热惯性的一个主要来源，因为它在气温变化较小或者基本不变的情况下，也能通过积雪消融过程消耗大量的能量。张海宏等（2018）对青海玉树隆宝地区2014年12月积雪升华过程的观测分析表明，积雪升华过程中净辐射、感热通量和潜热通量的日平均值增加，向上短波辐射的日平均值减少。积雪逐渐升华导致地表吸收的能量增加，同时地表向大气传递的能量也随之增加。此外，李丹华等（2018）对黄河源区玛曲3次积雪过程能量平衡特征的观测和分析表明，积雪升华消耗能量使地表温度降低并低于气温，出现负感热通量，融雪后感热、潜热通量很快达到降雪前的水平。

1.2.4 积雪的地带性分布

受气温和降水地带性分布的影响，积雪也具有显著的纬度地带性和垂直地带性分布规律。本节首先介绍北半球积雪的地带性分布规律，其次介绍中国区域积雪的地带性分布。

1. 北半球积雪的空间分布特征

季节性积雪是冰冻圈的最大组成部分之一，其冬季平均积雪面积为 $4.7\times10^7km^2$，其中98%分布在北半球（NSIDC，2019）。除了高纬度北极海冰覆盖地区外，北半球中、高纬度的大部分地区被积雪覆盖（图1.5）。按照积雪覆盖的时间特征，北半球从北极地区到中、低纬度，积雪分布类型依次为：永久积雪区（全年有积雪覆盖）、稳定的季节积雪区（持续时间在2个月以上）、不稳定的积雪性积雪区（持续时间不足2个月）和无积雪区。地球上永久积雪区面积约为 $1.7\times10^7km^2$，占陆地面积的11%，是现代冰川发育的摇篮。以美国国家海洋和大气管理局（National Oceanic and Atmospheric Administration，NOAA）发布的2011年2月2日积雪为例，大雪覆盖了从加拿大西海岸到中国东部的北半球大部分地区，见图1.5。北半球永久性积雪区主要分布在格陵兰岛、北冰洋西部岛屿以及中低纬度高山地区。

同时，积雪分布还具有显著的垂直地带性特征。气温对海拔高度变化非常敏感，一般来说，海拔每升高100m，气温约下降0.6℃。而积雪的分布很大程度上受气温影响。因此，从高海拔地区到低海拔地区，积雪的垂直地带性分布与纬度地带性的分布相似。

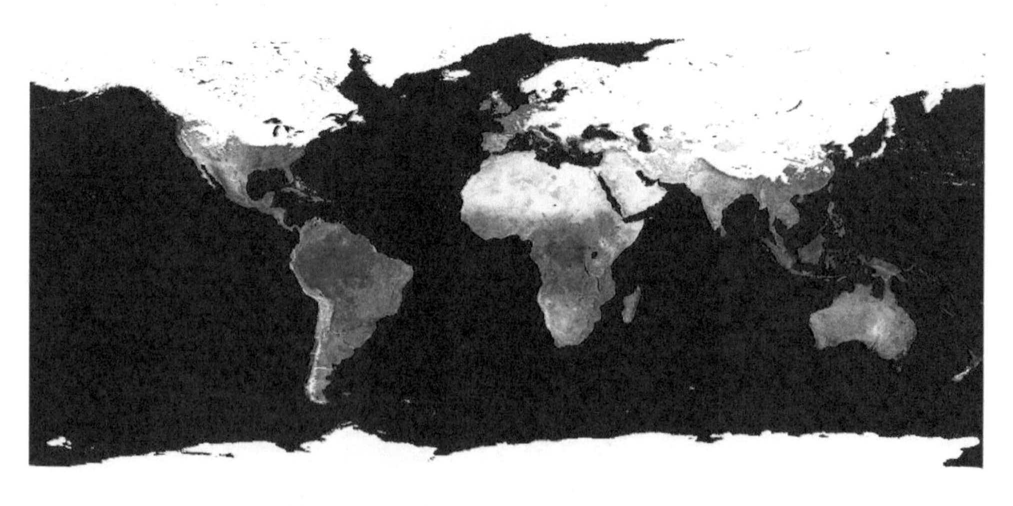

图1.5　2011年2月2日全球积雪分布范围

资料来源：https：//www. iceagenow. com/Most_ of_ Nrthn_ Hemisphere_ covered_ by_ snow. htm

2. 中国区域积雪空间分布特征

中国季节性积雪覆盖面积约为 9.0×10^6 km²。其中永久积雪区面积约为 5×10^4 km²，零星分布在西部高山冰川积累区。稳定季节积雪区面积有 4.2×10^6 km²，主要分布区域包括东北、内蒙古东部和北部、新疆北部和西部、青藏高原区。不稳定季节积雪区南界为24°～25°N。无积雪地区仅包括福建、广东、广西、云南四省（自治区）南部、海南省等地区。中国年平均雪深、积雪密度、雪水当量分别为0.49cm、140kg/m³、0.7mm。积雪日数最多的区域位于东北大、小兴安岭北部山区，帕米尔高原、喀喇昆仑山、喜马拉雅山、天山等地的积雪日数也很长。青藏高原积雪日数在冬季的1月和夏季的8月分别达到最大（7天以上）和最小（不足1天），6～9月的积雪日数均不足1天。季节尺度上，冬季最大，平均在18天以上；春季次之，在14天以上；秋季也可达到8天以上。年积雪日数平均大于42天。空间上，在积雪较深的中部和东到东部区域，积雪日数也为大值区，最大年积雪日数超过158天，但同样积雪较深的喜马拉雅山西段和帕米尔高原地区并非积雪日数大值区。高原东部比高原南部的积雪日数更长。就多年平均年积雪日数而言，青藏高原和新疆地区年积雪日数都大于东北地区，但东北地区积雪范围更大一些（秦大河等，2017）。

1.2.5 积雪的季节性变化

因为积雪对气温变化的高度敏感性，北半球积雪还具有显著的季节性变化规律。依据美国国家冰雪数据中心对北半球积雪面积的统计分析结果可知，北半球积雪面积的年内最低值在8～9月，之后月平均积雪面积缓慢增加，在次年2月达到最高值，并在3月开始消融，见图1.6。因此，研究者一般将9月至次年8月作为北半球积雪循环的一个水文年，其中9月至次年2月为积雪的累积期，3～8月为积雪的消融期（Chen et al.，2015）。

1.2.6 积雪在地球–大气系统中的作用

作为一种特殊的下垫面，积雪对气温、降水、季风、环流、辐射等气候环境变化十分敏感，尤其是气温和降水。气温和降水与积雪的存在与否高度相关，而气温和降水的变化又进一步作用于积雪的变化（陈晓娜和包安明，2011；李海花等，2015）。现有研究表明，积雪面积变化与气温负相关，而与累积期降水正相关（Brown and Robinson，2011；Chen et al.，2015；Derksen and Brown，2012；除

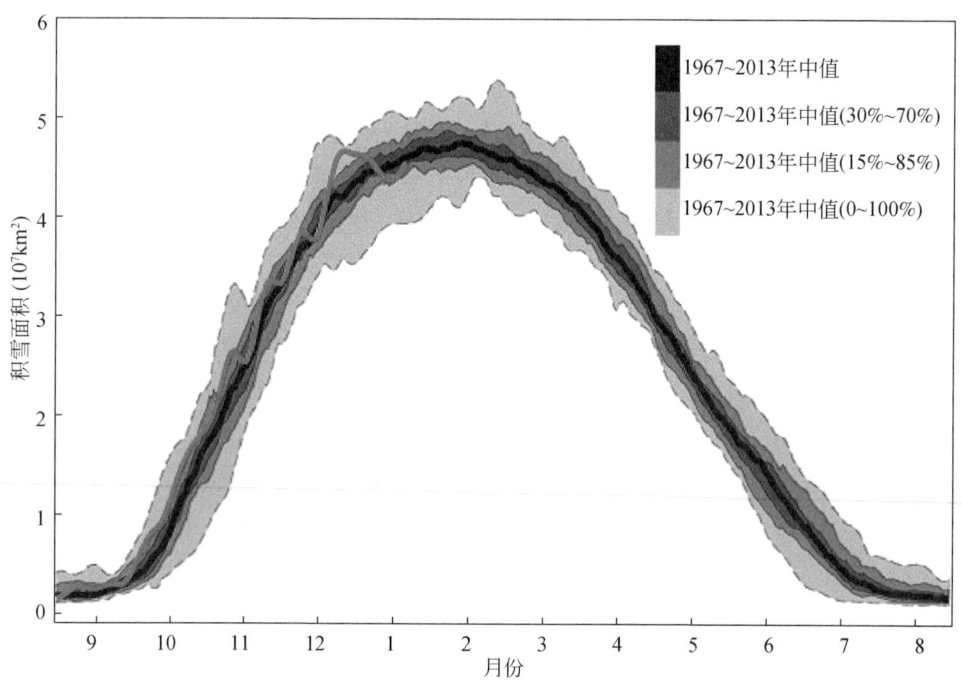

图 1.6　1967 ~ 2013 年北半球月平均积雪面积变化

1967 ~ 2013 年月平均积雪面积由黑色表示，灰色表示其数据范围。

2013 年 9 月至 2014 年 1 月的积雪面积由红线表示

资料来源：http：//nsid. c. org/cryosphere/sotc/snow_ extent. html

多等，2011；李海花等，2015）。同时，积雪变化还与季风（Li and Wang，2014；Pu et al.，2008；程龙等，2013；徐丽娇等，2010）、环流（Cohen et al.，2010；唐红玉等，2014）等气候因子的变化密切相关。概括起来，积雪在地球-大气系统中的主要作用表现在以下几个方面。

1. 积雪对气候系统的响应与反馈

积雪对温度的变化十分敏感，任何时间和空间尺度的气候变化都伴随着不同规模的积雪波动。大气中二氧化碳和其他具有温室效应的微量气体不断增加，导致气候变暖，积雪面积减少、积雪持续时间变短，引起永久积雪边缘带的消融和海平面上升。反之，则积雪面积扩大，积雪持续时间增长。研究表明，北半球积雪面积的变化与地表温度的波动密切相关，并呈现显著的区域和季节性差异（汪方和丁一汇，2011；Brown et al.，2010）。Brown 等（2010）发现，在 1967 ~ 2008 年，北半球融雪期积雪面积对地表温度的敏感性为 $-0.76\times10^6\mathrm{km}^2/(℃)$，其中欧亚大陆为$-0.54\times10^6 km^2/(℃)$，北美洲为$-0.22\times10^6 km^2/(℃)$。Derksen和Brown（2012）发现，欧亚大陆4～6月积雪面积对地表温度的敏感性分别为$-0.46\times10^6 km^2/(℃)$、$-0.60\times10^6 km^2/(℃)$和$-0.56\times10^6 km^2/(℃)$，而北美洲地区分别为$-0.29\times10^6 km^2/(℃)$、$-0.31\times10^6 km^2/(℃)$和$-0.59\times10^6 km^2/(℃)$。

作为一种重要的陆面强迫因子，积雪的变化除了对局地大气产生直接的影响，还可以通过行星波的传播，造成更大范围内的大气环流异常（图1.7）。研究表明，季节积雪的年际波动与大范围气候胁迫作用（Beniston，1997）、厄尔尼诺-南方涛动（El Nino-Southern Oscillation，ENSO）（Wu et al.，2012）、北极涛动（Arctic Oscillation，AO）（Cohen et al.，2010）等大尺度气候环流异常现象密切相关。例如，秋季初冬欧亚大陆的积雪面积异常与冬季北半球大气环流显著相关（Clark et al.，1999）；秋季西伯利亚积雪异常与北半球环状模（Northern Hemisphere Annular Mode，NAM）呈显著的负相关关系（Kushner et al.，2011）；而青藏高原地区秋季初冬积雪面积偏多的年份，能引起冬季北半球泛太平洋-北美（Pan-pacific-North America，PNA）遥相关型的大气环流异常。此外，欧亚大陆积雪变化与中国夏季降水也存在密切联系。研究表明，欧亚大陆春季积雪偏多时，中国夏季自南向北降水呈现“少-多-少”的分布型，而欧亚大陆春季积雪偏少时，则呈现相反的分布状态（Wu et al.，2009）。

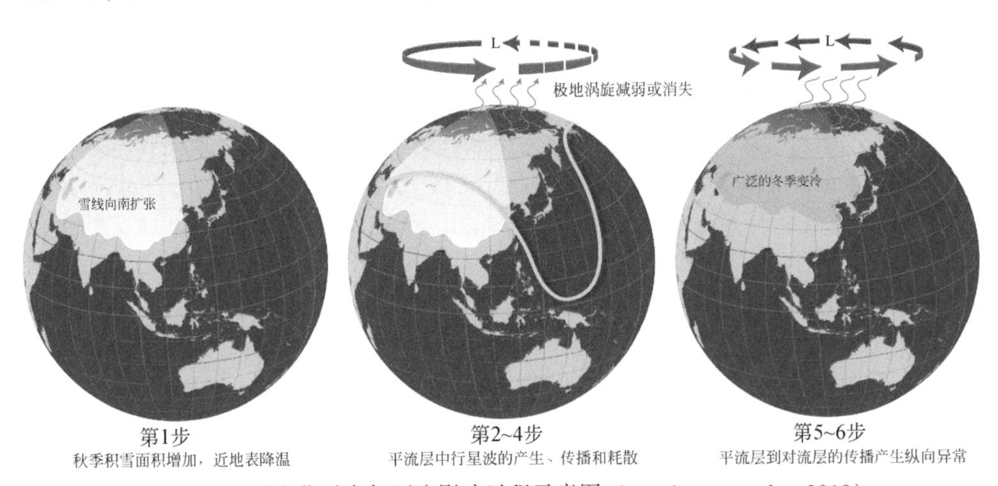

图1.7　积雪变化对大气环流影响过程示意图（Henderson et al.，2018）

红色的波浪箭头表示传播的Rossby波之间的相互作用，平流层极涡以“L”代表，逆时针方向流动。由此产生的增强的Rossby波活动和波谷用橙色线表示

2. 积雪的辐射冷却效应

季节性积雪是北半球冬季最显著的地表覆盖特征之一。新雪可反射太阳短波

辐射的85%～95%，仅红外部分被表层吸收，热辐射率达98%～99%，几乎接近完全黑体。因此，积雪可形成冷源性下垫面和近地层逆温层结，使近地面气温下降。积雪区与无积雪区之间热状况的显著差异，使中纬度气旋活动加强。同时，积雪异常会导致气旋路径偏移。欧亚大陆积雪的波动，影响东亚大气环流、印度季风活动和中国初夏降水。积雪变化还引起反照率-温度反馈的正向循环：若积雪增加，地表反射率增加，吸收的太阳能量减少，气温降低，降雪量增加；反之，则气温升高，降雪量减少。

3. 积雪的融雪水文效应

季节性积雪是融雪性径流的主要水源。陆地上每年从降雪获得的淡水补给量约为60 000×10^8 m^3，约占陆地淡水年补给量的5%（NSIDC，2019）。亚、欧、北美三大洲北部和山区河流主要靠季节积雪融水补给。同时，冬季雪储量的多少还决定着流域用水计划和春汛规模。

中国区域季节性积雪资源丰富，其平均降雪补给量为3451.8×10^8 m^3，由积雪转化而来的融雪水资源在我国的水资源构成中占有重要地位，尤其是对于我国青藏高原和西北干旱地区，由积雪水资源转化而来的融雪径流作为干旱区径流的重要组成部分，其分配及管理模式将直接影响到流域内的工农业生产及生态环境建设（包安明等，2010；李晶等，2014；陆恒等，2015）。

4. 积雪的生态效应

积雪状态与地表积温相关的生物和生态过程密切相关，如作物生长和动物迁移。Zeng和Jia（2013）发现积雪对植被物候产生影响。同时，Bokhorst等（2009）发现气温升高导致高纬度地区冬季积雪减少，这将对高纬度地区的植被的叶面积产生影响，降低次年的作物产量。

基于卫星遥感大尺度观测和多种不同生态系统过程模型，Wang等（2018b）研究发现，积雪对植被生长的影响具有明显的区域分异，这可归结为主要生态过程对积雪-植被关系调控的相对重要性：积雪的土壤水分效应（一般表现为积雪多→水分多→植被变好；正的促进效应）和积雪对物候期的影响（一般表现为积雪多→春季物候推迟→植被变差；负的抑制效应），见图1.8。

在第三极和北美的中西部，积雪的土壤水分效应起了主导作用，因此积雪对植被生长的影响主要表现为正的促进作用；而在欧洲中部，积雪对物候期的影响起着决定性作用，因此积雪对植被生长主要表现为负的抑制作用。

5. 积雪的经济效应

研究表明，气候作为自然要素可直接或间接参与旅游景观的形成。因此，积

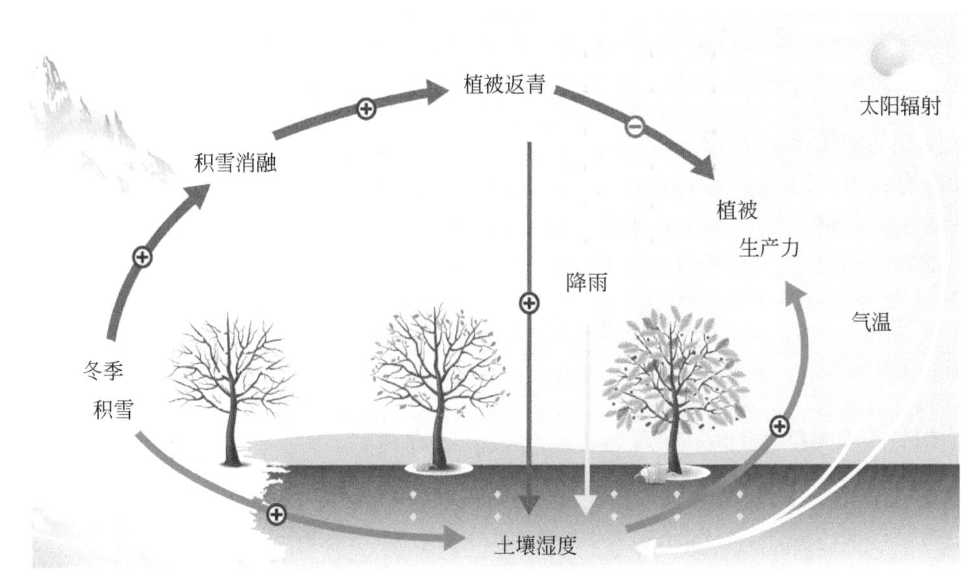

图 1.8　冬季积雪对高寒植被生长影响的主要生态过程示意图
资料来源：Wang et al.，2018b

雪作为一种特殊的自然景观，还具有显著的经济效应。积雪旅游的开发对资源具有较强的依赖性，必须同时具备寒冷的气候条件和适宜的地形条件。在地理位置上，积雪旅游区必须处于寒温带或中温带，每年的 1 月和 2 月的平均气温为 -30 ~ -18℃，且山地面积多于平地，一般是坡度轻平缓，雪期长。

积雪旅游属于生态旅游范畴，在我国已上升为国家战略，政策红利持续释放。2019 年 3 月，中共中央办公厅、国务院办公厅印发了《关于以 2022 年北京冬奥会为契机大力发展冰雪运动的意见》，明确提出大力发展冰雪旅游，这为我国冰雪旅游跨越式发展提供了政策保障。《国务院办公厅关于促进全民健身和体育消费推动体育产业高质量发展的意见》（国办发〔2019〕43 号），提出“支持新疆、内蒙古、东北三省等地区大力发展寒地冰雪经济”。在政策福利的推动下，冰雪旅游已成为我国众多国家战略的交汇点。

《中国冰雪旅游发展报告 2020》显示，我国每年参与冰雪旅游人数不断上涨，61.5% 的人有参与冰雪旅游经历，2018 ~ 2019 年冰雪季冰雪旅游人均消费达 1734 元，是国内旅游人均消费的 1.87 倍。为充分挖掘我国北方省份的冰雪资源优势，科学规划开发寒地冰雪资源，研究者纷纷对我国北方省份，如辽宁省（周晓宇等，2020）、内蒙古自治区（于凤鸣等，2018）、新疆维吾尔自治区（张雪莹等，2018）等进行冰雪气候资源适宜性评价，有望通过冰雪经济拉动区域发展。

6. 积雪的灾害效应

过量或非适时的积雪也会引发积雪灾害，导致大量的生命财产损失。在全球气候变化的影响下，积雪的灾害效应尤其需要引起关注，包括暴雪、融雪性洪水及泥石流等。冰雪灾害成灾因素复杂，致使对雨雪预测预报难度不断增加。中国属季风大陆性气候，冬、春季时天气、气候诸要素变率大，导致各种冰雪灾害每年都有可能发生。积雪相关致灾因子及主要承灾体见表 1.2。

表 1.2　积雪相关致灾因子及主要承灾体

类型	致灾因子	区域	承灾体	时间
雪崩	大规模积雪体滑动或降落	天山、喜马拉雅山、念青唐古拉山	高山旅游者、山区基础设施	分钟
融雪洪水	积雪短时间内融化形成洪水	新疆	耕地、下游居民	天
雪灾	较大范围且较长积雪覆盖天数	西部牧区	农牧业、城市电讯网络	天
风吹雪	大风、积雪	天山、青藏高原	交通、道路	天

以融雪径流为水资源的河流汛期主要发生在春、夏季节，随着春季气温升高，融雪性径流水量和融雪径流的洪峰时间都将发生显著变化。急剧的融雪易引发洪水，山区发生融雪时也易引起雪崩、泥石流等自然灾害。以新疆地区为例，新疆地区的融雪洪水灾害主要发生在新疆北部的阿勒泰地区（塔城地区和天山北坡一带）。随着全球气候变暖，尤其是新疆 1987 年开始的从暖干向暖湿的转型，融雪性洪水随着气温升高和冬季降雪量的增加，其灾害强度在增加。同时，积雪灾害对工程设施、交通运输和人民生命财产造成直接和间接的破坏。

参考文献

包安明，陈晓娜，李兰海 . 2010. 融雪径流研究的理论与方法及其在干旱区的应用［J］. 干旱区地理，33：684-691.

陈海山，齐铎，许蓓 . 2013. 欧亚大陆中高纬积雪消融异常对东北夏季低温的影响［J］. 大气科学，37：1337-1347.

陈晓娜，包安明，张红利，等 . 2010. 基于混合像元分解的 MODIS 积雪面积信息提取及其精度评价——以天山中段为例［J］. 资源科学，32：1761-1769.

陈晓娜，包安明 . 2011. 天山北坡典型内陆河流域积雪年内分配与年际变化研究——以玛纳斯河流域为例［J］. 干旱区资源与环境，25：154-160.

程龙，刘海文，周天军，等 . 2013. 近 30 余年来盛夏东亚东南季风和西南季风频率的年代际变化及其与青藏高原积雪的关系［J］. 大气科学, 37：1326-1336.
除多, 拉巴卓玛, 拉巴, 等. 2011. 珠峰地区积雪变化与气候变化的关系［J］. 高原气象, 30：576-582.
邓海军, 陈亚宁. 2018. 中亚天山山区冰雪变化及其对区域水资源的影响［J］. 地理学报, 73：1309-1323.
冯学智, 李文君, 柏延臣. 2000. 雪盖卫星遥感信息的提取方法探讨［J］. 中国图像图形学报, 5：836-839.
何丽烨. 2011. 中国西部积雪类型划分及影响因子分析［D］. 南京：南京信息工程大学.
李丹华, 文莉娟, 隆霄, 等. 2018. 黄河源区玛曲 3 次积雪过程能量平衡特征［J］. 干旱区研究, 35：1327-1335.
李海花, 刘大锋, 李杨, 等. 2015. 近 33a 新疆阿勒泰地区积雪变化特征及其与气象因子的关系［J］. 沙漠与绿洲气象, 9：29-35.
李晶, 刘时银, 魏俊锋, 等. 2014. 塔里木河源区托什干河流域积雪动态及融雪径流模拟与预估［J］. 冰川冻土, 36：1508-1516.
李培基, 米德生. 1983. 中国积雪的分布［J］. 冰川冻土, 5：9-18.
李晓峰, 梁爽, 赵凯, 等. 2020. 基于气象要素的中国积雪类型划分及积雪特征分布［J］. 冰川冻土, 42：62-71.
刘俊峰, 陈仁升, 宋耀选. 2012. 中国积雪时空变化分析［J］. 气候变化研究进展, 8：364-371.
陆恒, 魏文寿, 刘明哲, 等. 2015. 融雪期天山西部森林积雪表面能量平衡特征［J］. 山地学报, 33：173-182.
马丽娟, 秦大河. 2012. 1957—2009 年中国台站观测的关键积雪参数时空变化特征［J］. 冰川冻土, 34：1-11.
秦大河, 姚檀栋, 丁永建, 等. 2017. 冰冻圈科学概论［M］. 北京：科学出版社.
邵全琴, 刘国波, 李晓东, 等. 2019. 三江源区 2019 年春季雪灾及草地畜牧业雪灾防御能力评估［J］. 草地学报, 27：1317-1327.
沈斌, 房世波, 高西宁, 等. 2011. 基于 MODIS 的雪情监测及其对农业的影响评估［J］. 中国农业气象, 32：129-133.
施雅风, 张祥松. 1995. 气候变化对西北干旱区地表水资源的影响和未来趋势［J］. 中国科学 B 辑, 25：968-977.
宋世平, 高民, 涂满红, 等. 2017. 地面气象观测规范［S］. 中华人民共和国国家质量监督检验检疫总局；中国国家标准化管理委员会.
唐红玉, 李锡福, 李栋梁. 2014. 青藏高原春季积雪多/少年中低层环流对比分析［J］. 高原气象, 33：1190-1196.
汪方, 丁一汇. 2011. 不同排放情景下模拟的 21 世纪东亚积雪面积变化趋势［J］. 高原气象, 30：869-877.
王建, 车涛, 黄晓东, 等. 2018. 中国积雪特性及分布调查［J］. 地球科学进展, 33：12-26.
徐丽娇, 李栋梁, 胡泽勇. 2010. 青藏高原积雪日数与高原季风的关系［J］. 高原气象, 29：1093-1101.

严晓瑜，赵春雨，缑晓辉，等. 2015. 东北林区积雪空间分布与变化特征［J］. 干旱区资源与环境，29：154-162.

杨建平，丁永建，方一平，等. 2015. 冰冻圈及其变化的脆弱性与适应研究体系［J］. 地球科学进展，30：517-529.

于凤鸣，尤莉，邸瑞琦. 2018. 内蒙古滑雪旅游气候资源评价［J］. 内蒙古气象，6：7-9.

张海宏，苏永玲，姜海梅，等. 2018. 积雪升华过程对高寒湿地陆气相互作用的影响［J］. 冰川冻土，40：1223-1230.

张雪莹，张正勇，刘琳. 2018. 新疆冰雪旅游资源适宜性评价研究［J］. 地球信息科学，20：1604-1612.

郑思嘉，于晓菲，栾金花，等. 2018. 季节性冻土区积雪的生态效应［J］. 土壤与作物，7：389-398.

周晓宇，龚强，赵春雨，等. 2020. 辽宁省冰雪气候资源适宜性评价［J］. 气象与环境学报，36：76-85.

Beniston M. 1997. Variations of snow depth and duration in the swiss alps over the last 50 years：Links to changes in large-scale climate forcing［J］. Climatic Change，36：281-300.

Bokhorst S，Bjerke J，Tømmervik H，et al. 2009. Winter warming events damage sub-Arctic vegetation：consistent evidence from an experimental manipulation and a natural event［J］. Journal of Ecology，97：1408-1415.

Brown R，Derksen C，Wang L. 2010. A multi-data set analysis of variability and change in Arctic spring snow cover extent，1967—2008［J］. Journal of Geographical Research，115：D16111.

Brown R，Robinson D. 2011. Northern Hemisphere spring snow cover variability and change over 1922—2010 including an assessment of uncertainty［J］. The Cryosphere，5：219-229.

Chen X，Liang S，Cao Y，et al. 2015. Observed contrast changes in snow cover phenology in northern middle and high latitudes from 2001—2014［J］. Scientific Reports，5：16820.

Chen X，Liang S，Cao Y. 2016. Satellite observed changes in the Northern Hemisphere snow cover phenology and the associated radiative forcing and feedback between 1982 and 2013［J］. Environmental Research Letters，11：084002.

Chen X，Liang S，Cao Y. 2017. Sensitivity of summer drying to spring snow-albedo feedback throughout the Northern Hemisphere from satellite observations［J］. IEEE Geoscience and Remote Sensing Letters，14：2345-2349.

Chen X，Yang Y. 2020. Observed earlier start of the growing season from middle to high latitudes across the Northern Hemisphere snow-covered landmass for the period 2001—2014［J］. Environmental Research Letters，15：034042.

Christiansen C，Lafreniere M，Henry G，et al. 2018. Long-term deepened snow promotes tundra evergreen shrub growth and summertime ecosystem net CO_2 gain but reduces soil carbon and nutrient pools［J］. Global Change Biology，24：3508-3525.

Clark M，Serreze M，Robinson D. 1999. Atmospheric controls on Eurasian snow extent［J］. International Journal of Climatology，19：27-40.

Cohen J, Foster J, Barlow M, et al. 2010. Winter 2009—2010: A case study of an extreme Arctic Oscillation event [J]. Geophysical Research Letters, 37: 2010GL044256.

Cohen J, Furtado J, Barlow M, et al. 2012. Arctic warming, increasing snow cover and widespread boreal winter cooling [J]. Environmental Research Letters, 7: 014007.

Cohen J, Screen J, Furtado J, et al. 2014. Recent Arctic amplification and extreme mid-latitude weather [J]. Nature Geoscience, 7: 627-637.

Connolly R, Connolly M, Soon W, et al. 2019. Northern Hemisphere snow cover trends (1967—2018): a comparison between climate models and observations [J]. Geosciences, 9: 135.

Derksen C, Brown R. 2012. Spring snow cover extent reductions in the 2008—2012 period exceeding climate model projections [J]. Geophysical Research Letters, 39: L19504.

Déry S, Brown R. 2007. Recent Northern Hemisphere snow cover extent trends and implications for the snow-albedo feedback [J]. Geophysical Research Letters, 34: L22504.

Flanner M, Shell K, Barlage M, et al. 2011. Radiative forcing and albedo feedback from the Northern Hemisphere cryosphere between 1979 and 2008 [J]. Nature Geoscience, 4: 151-155.

Francis J, Vavrus S. 2012. Evidence linking Arctic amplification to extreme weather in mid-latitudes [J]. Geophysical Research Letters, 39: L06801.

Frei A, Tedesco M, Lee S, et al. 2012. A review of global satellite-derived snow products [J]. Advances in Space Research, 50: 1007-1029.

Goes J, Thoppil P, Helga do R Gomes, et al. 2005. Warming of the Eurasian landmass is making the Arabian Sea more productive [J]. Science, 308: 545-547.

Hall A. 2004. The Role of Surface Albedo Feedback in Climate [J]. Journal of Climate, 17: 1550-1568.

Hall D, Riggs G, Salomonson V. 1995. Development of methods for mapping global snow cover using moderate resolution imaging spectroradiometer data [J]. Remote Sensing of Environment, 54: 127-140.

Henderson G, Peings Y, Furtado J. et al. 2018. Snow-atmosphere coupling in the Northern Hemisphere [J]. Nature Climate Change, 8: 954-963.

IPCC. 2007. Climate Change 2007: The Physical Science Basis. In: Contribution of Working Group I to the Fourth Assessment Report of the Intergovernmental Panel on Climate Change [M]. Cambridge: Cambridge University Press.

IPCC. 2013a. Climate Change 2013: The Physical Science Basis. Contribution of Working Group I to the Fifth Assessment Report of the Intergovernmental Panel on Climate: Change [M]. Cambridge: Cambridge University Press.

IPCC. 2013b. Observations: Changes in Snow, Ice and Frozen Ground. In: Climate Change 2007: The Physical Science Basis. Contribution of Working Group I to the Fourth Assessment Report of the Intergovernmental Panel on Climate Change [M]. Cambridge: Cambridge University Press.

IPCC. 2019. Summary for Policymakers. //IPCC. 2019. IPCC Special Report on the Ocean and Cryosphere in a Changing Climate [M]. Cambridge: Cambridge University Press.

Jane Q. 2008. China: The third pole [J]. Nature, 454: 393-396.

Kosaka Y, Xie S. 2013. Recent global-warming hiatus tied to equatorial Pacific surface cooling [J]. Nature, 501: 403-407.

Kushner P, Smith K, Cohen J. 2011. The Role of Linear Interference in Northern Annular Mode variability associated with Eurasian snow cover extent [J]. Journal of Climate, 24: 6185-6202.

Li F, Wang H. 2014. Autumn Eurasian snow epth, autumn Arctic sea ice cover and East Asian winter monsoon [J]. International Journal of Climatology, 34: 3616-3625d.

Min S, Zhang X, Zwiers F. 2008. Human-induced Arctic moistening [J]. Science, 320: 518-520.

Mölg T, Maussion F, Scherer D. 2013. Mid-latitude westerlies as a driver of glacier variability in monsoonal High Asia [J]. Nature Climate Change, 4: 68-73.

Niittynen P, Heikkinen R, and Luoto M. 2018. Snow cover is a neglected driver of Arctic biodiversity loss [J]. Nature Climate Change, 8: 997-1001.

NSIDC. 2019. State of the Cryosphere: Northern Hemisphere Snow [EB/OL]. http: //nsidc. org/cryosphere/sotc/snow_ extent. html.

Post E, Forchhammer M, Bret-Harte M, et al. 2009. Ecological dynamics across the Arctic associated with recent climate change [J]. Science, 325: 1355-1358.

Pu Z, Xu L, Salomonson V. 2008. MODIS/Terra observed snow cover over the Tibet Plateau: distribution, variation and possible connection with the East Asian Summer Monsoon EASM [J]. Theoretical and Applied Climatology, 97: 265-278.

Qu X, Hall A. 2014. On the persistent spread in snow-albedo feedback [J]. Climate Dynamics, 42: 69-81.

Richard K A. 2015. Can Northern Snow Foretell Next Winter's Weather? [J]. Science, 300: 1865-1866.

Screen J A. 2014. Arctic amplification decreases temperature variance in northern mid-to high-latitudes [J]. Nature Climate Change, 4: 577-582.

Steiger R, Scott D, Abegg B, et al. 2017. A critical review of climate change risk for ski tourism [J]. Current Issues in Tourism, 22: 1343-1379.

Tang Q, Zhang X, Francis J. 2013. Extreme summer weather in northern mid-latitudes linked to a vanishing cryosphere [J]. Nature Climate Change, 4: 45-50.

Wang A, Xu L, Kong X. 2018a. Assessments of the Northern Hemisphere snow cover response to 1.5 and 2.0℃ warming [J]. Earth System Dynamics, 9: 865-877.

Wang X, Wang T, Guo H, et al. 2018b. Disentangling the mechanisms behind winter snow impact on vegetation activity in northern ecosystems [J]. Global Change Biology, 24: 1651-1662.

Wei Y, Wang S, Fang Y, et al. 2017. Integrated assessment on the vulnerability of animal husbandry to snow disasters under climate change in the Qinghai-Tibetan Plateau [J]. Global and Planetary Change, 157: 139-152.

Wu B, Yang K, Zhang R. 2009. Eurasian snow cover variability and its association with summer rainfall in China [J]. Advances in Atmospheric Sciences, 26: 31-44.

Wu Z, Li J, Jiang Z, et al. 2012. Modulation of the Tibetan Plateau Snow Cover on the ENSO Teleconnections: From the East Asian Summer Monsoon Perspective [J]. Journal of Climate, 25: 2481-2489.

ZakharovaE A, Kouraev A V, Biancamaria S, et al. 2011. Snow Cover and Spring Flood Flow in the Northern Part of Western Siberia the Poluy, Nadym, Pur, and Taz Rivers [J]. Journal of Hydrometeorology, 12: 1498-1511.

Zeng H, Jia G. 2013. Impacts of snow cover on vegetation phenology in the Arctic from satellite data [J]. Advances in Atmospheric Sciences, 30: 1421-1432.

第2章 国内外研究进展

积雪是大范围大气环流作用下的产物，北半球积雪的变化与气候模式的变化紧密相关，而积雪遥感产品是进行北半球积雪变化研究的基础。此外，北半球积雪变化对气候系统具有显著的正向反馈作用，辐射胁迫和反馈评估是定量化研究北半球积雪对地气系统影响的关键步骤。本章介绍积雪研究相关的国内外进展，分别从北半球气候变化研究、现阶段积雪数据研发、北半球积雪面积时空变化研究、北半球积雪物候时空变化研究、积雪-地表反照率-辐射胁迫5个方面展开论述。

2.1 北半球气候变化研究进展

IPCC第五次气候评估报告（Fifth Assessment Synthesis Report，AR5）指出，全球海陆表面平均温度在1880～2012年呈线性上升趋势，共升高了0.85℃。其中，1983～2012年可能为自1400年来最热的30年。依据全球各气候变化研究机构开发的全球气候模式（Global Climate Models，GCMs）的模拟结果，全球平均地表温度在21世纪末预计升高0.3～4.8℃（IPCC，2014；段青云等，2016）。

在全球持续升温的背景下，其暖化进程在过去几十年出现了一定程度的减缓迹象（Easterling and Wehner，2009；Kosaka and Xie，2013；Wei et al.，2015），包括增温速度和幅度的下降。与全球暖化幅度下降相反，北半球地表升温却呈现明显加速的趋势，具体表现在两个方面：一方面，北半球整体气温升高迅速，尤其是在春夏两季［图2.1（a）］。世界气象组织（World Meteorological Organization，WMO）在2019年全球气候状态声明中表示，鉴于2019年已经过去的半年，全球多地气温再创历史纪录，且温室气体的浓度也在不断上升，使得2015～2019年成为有气温记录以来最热的5年（WMO，2019）。另一方面，北半球气温变化有显著的区域特征，不同纬度带之间差异显著［图2.1（b）］。在北极增温放大效应的作用下，北半球高纬度地区增温速度是低纬度增温速度的1～2倍（Cohen et al.，2014；Francis and Vavrus，2012；Screen，2014；Tang et al.，2013；Vavrus，2018），导致北半球中-高纬度之间的温度梯度不断减小（Francis et al.，2017），进而导致北半球中纬度区域极端气候事件增加。研究表明，北半球中-高纬度之间温度梯度的减小造成北半球西风减弱，使得北极极涡边界出现强度减弱和波幅变大等异常，促使极涡侵入中纬度区域而造成热浪、极寒等极端事件发生频率的增加（Gramling，2015；Screen et al.，2015；Shepherd，2016）。1960～2013 年与 1990～2013 年的北半球冬季地表气温变化见图 2.2。

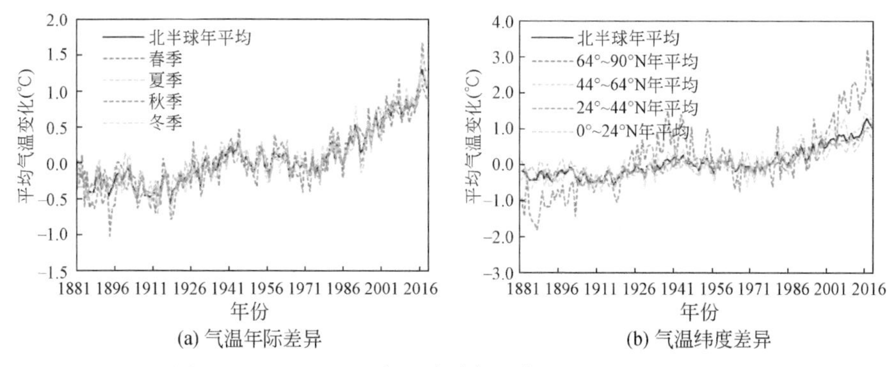

图 2.1　1881～2018 年北半球气温年际差异和纬度差异

资料来源：美国宇航局戈达德太空研究所（https：//www. giss. nasa. gov/）

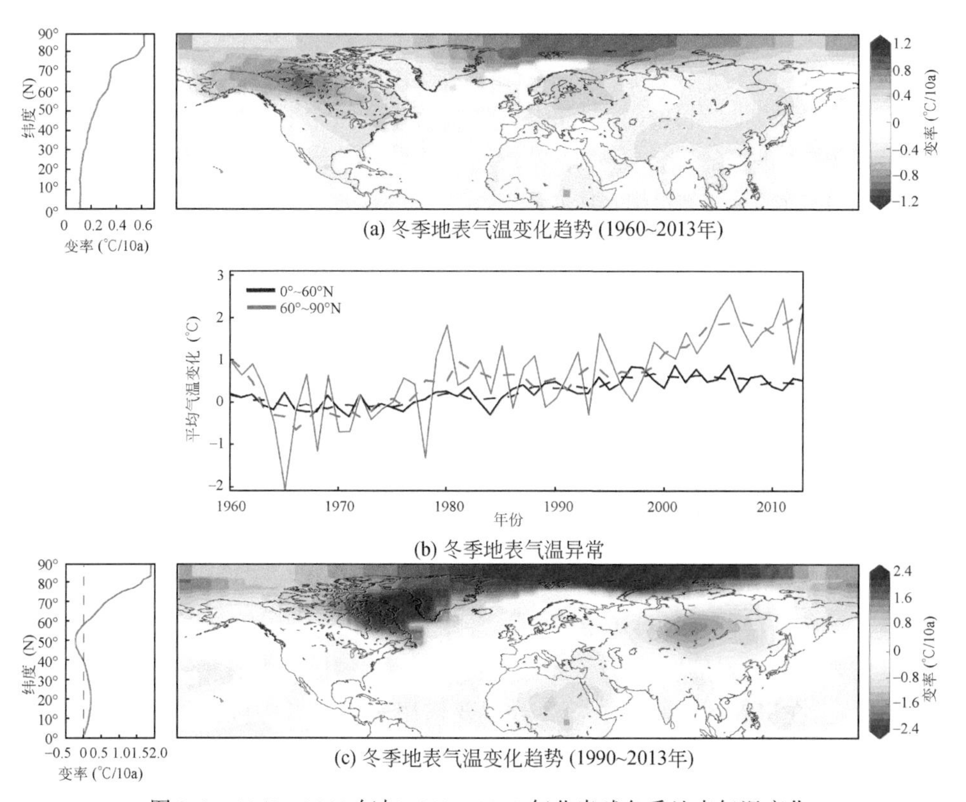

图 2.2　1960～2013 年与 1990～2013 年北半球冬季地表气温变化

在北半球气温变化的同时，整个北半球冬季降水量受到严重干扰（Gu and Adler，2015；Guo et al.，2019；Pendergrass et al.，2017），极大地影响到北半球积雪的年内变化。研究表明，1901～2010 年北半球中高纬度降水量显著增加（Gu and Adler，2015）。但是，与北美东北部和北美西北部部分地区的冬季降水增加相比，北美中部、中国几乎全境的降水量大幅下跌，干旱频频（Guo et al.，2019）。上述气候变化现象严重影响到北半球积雪分布的时空格局和变化趋势。

与此同时，近几十年北极海冰的减少也会对北半球冬季积雪产生重要影响。结合观测资料分析和数值模式模拟发现：一方面，夏季北极海冰的大范围减少以及秋冬季北极海冰的延迟恢复可以引起冬季大气环流的变化，减弱了北半球中高纬的西风急流，使其振幅增强，阻塞了北半球中高纬纵向环流的流通，进而增加了冷空气从北极向北半球大陆地区入侵的频率，造成北半球大陆地区出现低温异常。另一方面，夏季北极海冰的大范围减少以及秋冬季北极海冰的延迟恢复使得北极存在更多的开阔水域，从而将大量的局地水汽从海洋输送到大气。同时，北极的变暖也使得大气可以容纳更多的水汽。上述两方面相结合，导致近年来东亚、欧洲和北美大部分地区冬季的异常降雪和低温天气，引起北半球秋、冬季积雪面积的增加和部分地区初雪日的提前。

综上，北半球气候系统正发生着显著的变化。而在受气候变化影响的诸地球系统变量中，积雪首当其冲。在北半球气候模式已经发生显著改变的背景下，研究北半球积雪的时空变化、程度、模式等，并做出定量评估，对认识气候变化过程，提高对气候变化的预测能力尤其重要。

2.2 积雪遥感数据研发现状

现阶段，对积雪的观测主要有遥感观测和地面台站两种手段（Frei et al.，2012；黄晓东等，2012）。地面台站观测可以获取长时间序列的积雪信息，但是由于观测台站大多位于地势平坦的城镇周边及河谷地区，空间连续性较差，一些偏远地区以及高寒高海拔地区无法对积雪进行观测，空间代表性不足，不能及时、全面、准确地反映积雪分布状况（Liu and Chen，2011）。随着空间和信息技术的快速发展，卫星遥感技术从 20 世纪 60 年代开始逐渐成为一种有效的积雪观测手段。遥感，特别是卫星遥感资料在综合观测系统中的作用越来越大，遥感技术以其宏观、快速、周期性、多尺度、多层次、多谱段、多时相等优势（Yang et al.，2013），在积雪动态监测中发挥着重要作用，它能以一种比较高的时空分辨率对全球的积雪进行反复观测，不仅比陆地常规观测更加及时有效地获得大范围乃至全球的积雪覆盖信息，而且有能力监测到积雪深度、积雪水当量、积雪状态、积雪反照率等积雪相关信息，弥补了常规地表台站空间分布有限，空间代表性不足、数据获取困难以及投入较大等不足（Liu and Chen，2011；黄晓东等，2012）。

自 1966 年以来，美国国家海洋和大气管理局持续提供基于 NOAA/AVHRR（Advanced Very High Resolution Radiometer）的北半球每周积雪覆盖产品，空间分辨率较低，约为 190km（Robinson et al.，2012）。1995 年以来，美国国家雪冰数据中心（NSIDC）向全球发布每日近实时雪冰范围产品，该产品主要采用被动微波数据 SSM/I（Special Sensor Microwave Imager）生成，空间分辨率为 25km（Brodzik and Armstrong，2013）。2000 年以来，利用 SNOMAP 等算法生成的 MODIS（Moderate-resolution Imaging Spectroradiometer，MODIS）积雪面积产品得到了广泛应用。随着传感器的不断发展，积雪遥感数据呈现向长时序和高精度发展的趋势。例如，基于 AVHRR 序列数据，日本宇宙航空研究开发机构（Japan Aerospace Exploration Agency，JAXA）环境遥感监测部门（Satellite Monitoring for Environmental Studies）JASMES 生产了北半球 5km 的逐日/周/半月积雪面积数据集（Hori et al.，2017），美国国家航空航天局（National Aeronautics and Space Administration，NASA）美国极地轨道伙伴关系机构（National Polar-orbiting Partnership，Suomi NPP）研制了空间分辨率为 375m 的逐日积雪面积数据产品（Key et al.，2013）。现有北半球积雪研究常用的遥感数据产品及其时空范围见图 2.3。

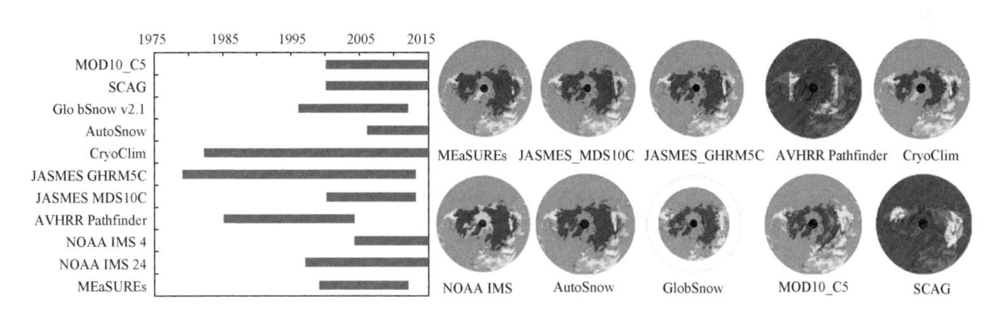

图 2.3　现有主流北半球积雪遥感产品的时间尺度和空间覆盖范围

资料来源：欧洲航天局卫星积雪产品比较和评价项目（http：//snowpex. enveo. at/）

近年来，我国的卫星数据在积雪面积制图中也得到广泛应用。例如，中国气象局制作了 1996 ~ 2010 年中国 FY-1/MVISR（多通道可见红外扫描辐射仪）与 NOAA/AVHRR 积雪面积旬产品，空间分辨率为 5km；2008 年以来，采用 FY-3 MERSI（中分辨率光谱成像仪）和 VIRR（可见光红外扫描辐射计）积雪产品融合生成全球 MULSS 日/旬/月积雪面积业务化产品，空间分辨率为 1km。

但是，积雪和云在可见光波段的光谱特性非常相似，基于光学遥感技术研发的积雪产品往往因太阳辐射不足和云层遮掩而存在大量的空缺值，在具体应用中存在一定的困难。与光学遥感技术相比，微波遥感具有全天时和全天候的特点，能够穿云透雾，不依赖太阳辐射，可以弥补光学遥感数据存在的空缺值问题（李新和车涛，2007；施建成等，2016）。但是，受天线口径的限制，基于微波数据的积雪遥感产品空间分辨率普遍较低。例如，AMSR-E（Kelly et al.，2003）、GlobSnow（Pulliainen，2006）和全球微波雪深产品（车涛等，2019b）的空间分辨率都为25km，难以充分表征积雪变化的空间异质性，在积雪研究的空间分辨率和精度上存在瓶颈。Yang 等（2019）研究发现，SSM/I（Special Sensor Microwave Imager）与 SSMIS（Special Sensor Microwave Imager Sounder）之间的不一致性对我国积雪的识别影响巨大，以 2007 年 1 月至 2008 年 12 月时间区间为例，两者的不一致导致的中国积雪覆盖面积差异达 $25\times10^4km^2$。

为满足积雪变化研究对数据集时空连续性的要求，大量学者对现有积雪遥感产品进行了优化处理。在半球尺度上，利用多源数据，美国国家冰雪数据中心发布了 IMS（Helfrich et al.，2007）、CMC（Brown and Brasnett，2010）和 MEaSUREs（Robinson et al.，2014）等融合了遥感、模型与站点数据的综合型积雪数据集。可惜的是上述混合型积雪数据集依然存在时间尺度短、空间分辨率低的问题，尚不能满足气候变化研究对长时序积雪数据集的需求，亟待融合多源多频遥感信息以拓展积雪数据的时空连续性，满足积雪变化研究对数据时空尺度和分辨率的需求。

与此同时，我国学者也积极进行积雪的应用精度提升研究。例如，Li 等（2019a）对 MODIS 积雪数据的去云方法进行了梳理，并归结为空间滤波、时间滤波、时空滤波和多源数据融合四类方法；Hou 等（2019）则基于机器学习，利用非局部时空滤波的方法对 MODIS 积雪覆盖丰度数据进行空缺值填充，总体精度达93.72%，极大地提高了 MODIS 积雪数据的可用性；Li 等（2019b）将 MODIS 和交互式多传感器冰雪测绘系统（IMS）积雪产品进行了时空融合，生成了时空完整的天山地区积雪覆盖影像，融合后积雪产品的总体精度达88.2%，满足了天山地区积雪研究的需要。此外，在国产卫星应用方面，Zhang 等（2019）利用实测积雪深度作为约束条件，对风云 3 号卫星在东北地区的积雪覆盖丰度反演进行优化，为国产卫星在积雪遥感中的应用提供了范例。然而，长时间序列的积雪数据集短缺依然是制约大尺度积雪变化研究的关键因素。

2.3 北半球积雪面积变化研究进展

北半球积雪变化的机理和过程研究是深入认识北半球积雪变化规律及其变化

影响的基础，对气候系统变化的理解和检测具有重要作用。由于对气候系统的高度敏感性，北半球积雪正发生着深刻的变化。

大量的遥感观测数据和模型模拟结果证实，北半球积雪面积在全球气温变暖背景下迅速减少。在半球尺度上，基于多源积雪遥感数据，Brown 等（2010）发现 1967 ~2008 年泛北极地区春夏两季积雪面积减少幅度较大，6 月甚至达到 46%；在此基础上，Derksen 和 Brown（2012）发现 1979 ~2011 年北半球 6 月积雪面积的减少速度是 9 月北极海冰面积减少速度的两倍；此外，北半球积雪面积的减少在 2008 ~2012 年最为显著，其消减速度甚至超过了 CMIP5 气候模型的预测值（Connolly et al.，2019；Derksen and Brown，2012）。与此同时，北半球积雪变化呈现显著的季节性差异。北半球积雪面积在春夏两季大幅消减，而在秋冬两季显著增加，尤其是在高纬度地区（Chen et al.，2016a；Cohen et al.，2012；Connolly et al.，2019）。依据 IPCC 对气候变化的预测，在北半球升温和积雪对气候系统的正反馈作用下，北半球积雪面积减少的趋势有可能持续下去（Brown and Robinson，2011；IPCC，2013）。然而，近年来的遥感观测数据表明，北半球积雪面积在 2017 年和 2018 年呈现增加趋势。尤其是，2018 年，北半球平均积雪范围达 2564 万 km^2，这比 1981 ~2010 年的平均值高 77 万 km^2（WMO，2019）。受积雪数据源的限制，上述结果多基于模型模拟或者单一遥感数据源获取，且通常将北半球作为整体进行研究，北半球积雪面积的变化范围、变化程度及其时空差异性缺少系统性研究。

北半球整体与局部积雪变化差异显著。与北半球积雪面积整体下降趋势相反，北半球局部地区的积雪面积变化不明显，甚至呈现增加趋势。研究表明，1982 ~2013 年北半球积雪的减少主要集中在欧亚大陆的高纬度地区，而北美洲的积雪面积无明显下降趋势（Chen et al.，2016a）；2001 ~2011 年欧洲阿尔卑斯山脉和青藏高原地区积雪面积变化不明显（张宁丽等，2012）；波兰地区的积雪面积在 1895 ~2002 年并没有明显的变化（Falarz，2004）；我国积雪面积在 1982 ~2013 年变化不显著，但在青藏高原地区呈增加趋势（Chen et al.，2016b）；天山地区的积雪在 2000 ~2006 年呈增加趋势（窦燕等，2010）。上述研究为了解北半球积雪变化的时空差异性提供了线索，但是因数据源和研究时间段的差异，不同结果之间难以比较，无法从整体上探究北半球积雪的变化规律、时空差异性和气候响应过程。

针对北半球积雪面积的时空变化研究存在显著问题。一方面，上述半球尺度的研究多基于长时序（或历史）遥感积雪覆盖面积产品和模型模拟结果获得，对局部地区积雪变化过程的描述不够，对积雪变化的复杂性和区域差异性考虑较少，北半球积雪空间分布在不同气候区、不同地表覆被条件、不同高程条件下所表现出的敏感性认识尚需进一步提高。另一方面，受数据源和研究时间段不一致的影响，北半球局部尺度积雪变化研究结果之间难以进行对比分析，无法与北半球积雪变化的整体情况进行对比分析，亟待以时空连续一致性的数据源出发，从整体上对北半球积雪的时空变化情况进行识别，理清其时空分布的区域差异性及其对气候变化关系与过程的理解和认识。

我国积雪面积状况及变化情况一直是研究者关注的重点（Qin et al.，2006；Shi et al.，2011；Yang et al.，2008；王澄海等，2009）。然而，在大尺度北半球积雪面积显著减少的背景下（Brown et al.，2010；Brown and Robinson，2011；Derksen and Brown，2012），我国部分地区的积雪面积和积雪深度呈现增加趋势。例如，Qin 等（2006）报道称 1951 ~ 1997 年中国西部地区的积雪面积呈现出微弱的增加趋势。基于 700 多个气象观测站点数据，王澄海等（2009）发现1961 ~ 2004 年中国区域积雪呈现出总体增加的趋势。颜伟等（2014）发现 2000 ~ 2013 年西昆仑山玉龙喀什河流域年最大积雪面积、平均积雪面积和最小积雪面积都呈增加趋势。韩兰英等（2011）发现 1997 ~ 2006 年整个祁连山区冰川总积雪面积呈多波形变化，有线性增加的趋势。Yang 等（2008）证明 1959 ~ 2003 年天山地区最大积雪深度以 1. 15cm/10a 的速度在加深。马丽娟和秦大河（2012）发现 1957 ~ 2009 年中国三大主要积雪区的积雪深度和雪水当量均表现出波动增加的趋势。但是，普布次仁等（2013）发现珠穆朗玛峰地区积雪面积在 2001 ~ 2010 年呈减少趋势，尤其是在 2005 年以后。娄梦筠等（2013）发现 2002 ~ 2011 年新疆地区年平均积雪面积呈现总体减少的趋势。于灵雪等（2014）发现 2003 ~ 2012 年黑龙江流域积雪面积显著减少。Shi 等（2011）通过模型研究表明 1990 ~ 2010 年中国区域积雪覆盖天数和积雪深度都呈减少趋势，并预测该趋势将持续到 2100 年。上述研究对我们的积雪变化的研究提供了一定的帮助，但是因为时间尺度、空间尺度的不一致性，我国长时间序列的积雪变化依然没有明确结论。另外，现阶段针对我国的积雪变化研究多集中在探讨积雪变化本身，对积雪变化所造成的影响评估则很少涉及。

2. 4 北半球积雪物候变化研究进展

积雪物候是气候系统变化的重要标识（Henderson and Leathers，2009；Trishchenko and Wang，2017），是积雪面积季节性变化的结果。受积雪面积波动的影响，北半球积雪物候在区域和半球尺度也发生了显著的变化，包括积雪持续时间（D_d）的减短（Choi et al.，2010；Whetton et al.，1996）、积雪融化时间和积雪终雪日（D_e）提前（Wang et al.，2013），以及积雪初雪日（D_o）推迟

（Choi et al.，2010）等。Whetton 等（1996）对澳大利亚阿尔卑斯山脉的 D_d 进行了研究，发现即使在升温最缓慢的情况下阿尔卑斯山脉的平均和 D_d 大于 60 天的年数在 2030 年之前都呈减少趋势。Beniston（1997）对 1997 年前瑞士阿尔卑斯山的积雪深度和 D_d 进行调查，并得出结论，受大范围气候变化的影响，阿尔卑斯山地区的雪季长度和积雪水当量都大大减少。通过对遥感积雪数据的分析，Choi 等（2010）得出结论，受终雪日 D_e 提前的影响（5.5d/10a），1972/73～2007/08 年北半球 D_d 在以 0.8 周/10a 的速度在减少。基于被动微波数据数据，Wang 等（2013）发现，受地表气温变化的影响，1979～2011 年初欧亚大陆的积雪融化时间显著提前（2～3d/10a）。基于站点观测数据，Peng 等（2013）总结了 1980～2006 年北半球的积雪物候的变化特征及其对气温的潜在反馈，并认为北美洲 D_e 在 1980～2006 年并无显著变化，而欧亚大陆 D_e 则以（2.6±5.6）d/10a 的速度在提前。Mioduszewski 等（2014）对 2003～2011 年加拿大北部的一个地区的春季融雪时间进行研究并得出结论，土地覆盖的变化及局部的能量平衡是积雪融化时间发生变化的主要原因。

伴随着对积雪面积的研究，我国的积雪物候研究也取得了一定成果。刘俊峰和陈仁升（2011）结合 Terra 和 Aqua 卫星的积雪产品对我国 D_d 的空间分布进行研究，并将我国积雪覆盖区域分为东北-内蒙古地区、新疆地区和青藏高原。利用被动遥感数据，戴声佩等（2010）得出 1978～2005 年我国积雪深度和 D_d 日趋增加的结论。王春学和李栋梁（2012）对我国近 50 年来的 D_d 进行分析，发现 1958～2008 年我国冬季积雪深度和 D_d 显著增加，而春、秋季的积雪深度和 D_d 并无明显变化。基于遥感和气象观测站点资料，杨倩等（2012）对我国东北地区的积雪物候进行分析，发现吉林省大部分地区的 D_d 为 30～90 天，与气温负相关，与降水量正相关。王付华等（2010）发现大兴安岭的 D_d 整体呈减少趋势。严晓瑜等（2015）发现，东北林区自北向南、自东北向西南呈现出 D_o 逐渐推迟，D_e 提前、D_d 逐渐增长、年最大积雪深度逐渐加深的空间分布特征。田柳茜等（2014）发现 1979～2007 年来北部 D_d 变化与全国积雪变化相反，呈极显著增加趋势。王国亚等（2012）发现 1961～2011 年新疆阿尔泰地区的 D_d 呈增加趋势。胡列群等（2013）发现 1960～2011 年新疆 D_d 略微下降，但 D_o 和 D_e 没有明显变化。陈春艳等（2015）发现 1961～2013 年新疆乌鲁木齐地区 D_o 和 D_e 推迟，D_d 增加。于泓峰和张显峰（2015）发现 D_d 与气温关系显著与降水量没有明显关系。李海花等（2015）发现 1981～2013 年新疆阿尔泰地区 D_o 呈现推迟的趋势，而 D_e 和 D_d 呈提前（缩短）趋势。孙燕华等（2014）对青藏高原积雪物候进行分析，发现 2003～2010 年青藏高原平均 D_d 呈显著减少趋势。唐小萍等（2012）分析发现 1971～2010 年来青藏高原西部和东南部地区 D_d 显著减少，除东南部各站、聂

拉木和昌都 D_d 减少明显，聂拉木减幅最大。

上述研究从不同的时间尺度和空间尺度对包括我国在内的北半球的积雪物候状况进行研究分析。但是，与对积雪面积变化的深入研究相比，关于北半球积雪物候的时空变化、驱动因子及其对气候变化的反馈等方面的研究还远远不够。目前，上述积雪物候研究多通过站点观测数据、模型模拟结果或单一遥感观测数据得到。这些数据源往往存在明显的局限性，例如，站点观测数据高度依赖于观测站点的地理位置（纬度和海拔），空间代表性不足，因此只能表达有限区域内的积雪状况；单一遥感数据往往因为积雪识别算法的不同，造成积雪物候信息提取的不确定性；Hall 等（2002）认为，与 PM 数据相比，基于可见光—近红外的积雪遥感数据精确性更高，因为 PM 数据很难分辨湿雪和浅雪。但是可见光—近红外的积雪遥感数据又受到 NDSI 的阈值影响，尤其是在植被覆盖区域（Hall and Riggs，2007）。此外，已有的积雪物候研究主要是对北半球高纬度地区、半球尺度的积雪物候研究，尤其是对中低纬度积雪物候的研究则很少。

2.5 积雪-地表反照率-辐射反馈过程研究进展

北半球的积雪变化格局会强烈地改变局地和区域的能量平衡，对地球-大气系统产生深远的影响。现阶段，积雪变化的气候效应主要通过积雪-反照率反馈（snow-albedo feedback，SAF）强度来度量：随着地表气温的升高，积雪覆盖范围减小，这将降低地表反射太阳辐射的能力，从而造成地球—大气系统吸收额外的太阳辐射。这部分额外吸收的太阳辐射，会造成地表增温，尤其是在积雪覆盖区域（Flanner et al.，2011；Hall，2004；Qu and Hall，2014；车涛等，2019a）。这一积雪与气温之间的正反馈过程被定义为 SAF，积雪在单位面积上对辐射平衡的改变量被称为积雪辐射强迫。积雪辐射强迫和 SAF 定量地反映积雪对地球-大气系统射入和逸出能量平衡的影响程度，反映了积雪在潜在气候变化机制中的重要性。

大量观测和模拟结果表明，随着北半球积雪面积的减少，地表额外吸收的短波辐射呈显著增加趋势（Chen et al.，2016a，2015；Flanner et al.，2011）。研究表明：1979～2008 年，北半球积雪面积缩减使得地球-大气系统额外吸收约 0.22 W/m^2 的短波辐射（主要分布在高纬度），其产生的反馈强度约在 0.31 $W/(m^2 \cdot K)$（Flanner et al.，2011）；1982～2013 年，北半球积雪累积期和消融期的额外吸收的短波辐射分别为 0.01 W/m^2 和 0.12 W/m^2，且呈现增加趋势（Chen et al.，2016a）；受融雪期间积雪面积减少和积雪日数缩减的影响，2001～2013 年全球额外吸收的短波辐射在波动中呈上升趋势，约为 0.16 W/m^2（Chen et al.，

2015)；在 RCP8.5 情境下，CESM 气候模型驱动下 21 世纪北半球积雪面积的减少将会使全球额外吸收 0.47 ~ 0.60 W/m^2 的短波辐射（Perket et al., 2014)，该值与北极和南极海冰减少产生的辐射胁迫值基本相等。可见，北半球积雪面积的减少对全球气候系统的增温极其显著。

现阶段北半球积雪面积变化对辐射收支的影响评估有待进一步优化，不同气候模型之间、气候模型和遥感观测结果之间差异显著。研究表明，基于 CMIP5 25 个气候模型估算的 SAF 值介于 0.03 ~ 0.16 $W/(m^2 \cdot K)$，最小值和最大值之间存在 5 倍偏差，CMIP3 气候模型之间存在同样的问题（Qu and Hall, 2014)；基于遥感数据估算得到的 1979 ~ 2008 年 SAF 强度约为 0.62 $W/(m^2 \cdot K)$，而基于 CMIP3 模型估算得到的 1980 ~ 2010 年 SAF 强度仅为 (0.25 ± 0.17) $W/(m^2 \cdot K)$ (Flanner et al., 2011)；此外，对 2000 ~ 2013 年站点和再分析数据估算得到的 SAF 对比发现，基于站点实测数据估算得到的 SAF 值显著高于基于再分析数据的计算结果（Wegmann et al., 2018)。可见，目前对积雪变化所造成的辐射收支和反馈强度评估依然存在较大的优化空间。积雪遥感、地表反照率数据、辐射核数据精度、积雪和植被变化对反照率的影响都有可能造成对这一结果的估算偏差 (Qu and Hall, 2014; Thackeray et al., 2018)。如何弥合不同研究结果之间的差异，提高对积雪-地表反照率-辐射反馈过程的刻画，是现在面临的重要难题。而通过遥感数据估算北半球积雪变化所造成的地球系统辐射收支异常及相应 SAF 值是优化全球气候模型（global climate model, GCM）中积雪和反照率参数以加强对北半球气温预测的关键手段（Fernandes et al., 2009)。如何利用多源遥感数据，提高对积雪-地表反照率-辐射反馈过程的刻画，准确反映积雪对地球-大气系统射入和逸出能量平衡影响程度，为准确模拟气候变化响应提供支持是本研究需要解决的一个问题。

2.6 小　　结

针对北半球积雪变化及其影响问题目前已有大量的研究工作相继开展且取得了一系列优秀成果，但不同的结果之间仍无法达成共识，甚至存在严重的分歧。分析现有研究之间存在巨大分歧的原因，归结起来主要包括三个方面：①对北半球积雪变化缺少系统性研究。尽管北半球积雪整体上呈下降趋势，但区域分异规律尚不清楚。低分辨率长时间序列数据产品不支持对区域积雪变化情况的研究，且尚无中高分辨率数据能支持北半球积雪的分异规律研究，处理难度大。②缺乏长时间覆盖、质量可靠且时空连续的数据产品。受地理条件限制，北半球站点积雪观测数据相对稀少且代表性不足。观测数据的缺失使得各种大气再分析项目在积雪同化时没有足够的可用同化输入资料。相关的验证研究表明，多数长时间序列的再分析积雪数据的质量均不稳定，且彼此间存在很大的偏差，尤其是在中低纬度（Brown and Brasnett，2010；Chen et al.，2012；Chen et al.，2015；Metsämäki et al.，2015；刘洵等，2014）；部分遥感产品（如 NHSCE 等），其数据生产环节所采用输入参数的不确定性，导致同样存在比较严重的数据偏差（Brown and Robinson，2011），科学数据的不一致性也是现有北半球积雪变化研究之间存在巨大分歧的重要原因之一。③积雪变化对气候系统辐射收支的影响评估尚需优化。考虑到北半球积雪的时空异质性，遥感数据是当前条件下评估积雪变化对气候辐射收支影响的最佳选择。随着积雪遥感数据、地表反照率数据、植被检测数据的不断改进，以及辐射核模型的成熟和优化，准确量化积雪变化对气候系统辐射收支的影响才能真实反映积雪对气候系统的影响，从而优化气候模型，提高对气候预测的准确性。

参考文献

车涛，郝晓华，戴礼云，等. 2019a. 青藏高原积雪变化及其影响［J］. 中国科学院院刊，34：1247-1253.

车涛，李新，戴礼云. 2019b. 全球长时间序列逐日雪深数据集 1979-2017［DB/OL］. 国家青藏高原科学数据中心.

陈春艳，李毅，李奇航. 2015. 新疆乌鲁木齐地区积雪深度演变规律及对气候变化的响应［J］. 冰川冻土，37：587-594.

陈晓娜，包安明，张红利，等. 2010. 基于混合像元分解的 MODIS 积雪面积信息提取及其精度评价——以天山中段为例［J］. 资源科学，32：1761-1769.

戴声佩，张勃，程峰，等. 2010. 基于被动微波遥感反演雪深的时间序列分析我国积雪时空变化特征［J］. 冰川冻土，32：1066-1073.

窦燕，陈曦，包安明，等. 2010. 2000-2006 年中国天山山区积雪时空分布特征研究［J］. 冰川冻土，32：28-34.

段青云，夏军，缪驰远，等. 2016. 全球气候模式中气候变化预测预估的不确定性［J］. 自然杂志，38：182-188.

韩兰英，孙兰东，张存杰，等. 2011. 祁连山东段积雪面积变化及其区域气候响应［J］. 干旱区资源与环境，25：109-112.

胡列群，李帅，梁凤超. 2013. 新疆区域近 50a 积雪变化特征分析［J］. 冰川冻土，35：793-800.

黄晓东，郝晓华，杨永顺，等. 2012. 光学积雪遥感研究进展［J］. 草业科学，29：35-43.

李海花，刘大锋，李杨，等. 2015. 近 33a 新疆阿勒泰地区积雪变化特征及其与气象因子的关系［J］. 沙漠与绿洲气象，9：29-35.

李新，车涛. 2007. 积雪被动微波遥感研究进展［J］. 冰川冻土，29：487-496.

刘俊峰，陈仁升. 2011. 基于 MODIS 双卫星积雪遥感数据的积雪日数空间分布研究［J］. 冰川冻土，33：504-511.
刘洵，金鑫，柯长青．2014．中国稳定积雪区 IMS 雪冰产品精度评价［J］．冰川冻土，36：500-507.
娄梦筠，刘志红，娄少明，等．2013．2002-2011 年新疆积雪时空分布特征研究［J］．冰川冻土，35：1095-1102.
马丽娟，秦大河．2012．1957-2009 年中国台站观测的关键积雪参数时空变化特征［J］．冰川冻土，34：1-11.
普布次仁，除多，卓嘎，等．2013．2001-2010 年喜马拉雅山珠穆朗玛峰自然保护区积雪面积的时空分布特征［J］．冰川冻土，35：1103-1111.
施建成，熊川，蒋玲梅．2016．雪水当量主被动微波遥感研究进展［J］．中国科学 B 辑，46：529-543.
孙燕华，黄晓东，王玮，等．2014．2003-2010 年青藏高原积雪及雪水当量的时空变化［J］．冰川冻土，36：1337-1344.
唐小萍，闫小利，尼玛吉，等．2012．西藏高原近 40 年积雪日数变化特征分析［J］．地理学报，67：951-959.
田柳茜，李卫忠，张尧，等．2014．青藏高原 1979-2007 年的积雪变化［J］．生态学报，34：5974-5983.
王澄海，王芝兰，崔洋．2009．40 余年来中国地区季节性积雪的空间分布及年际变化特征［J］．冰川冻土，31：302-310.
王春学，李栋梁．2012．中国近 50a 积雪日数与最大积雪深度的时空变化规律［J］．冰川冻土，34：247-256.
王付华，王梅，葛磊，等．2010．大兴安岭地区近 31 年积雪与冻土变化分析［J］．安徽农业科学，38：15757-15759.
王国亚，毛炜峄，贺斌，等．2012．新疆阿勒泰地区积雪变化特征及其对冻土的影响［J］．冰川冻土，34：1293-1300.
严晓瑜，赵春雨，缑晓辉，等．2015．东北林区积雪空间分布与变化特征［J］．干旱区资源与环境，29：154-162.
颜伟，刘景时，罗光明，等．2014．基于 MODIS 数据的 2000-2013 年西昆仑山玉龙喀什河流域积雪面积变化［J］．地理科学进展，33：315-325.
杨倩，陈圣波，路鹏，等．2012．2000-2010 年吉林省积雪时空变化特征及其与气候的关系［J］．遥感技术与应用，27：413-419.
于泓峰，张显峰．2015．光学与微波遥感的新疆积雪覆盖变化分析［J］．地球信息科学，17：244-252.
于灵雪，张树文，贯丛，等．2014．黑龙江流域积雪覆盖时空变化遥感监测［J］．应用生态学报，25：2521-2528.
张宁丽，范湘涛，朱俊杰．2012．基于 MODIS 雪产品的北半球积雪时空分布变化特征分析［J］．遥感信息，27：28-34.
Beniston M. 1997. Variations of snow depth and duration in the Swiss Alps over the last 50 years：links

to changes in large-scale climate forcing [J]. Climatic Change, 36: 281-300.

Brodzik M J, Armstrong R. 2013. Northern Hemisphere EASE-Grid 2.0 Weekly Snow Cover and Sea Ice Extent, Version 4 [DB/OL]. NASA National Snow and Ice Data Center Distributed Active Archive Center. doi: https: //doi. org/10. 5067/P7O0HGJLYUQU.

Brown R, Derksen C, Wang L. 2010. A multi-data set analysis of variability and change in Arctic spring snow cover extent, 1967-2008 [J]. Journal of Geophysical Research: Atmospheres, 115: D16111.

Brown R, Brasnett B. 2010. Canadian Meteorological Centre (CMC) Daily Snow Depth Analysis Data, Version 1 [DB/OL]. Boulder, Colorado USA. NASA National Snow and Ice Data Center Distributed Active Archive Center. doi: https: //doi. org/10. 5067/W9FOYWH0EQZ3.

Brown R, Robinson D. 2011. Northern Hemisphere spring snow cover variability and change over 1922-2010 including an assessment of uncertainty [J]. The Cryosphere, 5: 219-229.

Chen C, Lakhankar T, Romanov P, et al. 2012. Validation of NOAA-Interactive Multisensor Snow and Ice Mapping System IMS by Comparison with Ground-Based Measurements over Continental United States [J]. Remote Sensing, 4: 1134-1145.

Chen X, Liang S, Cao Y, et al. 2015. Observed contrast changes in snow cover phenology in northern middle and high latitudes from 2001-2014 [J]. Scientific Reports, 5: 16820.

Chen X, Liang S, Cao Y, et al. 2016b. Distribution, attribution, and radiative forcing of snow cover changes over China from 1982 to 2013 [J]. Climatic Change, 137: 363-377.

Chen X, Liang S, Cao Y. 2016a. Satellite observed changes in the Northern Hemisphere snow cover phenology and the associated radiative forcing and feedback between 1982 and 2013 [J]. Environmental Research Letters, 11: 084002.

Choi G, Robinson D, Kang S. 2010. Changing Northern Hemisphere Snow Seasons [J]. Journal of Climate, 23: 5305-5310.

Cohen J, Furtado J, Barlow M, et al. 2012. Arctic warming, increasing snow cover and widespread boreal winter cooling [J]. Environmental Research Letters, 7: 014007.

Cohen J, Screen J, Furtado J, et al. 2014. Recent Arctic amplification and extreme mid-latitude weather [J]. Nature Geoscience, 7: 627-637.

Connolly R, Connolly M, Soon W, et al. 2019. Northern Hemisphere Snow-Cover Trends 1967-2018: A Comparison between Climate Models and Observations [J]. Geosciences, 9: 135.

Derksen C, Brown R. 2012. Spring snow cover extent reductions in the 2008-2012 period exceeding climate model projections [J]. Geophysical Research Letters, 39: L19504.

Easterling D, Wehner M. 2009. Is the climate warming or cooling? [J]. Geophysical Research Letters, 36: L08706.

Falarz M. 2004. Variability and trends in the duration and depth of snow cover in Poland in the 20th century [J]. International Journal of Climatology, 24: 1713-1727.

Fernandes R, Zhao H, Wang X, et al. 2009. Controls on Northern Hemisphere snow albedo feedback quantified using satellite Earth observations [J]. Geophysical Research Letters, 36: L21702.

Flanner M, Shell K, Barlage M, et al. 2011. Radiative forcing and albedo feedback from the Northern Hemisphere cryosphere between 1979 and 2008 [J]. Nature Geoscience, 4: 151-155.

Francis J, Vavrus S, Cohen J. 2017. Amplified Arctic warming and mid- latitude weather: new perspectives on emerging connections [J]. Wiley Interdisciplinary Reviews: Climate Change: e474.

Francis J, Vavrus S. 2012. Evidence linking Arctic amplification to extreme weather in mid- latitudes [J]. Geophysical Research Letters, 39: L06801.

Frei A, Tedesco M, Lee S, et al. 2012. A review of global satellite- derived snow products [J]. Advances in Space Research, 50: 1007-1029.

Gramling C. 2015. Arctic Impact- Is the melting Arctic really bringing frigid winters to North America and Eurasia [J]. Science, 347: 819-821.

Gu G, Adler R. 2015. Spatial Patterns of Global Precipitation Change and Variability during 1901-2010 [J]. Journal of Climate, 28: 4431-4453.

Guo R, Deser C, Terray L, et al. 2019. Human influence on winter precipitation trends 1921-2015 over North America and Eurasia Revealed by dynamical adjustment [J]. Geophysical Research Letters, 46: 3426-3434.

Hall A. 2004. The role of surface albedo feedback in climate [J]. Journal of Climate, 17: 1550-1568.

Hall D, Kelly R, Riggs G, et al. 2002. Assessment of the relative accuracy of hemispheric-scale snow-cover maps [J]. Annals of Glaciology, 34: 24-30.

Hall D, Riggs G, Salomonson V. 1995. Development of methods for mapping global snow cover using moderate resolution imaging spectroradiometer data [J]. Remote Sensing Environment, 54: 127-140.

Hall D, Riggs G. 2007. Accuracy assessment of the MODIS snow products [J]. Hydrological Processes, 21: 1534-1547.

Helfrich S, McNamara D, Ramsay B, et al. 2007. Enhancements to, and forthcoming developments in the Interactive Multisensor Snow and Ice Mapping System IMS [J]. Hydrological Processes, 21: 1576-1586.

Henderson G, Leathers D. 2009. European snow cover extent variability and associations with atmospheric forcings [J]. International Journal of Climatology, 30: 1440-1451.

Hori M, Sugiura K, Kobayashi K, et al. 2017. A 38-year 1978-2015 Northern Hemisphere daily snow cover extent product derived using consistent objective criteria from satellite- borne optical sensors [J]. Remote Sensing Environment, 191: 402-418.

Hou J, Huang C, Zhang Y, et al. 2019. Gap-filling of MODIS fractional snow cover products via non-local spatio-temporal filtering based on machine learning techniques [J]. Remote Sensing, 11: 90.

IPCC. 2013. Climate Change 2013: The Physical Science Basis. Contribution of Working Group I to the Fifth Assessment Report of the Intergovernmental Panel on Climate Change [M]. Cambridge: Cambridge University Press.

IPCC. 2014. Climate change 2014: impacts, adaptation, and vulnerability. Part A: global and sectoral aspects. Contribution of working group II to the fifth assessment report of the intergovernmental panel on climate change [M]. Cambridge: Cambridge University Press.

Kelly R, Chang A, TsangL, et al. 2003. A prototype AMSR-E global snow area and snow depth algorithm [J]. IEEE Transactions on Geoscience and Remote Sensing, 41: 230-242.

Key J, Mahoney R, Liu Y, et al. 2013. Snow and ice products from Suomi NPP VIIRS [J]. Journal of Geophysical Research: Atmosphere, 118: 12, 816-812, 830.

Kosaka Y, Xie S. 2013. Recent global-warming hiatus tied to equatorial Pacific surface cooling [J]. Nature, 501: 403-407.

Li X, Jing Y, Shen H, et al. 2019a. The recent developments in cloud removal approaches of MODIS snow cover product [J]. Hydrology and Earth System Sciences, 23: 2401-2416.

Li Y, Chen Y, Li Z. 2019b. Developing daily cloud-free snow composite products from MODIS and IMS for the Tienshan Mountains [J]. Earth and Space Science, 6: 266-275.

Liu J, Chen R. 2011. Studying the spatiotemporal variation of snow-covered days over China based on combined use of MODIS snow-covered days and in situ observations [J]. Theoretical and Applied Climatology, 106: 355-363.

Metsämäki S, Pulliainen J, Salminen M, et al. 2015. Introduction to globsnow snow extent products with considerations for accuracy assessment [J]. Remote Sensing of Environment, 156: 96-108.

Mioduszewski J, Rennermalm A, Robinson D, et al. 2014. Attribution of snowmelt onset in Northern Canada [J]. Journal of Geophysical Research: Atmosphere, 119: 9638-9653.

Pendergrass A, Knutti R, Lehner F, et al. 2017. Precipitation variability increases in a warmer climate [J]. Scientific Reports, 7: 17966.

Peng S, Piao S, Ciais P, et al. 2013. Change in snow phenology and its potential feedback to temperature in the Northern Hemisphere over the last three dECA&Des [J]. Environmental Research Letters, 8: 014008.

Perket J, Flanner M, Kay J. 2014. Diagnosing shortwave cryosphere radiative effect and its 21st century evolution in CESM [J]. Journal of Geophysical Research: Atmosphere, 119: 1356-1362.

Pulliainen J. 2006. Mapping of snow water equivalent and snow depth in boreal and sub-arctic zones by assimilating space-borne microwave radiometer data and ground-based observations [J]. Remote Sensing of Environment, 101: 257-269.

Qin D, Liu S, Li P. 2006. Snow cover distribution, variability, and response to climate change in Western China [J]. Journal of Climate, 19: 1820-1833.

Qu X, Hall A. 2014. On the persistent spread in snow-albedo feedback [J]. Climate Dynamics, 42: 69-81.

Robinson D A, Estilow T W, Program N C. 2012. NOAA Climate Data Record (CDR) of Northern Hemisphere (NH) Snow Cover Extent (SCE), Version 1 [DB/OL]. NOAA National Centers for Environmental Information. NESDIS, NOAA, U. S. Department of Commerce. doi: 10.7289/V5N014G9.

Robinson D, Hall D, Mote T. 2014. MEaSUREs Northern Hemisphere Terrestrial Snow Cover Extent Daily 25km EASE-Grid 2.0, Version1 [DB/OL]. NASA National Snow and Ice Data Center Distributed Active Archive Center. doi: https://doi.org/10.5067/MEASURES/CRYOSPHERE/

nsidc-0530. 001.

Screen J, Deser C, Sun L. 2015. Projected changes in regional climate extremes arising from Arctic sea ice loss [J]. Environmental Research Letters, 10: 084006.

Screen J. 2014. Arctic amplification decreases temperature variance in northern mid- to high-latitudes [J]. Nature Climate Change, 4: 577-582.

Shepherd T. 2016. Effects of a warming Arctic [J]. Science, 353: 989-990.

Shi Y, Gao X, Wu J, et al. 2011. Changes in snow cover over China in the 21st century as simulated by a high resolution regional climate model [J]. Environmental Research Letters, 6, 045401.

Tang Q, Zhang X, Francis J. 2013. Extreme summer weather in northern mid-latitudes linked to a vanishing cryosphere [J]. Nature Climate Change, 4: 45-50.

Thackeray C, Qu X, Hall A. 2018. Why do models produce spread in snow albedo feedback? [J]. Geophysical Research Letters, 45: 6223-6231.

Trishchenko A, Wang S. 2017. Variations of climate, surface energy budget and minimum snow/ice extent over Canadian Arctic landmass for 2000-2016 [J]. Journal of Climate, 31: 1155-1172.

Vavrus S. 2018. The influence of arctic amplification on mid-latitude weather and climate [J]. Current Climate Change Reports, 4: 238-249.

Wang L, Derksen C, Brown R, et al. 2013. Recent changes in pan-Arctic melt onset from satellite passive microwave measurements [J]. Geophysical Research Letters, 40: 522-528.

Wegmann M, Dutra E, Jacobi H, et al. 2018. Spring snow albedo feedback over northern Eurasia: Comparing in situ measurements with reanalysis products [J]. The Cryosphere, 12: 1887-1898.

Wei M, Qiao F, Deng J. 2015. A quantitative definition of global warming hiatus and 50-year prediction of global mean surface temperature [J]. Journal of the Atmospheric Sciences, 72: 3281-3289.

Whetton R, Haylock M, Galloway R. 1996. Climate change and snow-cover duration in the Australian Alps [J]. Climatic Change, 32: 447-479.

WMO. 2019. 世界气象组织 2018 年全球气候状况声明 [EB/OL]. World Meteorological Organization, 2019.

Yang J, Gong P, Fu R, et al. 2013. The role of satellite remote sensing in climate change studies [J]. Nature Climate Change, 3: 875-883.

Yang J, Jiang L, Dai L, et al. 2019. The Consistency of SSM/I vs. SSMIS and the Influence on Snow Cover Detection and Snow Depth Estimation over China [J]. Remote Sensing, 11: 1879.

Yang Q, Cui C, Sun C, et al. 2008. Snow cover variation in the past 45 years 1959-2003 in the Tianshan Mountains, China [J]. Advance in Climate Change Research. Supplementary, 4: 13-17.

Zhang S, Shi C, Shen R, et al. 2019. Improved assimilation of fengyun-3 satellite-based snow cover fraction in Northeastern China [J]. Journal of Meteorological Research, 33: 960-975.

第3章　常用积雪变化研究科学数据

本章对积雪变化研究常用的科学数据进行概述，包括积雪面积遥感数据、积雪深度遥感数据、站点积雪深度观测数据和积雪统计数据4类。为提高积雪遥感数据的可用性，本章还对积雪遥感数据的空间插值和质量评价方案进行介绍。

3.1　积雪面积遥感数据

积雪面积信息主要是根据积雪与其他地物不同的反射率光谱特征和积雪的微波散射特征来进行提取，目前主要的信息提取方法有人工解译、亮度阈值、积雪指数法（Hall et al.，1995；Hori et al.，2017）、监督分类法、面向对象的方法与深度学习法（阚希等，2016）等。其中，基于光学遥感数据的归一化积雪指数法和基于微波数据的亮度温度阈值法是最主要的积雪面积信息提取方法。

3.1.1　积雪面积遥感提取的原理

1. 积雪的光谱特征分析

积雪与土壤、植被、岩矿、水体、人工目标、云层等不同参量之间的光谱特征差异巨大，这是实现大范围积雪遥感监测与积雪面积制图的物理基础。积雪与岩石、植被、水体等典型地表特征参量的光谱差异见图3.1。本节基于国家科技基础性工作专项“测绘地物波谱本底数据库建设”野外光谱辐射仪测定得到的阿勒泰地区积雪表面反射率数据（图3.1），进一步介绍积雪的光谱特征及其在积雪信息提取中的应用。

积雪具有在可见光波段高反射和短波红外波段低反射两个主要特征，这是利用光学数据进行积雪信息提取的物理基础。由图3.1可知，积雪在可见光波段对太阳光几乎全反射，在蓝光波段的490nm附近有一个反射峰，反射率在0.80左右。在490nm之后，反射率随着波长的增加而降低，在可见光波段（400～780nm）仍保持在0.50以上的反射率。在1140～1260nm，积雪的反射率急剧下降，降低到0.30左右。在近红外波段，积雪具有很强的吸收特征，反射率持续

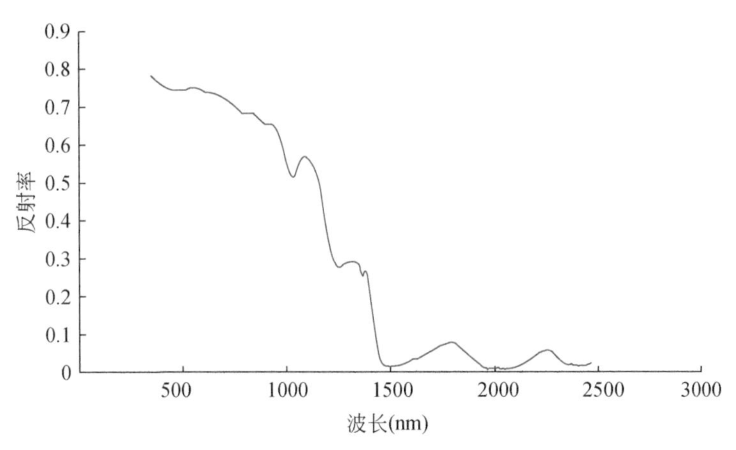

图3.1 阿尔泰地区积雪表面反射率

降低到0.20左右。由于水的强吸收，积雪光谱在1500nm和2000nm附近的反射率几乎降到了0。

受不同密度和体积含水量的影响，不同粒径的积雪在光谱表现上有所差异，但其吸收和反射的区间特征大致相同。郝晓华等（2013）利用Spectra Vista Corporation（SVC）HR-1024野外便携式光谱仪对北疆地区不同雪粒径光谱特征观测表明，不同雪深且不同粒径积雪均具有在可见光波段的高反射和短波红外波段的强吸收特征。此外，张佳华等（2010）对北京地区的地表积雪的测量分析表明，对于纯雪光谱，反射率的峰值明显集中在从可见光波段到800nm波段位置，积雪光谱具有反射率稳定较高的特点；在300～1300nm、1700～1800nm、2200～2300nm处，老雪和融化的雪反射峰比起新雪有不同程度的下降，最低为压实冻结的冰雪。在具体的应用中，可以结合研究目的和实测光谱特征进行研究区积雪的准确提取。

2. 基于光学遥感数据的积雪面积信息提取

积雪在光学卫星影像上呈现明显的亮色调，与植被、水体、岩石、人工建筑等大部分地物差异明显。因此，卫星遥感技术可以提供大范围的积雪信息面上监测。但是，积雪比较容易与其他白色物体混淆，如冰川、云层、石灰岩等，这些物体在可见光波段与积雪有相似的光谱特征。此外，云是光学影像积雪信息识别最重要的噪声，不仅导致地物的误判，还遮掩地物的特征，影响云下地表特征的提取。云在可见光波段和远红外波段的光谱特征、反射率与积雪非常接近，但在1550～1750nm和2105～2135nm的短波红外波段存在较大的差异，见图3.2（Dong，2018）。

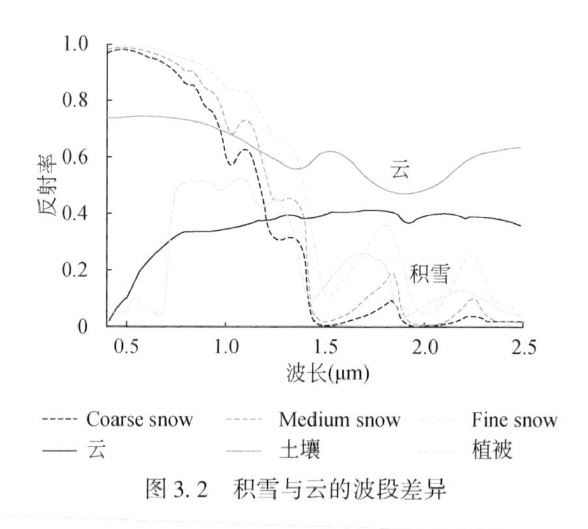

图 3.2　积雪与云的波段差异

积雪在波长为 0.5μm 左右的可见光波段有较高的反射率，而在 1.6μm 左右的短波红外波段有较强的吸收特征，反射率较低；大部分云在可见光波段有较高的反射率，在短波红外波段反射率依然很高。这主要因为短波红外波段的云反射来自太阳辐射，而积雪吸收太阳辐射。因此，这一短波范围内的云具有较高的反射率，而积雪的反射率很低，且呈现两个显著的吸收谷，与云等容易混淆的物体的反射率光谱特征差异巨大（张显峰和廖春华，2014）。

依照这些波段特征，Hall 等（1995）等建立了归一化积雪指数（normalized difference snow index，NDSI），并利用 SNOMAP 算法来进行积雪识别。研究表明，将雪的可见光波段高反射和短波红外波段低反射波段进行归一化处理，能够有效地提取积雪覆盖面积信息（Hall et al.，1995；陈晓娜等，2010b）。

$$\mathrm{NDSI}=\frac{\rho_{\mathrm{vis}}-\rho_{\mathrm{swir}}}{\rho_{\mathrm{vis}}+\rho_{\mathrm{swir}}} \tag{3.1}$$

式中，ρ_{vis}为可见光波段的反射率，ρ_{swir}为短波红外波段的反射率。通过在北美的验证，SNOMAP 算法设定 NDSI 阈值为 0.4，当像元 NDSI 值≥0.4 时，该像元被定义为积雪。但积雪和水体在可见光和短波红外波段的反射特征相似，该阈值识别出的积雪中有水体存在。为了进一步识别积雪，利用近红外波段水体强吸收而积雪吸收弱于水体的特点，SNOMAP 加入积雪识别的另外一个判别因子，$b_4 \geq 0.11$，其中 b_4 为 Landsat 5 TM 数据的第 4 波段（近红外波段，0.76～0.90μm）的反射率。这样，当满足 NDSI≥0.4 且 $b_4 \geq 0.11$ 时，该像元被识别为积雪。

但是依据对半球尺度积雪产品的相对精度评估，有研究表明基于可见光—近红外数据反演得到的结果比基于微波数据反演得到的结果精度要高，因为微波数据很难将湿、浅的积雪和湿、没有积雪的地面分离开（Brown et al.，2007）。目前，MODIS（Hall et al.，1995）、Suomi-NPP VIIRS（Justice et al.，2013；Key et al.，2013）、JASMES（Hori et al.，2017）等积雪面积产品都是在这一基础上发展来的。

3. 基于微波数据的积雪面积信息提取

对于被动微波辐射数据而言，像元分类的依据在于物体对不同频率微波辐射能量散射与吸收的特征不同。散射层的强散射遮蔽下层热辐射，降低了卫星观测到的辐射亮度温度，从而造成高频通道的亮度温度明显下降。因此，用高低不同频率通道的亮度温度之差作为散射指数，并利用其变化与阈值作为构建反演算法的特征指数，从而形成了积雪、冰川、降水等大气与地表面变化的判据（张显峰和廖春华，2014）。

被动微波辐射计接收到的来自积雪的微波辐射包括 3 个部分：积雪自身的辐射、积雪下层地面的辐射和雪层上方大气向上的辐射等。积雪堪称地面上一层或者多层密集且随机分布的球星雪粒子，来自下地表的辐射和雪层本身的辐射在穿透雪层的过程中被干雪粒散射或被液态水所吸收，雪粒的散射作用重新分配了向上辐射部分的能量。雪粒对不同频率的微波辐射散射强弱不同，雪粒在高频率波段体散射强烈，吸收较弱，在积雪衰减作用（散射与吸收系数之和）中占主地位；在低频率波段，积雪的直接辐射起主导作用散射作用大大减弱。雪的这种散射特性造成高频通道的辐射亮度温度明显低于低频通道，这种微波辐射散射受到雪的厚度、密度、湿度和雪粒大小的影响，随着雪深增加，粒径增加，散射作用会增强，高低频通道的辐射亮度温度差也会相应增大。积雪的这种散射作用就是被动微波遥感探测地表积雪存在的理论依据。除了积雪具有这种散射特性之外，沙漠、冻土和降水作为散射体也具有相似的散射特征易于被错误识别为积雪。此外，不同的散射体影响微波发射、散射的特征量（发射层物理温度、散射层深度、密度和散射粒子大小、表面粗糙度等）不同，造成不同频率相同极化观测亮温差、同一频率不同极化观测亮温差大小以及观测亮温自身的不同，利用这些差异逐步分离不同的散射体，剔除沙漠、冻土和降水，剩余的就是雪（李晓静等，2007）。

与光学遥感技术相比，微波遥感具有全天时和全天候的特点，能够穿云透雾，不依赖太阳辐射，可以弥补光学遥感数据存在的空缺值问题（李新和车涛，2007；施建成等，2016）。而且，微波遥感技术可以实现日尺度上的全球覆盖，可以保证积雪变化研究的时间分辨率。但是，受天线口径的限制，基于微波数据的积雪遥感产品空间分辨率普遍较低。例如，AMSR-E（Kelly et al.，2003）、GlobSnow（Pulliainen，2006）和全球微波雪深产品（车涛等，2019）的空间分辨率都为25km，难以充分表征积雪变化的空间异质性，在积雪研究的空间分辨率和精度上存在瓶颈。目前，ESA GlobSnow（Metsämäki et al.，2015）和AMSR-E（Kelly et al.，2003）等基于微波的积雪面积数据产品都是利用这一原理进行研发的。

3.1.2 常用积雪面积遥感数据

本节介绍6种基于可见光—近红外的积雪面积数据产品，包括MODIS积雪遥感数据（Hall et al.，1995；Riggs and Hall，2015）、Suomi-NPP VIIRS积雪面积数据（Key et al.，2013）、交互式多传感器的冰雪制图系统（IMS，Interactive Multi-sensor Snow and Ice Mapping System）日积雪面积数据（Helfrich et al.，2007）、北半球周积雪和海冰面积数据（NHSCE，Northern Hemisphere EASE-Grid 2.0 Weekly Snow Cover and Sea Ice Extent）（Helfrich et al.，2007；Robinson et al.，1993）、JASMES积雪面积数据集，以及ESA Globsnow积雪面积数据集。

1. MODIS积雪面积遥感数据

MODIS积雪面积遥感数据（MOD10）是使用MODIS 500m分辨率的L2级别校准辐射数据产品（MOD02HKM和MYD02HKM）、地理定位产品（MOD03和MYD03）和云掩膜产品（MOD35_ L2和MYD35_ L2）作为输入数据源生成的，其输出为MOD10_ L2和MYD10_ L2数据产品，包含积雪科学数据集（scientific dataSet，SDS）、质量保证（quality assurance，QA）SDSs、纬度和经度SDSs、局部属性和全局属性等。在L2产品的基础上，MODIS陆地产品组进一步合成了我们现在常用的L3级别产品，包括日尺度MO/YD10A1、8天合成产品MO/YD10A2、月合成产品MO/YD10CM，以及相应的0.05度全球合成积雪面积数据等。

MODIS积雪面积遥感数据的具体信息，见表3.1。

表3.1 MODIS积雪面积遥感数据列表

产品名称	Terra	Aqua
MODIS L2级500m逐日积雪面积产品	MOD10_ L2	MYD10_ L2
MODIS L3级 全球500m逐日积雪面积数据	MOD10A1	MYD10A1
MODIS L3级 全球0.05度逐日积雪面积数据	MOD10C1	MYD10C1
MODIS L3级 500m 8天最大化合成积雪面积数据	MOD10A2	MYD10A2
MODIS L3级 全球0.05° 8天最大化合成积雪面积数据	MOD10C2	MYD10C2
MODIS L3级 全球0.05° 逐月积雪面积数据	MOD10CM	MYD10CM

受幅宽和扫描角度的影响，MODIS 的日尺度积雪面积覆盖数据 MO/YD10A1 存在大量的空缺值。为了提高产品的利用率，生产组利用最大化合成了 8 天数据产品 MO/YD10A2 和月尺度 MO/YD10CM 等。因此，在 MODIS L3 级别积雪面积数据产品中，MO/YD10A1 是最为基础的数据源。

MOD10A1 是 NASA 陆地产品组按照 SNOMAP 算法多次处理后应用到全球的积雪数据产品。在 SNOMAP 算法中，陆地产品组通过在北美的验证以 0.4 为 NDSI 阈值进行 MODIS 第五版本（C5）全球积雪覆盖图的制作（Hall et al., 1995）。其物理基础体现在：积雪在可见光波段有较高的反射率，在短波红外波段有较强的吸收特征；大部分云在可见光波段有较高的反射率，在短波红外波段反射率依然很高。MODIS 积雪检测算法充分利用了这种特殊的光谱组合特点，使用 MODIS 第4 波段（0.545 ~0.565μm）和第6 波段（1.628 ~1.652μm）的反射率计算归一化差值积雪指数 NDSI，并采用一套分组决策支持方法来检测积雪。其计算公式如下：

$$\mathrm{NDSI}=\frac{\rho_{\mathrm{vis}}-\rho_{\mathrm{swir}}}{\rho_{\mathrm{vis}}+\rho_{\mathrm{swir}}}=\frac{b_4-b_6}{b_4+b_6} \tag{3.2}$$

式中，b_4、b_6 分别为 MODIS 数据对积雪和云反应敏感的第 4 波段（绿波段）和第 6 波段（短波红外波段）的反射率。通过在北美的验证，SNOMAP 算法设定 NDSI 阈值为 0.4，当像元 NDSI≥0.4 时，该像元被定义为积雪。但积雪和水体在可见光和短波红外波段的反射特征相似，该阈值识别出的积雪中有水体存在。为了进一步识别积雪，利用在近红外波段水体强吸收而积雪吸收弱于水体的特点，SNOMAP 加入积雪识别的另外一个判别因子，即 $b_4 \geq 0.11$，b_4 为 Landsat 5 TM 的第4 波段（近红外波段，0.76 ~0.90μm）的反射率。这样，当满足 NDSI≥0.4 且 $b_4 \geq 0.11$ 时，该像元被识别为积雪。对 MODIS C5 积雪产品的精度验证表明，MOD10A1 晴空状态下的总体积雪识别精度在93%（Hall and Riggs, 2007），在 50 像元×50 像元的积雪识别精度评估中准确度高达 94%（Hall et al., 1995）。

但是，Polashenski 等（2015）研究指出，受传感器退化的影响，MODIS C5 的反射率数据在可见光和近红外波段存在系统性的偏差。为了校正这一系统性偏差，MODIS 积雪产品生产组已基于修正后的第六版本（C6）反射率数据生产完成了相应积雪产品，并通过 NASA 地球科学数据系统平台（Earth Science Data Systems, https://earthdata.nasa.gov/）对外发布共享。

与 C5 数据相比，C6 版本的积雪面积数据大不相同。考虑到含水量、积雪密度、积雪粒径的差异造成的全球积雪分布的异质性，以及区域积雪识别阈值的不确定性，第六版本的积雪面积数据已经不再利用 0.4 为阈值进行积雪面积的制图，而是提供 NDSI 值，供用户进一步分析使用。MODIS C6 版本的积雪面积产品中积雪信息核心波段“NDSI_ Snow_ Cover”和“NDSI_ Snow_ Cover_ Basic_ QA”的含义见表 3. 2（Riggs and Hall，2015）。

表 3. 2　MODIS C6 积雪面积数据像元取值列表及含义

科学数据集	描述
NDSI_ Snow_ Cover	0 ~ 100：积雪 NDSI 值 200：缺失值 201：未定值 211：夜间观测值 237：内陆水体 239：海洋 250：云 254：饱和像元 255：填充值
NDSI_ Snow_ Cover_ Basic_ QA	0：最好 1：优 2：可以 3：差（没有在积雪产品中使用） 211：夜晚 239：海洋 255：无法使用或者没有数据

2. Suomi-NPP VIIRS 积雪面积遥感数据

NASA Suomi-NPP VIIRS 积雪算法来自 MODIS Collection 6，采用归一化积雪指数 NDSI 对积雪进行检测。该算法的理论和性能已被很好地理解，并已在 MODIS 雪覆盖产品的评估和验证中得到证明。

Suomi-NPP VIIRS 的冰雪覆盖产品由位于马里兰州格林贝尔特的 NASA 戈达德航天飞行中心（Goddard Space Flight Center，GSFC）研发的陆表科学研究处理系统（Land Science Investigator-led Processing System，SIPS）生产，并在位于科罗拉多州的美国国家冰雪数据中心 NSIDC 存档。NASA VIIRS 积雪覆盖产品序列，从二级 SWATH 产品 VNP10 到逐日的网格瓦片产品 VNP10A1 与 MODIS 产品序列相似。Suomi-NPP VIIRS swath 和 L3 产品的分辨率为 375m，而同等的 MODIS 产品的分辨率为 500m。与 MODIS C6 不同的是，Suomi-NPP VIIRS 新增加了去云处理后的逐日积雪面积数据产品 VNP101AF。Suomi-NPP VIIRS 的积雪面积数据详情，见表 3. 3。

表 3.3　Suomi-NPP VIIRS 积雪面积数据列表

产品名称	产品 ID
NPP/VIIRS Snow Cover 6-Min L2 Swath 375m	VNP10
NPP/VIIRS Snow Cover Daily L3 Global 375m SIN Grid	VNP10A1
NPP/VIIRS Snow Cover Cloud-Gap-Filled Daily L3 Global 375m SIN Grid	VNP10A1F

周敏强等（2019）以 Suomi-NPP 积雪范围产品为研究对象，利用气象台站点数据并结合更高分辨率的 Landsat 8 OLI 数据，评价该产品的精度，并与 MODIS 积雪范围产品进行对比分析。结果表明：使用气象台站进行数据验证时，NPP、MOD 与 MYD 三种积雪范围产品的总精度均较高，但三者积雪漏分误差都较大，其中 MYD 的漏分误差最大，为 64.2%，当积雪深度小于 5cm 时，三种积雪范围产品的积雪分类精度都较低，积雪深度大于等于 5cm 时，NPP 积雪范围产品的积雪分类精度最高，为 82.3%。利用 Landsat 8 OLI 数据验证时，Suomi-NPP 积雪范围产品的 Kappa 系数最高，其均值为 0.707，为高度一致性，而 MOD 与 MYD 的 Kappa 系数较低，分别为 0.476 与 0.557，为中等一致性。可见，与 MODIS 积雪面积产品相比，NPP 积雪面积产品的精度有了较大的提升。由于 Suomi-NPP VIIRS 发布时间较短，且时间序列短，现阶段北半球积雪分布及变化研究中还不多见。

3. IMS 积雪面积遥感数据

IMS 积雪产品由多种光学与微波传感器数据融合而成，提供 3 种尺度的北半球逐日无云的积雪覆盖范围，分别为 1km（1997 年以来）、4km（2004 年以来）、24km（2004 年以来），在半球尺度积雪分布及变化研究中被广泛使用。IMS 日积雪覆盖数据由二进制的 0（无雪）和 1（有雪）组成，它是基于所有现阶段可用的卫星数据（自动积雪制图算法）和其他辅助数据的积雪分析模型生成（Helfrich et al.，2007）。该积雪分析模型主要依赖于可见光卫星影像，但同时也使用了站点观测数据和微波数据。

目前，IMS 已应用于多源积雪面积产品的融合（Chen et al.，2012；Chen et al.，2018b；Li et al.，2019；Yu et al.，2016）、海冰（Brown et al.，2014）和积雪（Chen et al.，2015；Chen et al.，2018a）物候信息的提取。在区域尺度上，IMS 的适用性还需依据研究目的进一步验证分析。以气象站实测雪深数据为真值，对我国稳定积雪覆盖区 IMS 的每月、积雪季和全年的误判率、漏判率和总体准确率的精度验证结果表明，IMS 雪冰产品的年总体准确率在三大积雪区均超过了 92%，积雪季总体准确率均超过了 88%，利用 IMS 雪冰产品监测积雪范围是可靠的。然而，IMS 数据的积雪识别精度区域差异性较大，北疆地区在 1 月和 2 月误判率偏高，青藏高原地区积雪季有严重的漏判现象（刘洵等，2014）。

数据获取地址：https：//nsidc. org/data/g02156。

4. JASMES 积雪面积遥感数据

JASMES 积雪面积遥感数据是利用 AVHRR GAC 数据（1978 年 11 月至 2005 年 12 月）和 MODIS 辐射数据（Terra 的 MOD02SSH 数据和 Aqua 的 MYS02SSH）通过一种一致的积雪识别算法得到的，其空间分辨率为 5km，时间尺度为1978 ~ 2015 年（Hori et al.，2017）。然而，受轨道、宽度、太阳天顶角、视场角和云层污染造成的缺口的影响，JASMES 日积雪面积数据的空间覆盖是不完整的。考虑到 AVHRR 和 MODIS 辐射数据之间的系统误差可能会影响到 JASMES 数据的一致性，现阶段对 JASMES 积雪面积数据的使用还较少。

数据获取地址：ftp：//apollo. eorc. jaxa. jp/pub/JASMES/Global_ 05km/。

5. NHSCE 积雪面积遥感数据

NOAA NHSCE 积雪面积遥感数据是目前时间尺度最长（1966 年 10 月 4 号至今）的北半球周尺度积雪面积数据产品，空间分辨率为 25km（Robinson et al.，1993）。与其他积雪面积数据相比，NHSCE 积雪产品具有时间尺度的优势，这使得 NHSCE 积雪数据可以被用来研究积雪变化的长期趋势。Brown 和 Robinson（2011）对 NHSCE 数据进行的不确定性分析结果表明，1966 ~ 2010 年 NHSCE 积雪数据的春季积雪面积在 95% 的置信水平下有 ±3% ~ 5% 的误差（Brown and Robinson，2011）。NHSCE 积雪数据的二进制值代表每个格网 50% 或者更大的积雪发生频率，该积雪数据仅适用于大尺度积雪研究中。

数据获取地址：https：//nsidc. org/data/NSIDC-0046/versions/4。

6. ESA GlobSnow 积雪面积遥感数据

为获取近实时的积雪观测资料，欧洲航空局自 2010 年 10 月以来开始生产全球长时间序列的积雪面积数据（GlobSnow SE）。GlobSnow SE 的时间范围为 1995 ~ 2012 年，时间尺度包括逐日、每周和每月三种尺度。积雪范围数据集是基于 1995 ~ 2012 年覆盖北半球的 Envisat AATSR 和 ERS-2 ATSR-2 传感器的光学数据。

积雪范围数据集是基于 Envisat AATSR 和 ERS- 2 ATSR- 2 的光学数据。GlobSnow SE 处理系统在视–热部分采用光学测量由 ERS-2 传感器 ATSR-2 和 Envisat 传感器获取的电磁频谱 AATSR。积雪覆盖信息采用半经验 scamod 算法检索（Metsämäki et al.，2012，2015）生成。GlobSnow SE 的空间分辨率约 1km，覆盖 25 ~ 84°N，与北半球季节性积雪地区相对应。

数据获取地址：https：//www. globsnow. info/se/。

3. 2 积雪深度遥感数据

积雪深度是积雪面积之外，监测积雪变化程度的另一个重要指标。本节介绍积雪深度遥感提取的原理，以及常用积雪深度遥感数据产品。

3. 2. 1 积雪深度遥感提取的原理

依据遥感数据的波段差异和不同的反演原理，积雪深度的遥感提取算法可以分为光学遥感反演方法和被动微波遥感反演方法。可见光和短波红外数据具有较高的空间分辨率以及较强的可解译性，但是容易受到天气的影响微波数据则可以用于获取天气条件差，尤其是云层下方的积雪信息。被动微波遥感能够穿透大部分积雪层从而探测到雪层内的雪深与雪水当量信息，且不受云层等因素的影响，能够全天候地获取地表积雪信息。但是，受天线口径的限制，被动微波遥感数据的空间分辨率较低，导致混合像元问题明显。而主动微波遥感，如合成孔径雷达，虽然空间分辨率较高，但数据处理复杂，而且对积雪深度敏感度低，不能用于积雪监测。本节分别介绍这两种主要反演方法的基本原理。

1. 基于光学数据的积雪深度反演

早在 1961 年，Giddings 和 La Chapelle（1961）对积雪深度与反射率之间的关系进行了实验，实验结果表明，在下垫面为黑色表面的情况下，当积雪深度小于 30cm 时，雪面的反射率随着积雪深度的增加而增加，二者之间存在较好的线性关系；而当积雪深度大于 30cm 时，雪面的反照率随着深度的增加趋势缓慢，并逐渐趋于饱和。1975 年，McGinnis 等（1975）就证实雪的表面反射率可以作为积雪深度的指示因子，积雪深度与可见光波段的反射率之间有着较好的相关性。20 世纪 90 年代初，曾群柱和冯学智（1995）用 AVHRR 资料对积雪深度进行了研究，结果表明当积雪深度小于 20cm 时，积雪深度和可见光波段反射率的线性相关系数达到了 0. 76。

由于雪粒间存在空隙，空隙的存在使得太阳的入射辐射到达雪面时一部分被雪粒吸收并反射，另一部分通过间隙折射到下垫面，被下垫面部分吸收同时通过间隙反射出雪面。因此，卫星接收到的反射辐射既包含了雪粒本身的反射，也包含了下垫面的部分反射。随着积雪深度的增加，通过间隙折射到下垫面的入射辐射越少，下垫面的反射也越少，越多的能量被雪面反射回太空，因而反射率越高。同时，随着积雪深度的增加，积雪的空间覆盖范围增加，未被雪面覆盖的物体越少，相应的吸收和反射的辐射也越少，卫星接收到的反射辐射主要以雪粒的反射为主。当积雪达到一定深度时，卫星接收到的来自下垫面的反射趋于0。因此，传感器接收到的积雪辐射在增加之后趋于饱和（李三妹等，2006）。雪深越深在可见光波段和近红外波段的反射率越高，并逐渐趋于稳定；而短波红外波段的反射率随着雪粒吸收作用的增强而减少，雪深与短波红外波段的反射率呈负相关。因此，通常采用建立可见光和短波红外的反射率等变量与积雪深度之间的关系，来建立基于光学遥感数据的积雪深度估算模型。

基于上述过程，李三妹等（2006）归纳了不考虑大气影响，晴空条件下太阳到达雪面的入射辐射方程：

$$R_{sun}=R_{sa}+R_{sr}+R_{ua}+R_{ur}+R_{ga}+R_{gr} \tag{3.3}$$

式中，R_{sun}为太阳入射到像元的总辐射；R_{sa}为雪粒的吸收辐射；R_{sr}为雪粒的反射辐射；R_{ua}为雪粒下垫面的吸收辐射；R_{ur}为雪粒下垫面的反射辐射；R_{ga}为未被雪面覆盖的物体的吸收辐射；R_{gr}为未被雪面覆盖的物体的反射辐射。同时，卫星接收到的反射存在以下关系：

$$R_{sat}=R_{sr}+R_{ur}+R_{gr} \tag{3.4}$$

式中，R_{sat}为卫星接收到的反射辐射。我们知道，在可见光和近红外波段，雪粒为强反射体，而在短红外波段（1.66μm 和 2.1μm），雪粒为强吸收体。随着雪深的增大，在总辐射一定的前提下，R_{ua}和R_{ga}大大减少，总辐射的损耗较少。同时，R_{ur}和R_{gr}也大大减少，这就导致在可见光和近红外波段，总辐射以雪粒反射R_{sr}为主。因此，雪深越大，可见光和近红外波段的反射率也就越高。雪深达到一定的程度，卫星在这些波段接收到的反射趋于稳定；而在短红外波段，总辐射以雪粒吸收R_{sa}为主。因此，雪越深，在这些波段的吸收作用越强，反射率越低，积雪深度与短红外波段的反射率呈负相关。当然，这个物理过程受到了很多因素的影响。雪粒本身的物理性质包括雪的相态（干雪、湿雪、即将融化的雪、表面冻结的雪等）以及雪的年龄（新雪和旧雪）都能影响到雪的反射和吸收特性；研究区的自然环境差异包括下垫面的差异（沙漠、草地、农地、灌木丛、林地等）和地形差异（山区、平坦区、丘陵区等）也会影响到雪面的出射辐射以及卫星接收到的积雪像元的总反射。因此，在进行雪深反演时，必须综合考虑到雪粒性质的差异、研究区的自然环境差异以及积雪表面的辐射特征等因素。

在上述理论的推动下，李三妹等（2006）利用 MODIS 可见光、近红外及短红外多通道资料以及新疆地区积雪深度气象台站实测资料等，在考虑积雪性质包括积雪粒子相态、积雪年龄等的差异以及积雪区的下垫面条件包括地表粗糙度、土地覆盖类型等的不同的情况下进行积雪分类，在此基础上，建立 MODIS 积雪深度反演模型，实现深度在 30cm 以内的积雪（干雪）深度反演。董廷旭等（2011）利用野外不同下垫面及深度状况的积雪光谱，在积雪覆盖信息提取的基础上，通过分析积雪覆盖指数以及 HJ-1B 卫星不同波段（绿光波段、近红外波段、短波红外波段）反射率与积雪深度的相关关系，建立了适用于 HJ-1B 星的积雪深度反演模型，满足了较浅降雪深度状况下的遥感实时监测要求。

然而，受下垫面复杂性和积雪深度空间分布异质性的影响，基于光学的积雪深度反演在大尺度积雪深度制图中存在较大的不确定性。另外，在积雪达到一定深度，如>30cm 时，基于光学的反演算法无法准确反演积雪深度信息。因此，在具体的业务和大尺度积雪深度监测中，基于光学的积雪深度产品用得较少。

2. 基于微波数据的积雪深度反演

微波对松散干燥的地物具有较强的穿透能力，这一特征为利用微波遥感的亮度温度反演积雪深度提供了有利条件。被动微波辐射计所获得的微波亮度温度主要来自大气、积雪和积雪下的地表能量辐射。一方面，土壤向上的微波辐射被覆盖其上的积雪散射，雪粒是微波辐射的散射体，散射重新分配了积雪覆盖，土地面的辐射这种散射主要受到雪层的深度、雪粒的大小、雪密度，以及雪表面粗糙度等因子的影响。雪层越深其散射强度越强而到达传感器的辐射强度越弱。因此，在深雪覆盖地区的微波亮度温度低，而雪深较浅地区的微波亮度温度高。另一方面，亮度温度也是雪层后向散射系数的函数而后向散射系数又随微波的频率增加而增加，导致了微波波段积雪在低频区的负亮度温度梯度。其中，大气对卫星携带微波辐射计的相应频率的影响很小可以忽略不考虑。雪深的增加导致亮度温度的降低，这种负相关关系就是被动微波遥感反演雪深算法的理论基础（张显峰和廖春华，2014）。

蒋玲梅等（2014）基于 2002～2009 年全国 753 个国家基本气象站观测的地面雪深和温度资料，以及同期的 AMSR-E 亮温数据，利用不同频率亮温对雪深的敏感性差异，建立了中国区域雪深半经验统计反演算法。该算法的具体思路为：根据全国 1km 网格土地利用覆盖度数据，结合中国区域的下垫面微波辐射特征，划分成森林、农田、草地和裸地四种主要地物类型；首先建立这四种主要地物类型相对较纯像元下的雪深反演算法，然后利用线性混合像元分解技术，建立微波像元下高精度的雪深反演算法。将本算法分别应用于风云 3 号 B 星搭载的微波成像仪（fengyun-3B/Mcirwoave Radiation Imagery，FY3BMWRI）和 AMSR-E 数据，进行了 2010 ~ 2011 年冬季积雪面积制图，与相应时段的 MODIS 日积雪产品（MYD10C1）相比，本算法估算积雪面积的精度均达到 84% 以上。此外，利用本算法和 FY3B-MWRI 数据在北半球进行了雪当量估算测试，与 AMSR-E 标准雪当量产品进行了比较，发现二者结果较为一致。但在中国区域，AMSR-E 雪当量值明显高于 FY3B-MWRI 估算值，这与目前已有 AMSR-E 雪当量产品的验证结果较为一致，FY3B-MWRI 雪深估算值与站点观测值更为吻合。该算法已被作为国家卫星气象中心 FY3B-MWRI 雪深产品的业务化算法。

3.2.2 常用积雪深度遥感数据

雪水当量遥感产品最早可追溯至 1978 年，美国国家冰雪数据中心利用 SMMR（Scanning Multi-channel Microwave Radiometer）微波亮温数据生产了全球 0.5°空间分辨率的逐月雪深产品。1987 年 8 月起，性能更好的 SSM/I 和之后的 SSMI/S（Special Sensor Microwave Imager/Sounder）替代了 SMMR，用于生产半球和全球尺度的雪深产品。Aqua 卫星上搭载的 AMSR-E（Advanced Microwave Scanning Radiometer-EOS）微波辐射计于2002 年开始使用，2011 年停止运行，并由 GCOM 卫星搭载的 AMSR-2 传感器代替，NSIDC 和日本宇宙航空研究开发机构分别利用 AMSR-E 和 AMSR-2 的微波亮温数据生产制作了全球范围不同时间分辨率的雪水当量产品，空间分辨率（10 ~ 25km）较早期 SMMR 雪深产品有所提高。欧洲航天局利用 SMMR，SSM/I 和 SSMI/S 生产了全球 1979 年以来 25km 空间分辨率的雪水当量产品 GlobSnow。我国雪水当量/雪深产品主要包括利用风云 3 号生产的逐日雪水当量产品（蒋玲梅等，2014），以及利用 SMMR、SSM/I 和 SSMI/S 生产的中国区域长序列逐日雪深产品（Che et al., 2008）。

本节介绍 AMSR-E、AMSR2、NISE 以及基于多源微波数据研发的中国区域微波雪深数据等（Che et al., 2008）。除了遥感积雪数据集，再分析积雪数据集在大尺度积雪变化研究中也经常被使用，如加拿大气象中心（Canada Meteorological Center，CMC）生产的日积雪深度数据（Brasnett，1999）。CMC 日积雪深度数据广泛应用于北半球积雪变化研究中（Brasnett 1999；Brown et al., 2003；Brown and Robinson，2011；Chen et al., 2015）。

1. AMSR-E 25km 逐日积雪水当量数据

基于 AMSR-E/Aqua L2A 空间重采样的全球亮温数据集（global swath spatially-resampled brightness temperatures data set），NSIDC 生产了 AMSR-E/Aqua L3 全球雪深数据集。该数据集提供全球2002 年6 月至2011 年10 月25km 的全球

SWE 和相应的精度标识数据集，时间分辨率为日、5 天和月三种。

数据获取地址：https：//nsidc. org/data/AE_ DySno/versions/2。

2. ESA GlobSnow 积雪水当量数据

GlobSnow SWE 积雪水当量数据是利用 SMMR、SSM/I 和 SSMIS 微波数据和地面天气观测站的资料，采用 Pulliainen 的数据同化方法（Pulliainen，2006；Takala et al.，2011），反演得到的。GlobSnow SWE 主要利用 SMMR、SSM/I 和 SSMIS 微波数据在 a 波段、K 波段和 Ka 波段（K 波段和 Ka 波段分别为 19 GHz 和 37 GHz）的亮温数据，其空间分辨率为 25km，时间分辨率为日、周、月三种尺度。目前，GlobSnow SWE 提供了 1979 ~ 2018 长达 40 年的北半球积雪水当量数据，但不包括冰川地区和格陵兰岛。

数据获取地址：https：//www. globsnow. info/swe/archive_ v3. 0/。

3. AMSR-E/AMSR2 25km 积雪深度数据

与 AMSR-E 雪深数据相似，AMSR-E/AMSR2 利用 JAXA GCOM-W1 卫星上的 AMSR2 传感器获取的亮度温度数据，通过反演得到 25km 的积雪水当量 3 级产品。AMSR-E/AMSR2 是 AMSR-E 数据集的延续，其时间尺度为 2012 年 7 月 2 日至今。

数据获取地址：https：//nsidc. org/data/AU_ MoSno/versions/1。

4. 全球长时间序列逐日雪深数据集

全球雪深数据集采用被动微波遥感反演方法制作，数据覆盖时间为 1979 ~ 2017 年，时间分辨率为逐日，覆盖范围为全球，空间分辨率约为 25km（车涛等，2019）。遥感反演方法采用动态亮温梯度算法，算法考虑积雪特性在时空和空间上的变化，建立了不同频率亮度温度差与实测雪深在空间和季节上的动态关系。该微波雪深数据的空间分辨率为 25km，其是利用 SMMR（1978 ~ 1987 年）、SSM/I（1987 ~ 2007 年）和 SSMI/S（2008 ~ 2016 年）内部校正后的亮温数据，通过修改后的常算法和动态调整算法得到的。传感器之间的内部校正提高了日积雪深度数据的一致性，提供了长时间连续序列的积雪深度数据。通过实测站点的验证表明，全球雪深数据相对偏差在 30% 以内。

数据获取地址：https：//data. tpdc. ac. cn/zh-hans/data/b8c983b6-9073-4008-ada0-ab504c5b850b/？ q=snow%20depth。

5. CMC 日积雪深度数据

CMC 日积雪深度数据是基于实测的站点日积雪深度数据进行优化插值而生

成的（Brasnett，1999）。该插值算法通过以气温和降水作为初始输入参数的加拿大融雪径流预报模型优化得到（Brasnett，1999）。但由于北极高海拔区域的实测站点数据比较少，CMC 积雪深度数据大量被基于模型得到的初始的假象值填充。另外，现有雪深观测数据大多分布在积雪融化较早的开阔地区（Brown et al.，2003），这会给模型的初始值带来一定误差。数据时间尺度为 1998 年 8 月 1 日至 2019 年 12 月 31 日。

数据获取地址：https：//nsidc. org/data/NSIDC-0447/versions/1。

3.3 积雪站点数据

在卫星应用于积雪监测之前，地面台站观测资料是获取积雪空间分布、积雪水资源量的唯一途径，台站测雪的主要变量包括雪深、雪日和雪压等积雪参数。站点数据是积雪研究最直接的数据。通常所说的积雪站点数据指的是雪深数据，即从积雪表面到地面的垂直深度。我国《地面气象观测规范》（GB/T 35221—2017）规定，当气象站四周视野地面被雪（包括米雪、霰、冰粒）覆盖超过一半时要观测雪深；在规定的日子当雪深达到或超过 5cm 时要观测雪压。

但其空间分布的不连续、不规则和不均匀；积雪广泛分布的山区观测点稀少甚至无台站分布，致使实测的积雪深度及日数很难代表区域积雪的空间分布特征。另外，气象台站资料有观测人员的主观性和技术性误差的存在，单独使用难以反映山区积雪地面实况和真实的年际变化（张若楠等，2014）。积雪站点数据通常用于积雪遥感产品的精度验证。但是，已有研究结果表明，受站点数据空间代表性和遥感数据空间分辨率的制约，站点数据与积雪遥感数据之间也往往存在一定的偏差。此外，在具体的积雪站点数据录入中，也会出现风吹雪导致的气象站四周积雪面积过半，但观测地段无积雪的情况。

接下来，本节介绍常用的国际积雪站点观测数据和我国的积雪站点观测数据。

3.3.1 国际积雪站点观测数据

本节介绍在半球尺度积雪研究中应用最为广泛的全球历史气候网（Global Historical Climatology Network，GHCN）（Menne et al.，2012）、欧洲气候评估和数据集（European Climate Assessment and Dataset，ECA&D）（Klein Tank et al.，2002）两个数据集。通过整合和检查多个国家的站点观测数据，GHCN 和 ECA&D 两个数据集涵盖了北半球大部分的积雪深度观测数据，尤其是高纬度地区。

1. 全球历史气候网（GHCN）

GHCN 收集全球各地陆地表面站的气象观测记录，是目前站点数据最多且覆盖时间尺度最长的站点数据集。GHCN 记录了自测量器诞生以来地球的所有历史气象数据，最早可追溯到 17 世纪，目前版本为 3.0（Menne et al., 2012）。GHCN-Daily 收录了来自 180 个国家和地区的 10 万多个气象台站的数据。NCEI（National Center for Environment Information）提供了日尺度的最高气温、最低气温、日总降水量、降雪量、积雪深度等气象数据，可以满足相关变量日尺度、月尺度和年际尺度的研究需求。同时，GHCN 站点文件提供了 106 682 个站点的位置信息，包含站点 ID、站点经纬度、站点高程、站点所在城市、站点所在国家（CH 代表中国）、站点数据起讫时间等，其空间分布见图 3.3。

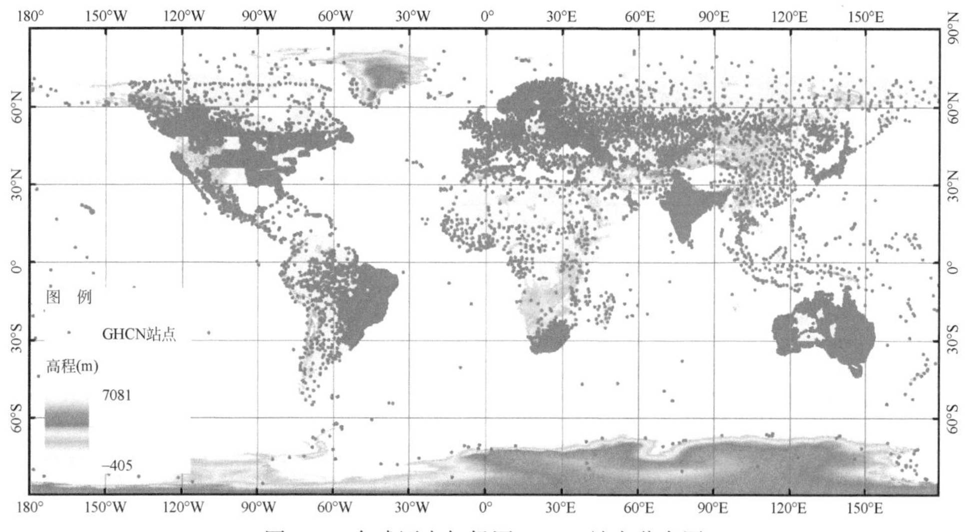

图 3.3 全球历史气候网 GHCN 站点分布图

GHCN 收集来自各个站点的逐日气象数据，并进行质量检查。此外，GHCN 每周会从其 25 多个数据源组件重建数据集，以确保 GHCN-Daily 与不断增长的组成数据源列表保持同步。在此过程中，系统会对整个数据集进行应用质量检查。值得注意的是，GHCN 数据的空间分布并不均匀，欧洲和美国地区最为密集，俄罗斯高纬度地区和非洲中部地区较为稀疏。此外，GHCN 站点记录的长度和周期也各不相同，从少于一年到超过 175 年不等。因此，具体应用中需根据研究区和研究时间段对站点数据进行进一步筛选。

数据获取地址：https：//www. ncdc. noaa. gov/ghcnd-data-access。

2. 欧洲气候评估和数据集（ECA&D）

ECA&D 由欧洲气候支持网络于 1998 年发起，并得到了由 31 个国家气象水文部门组成的欧洲国家气象和水文局、欧盟委员会的财政支持。ECA 数据集包含了欧洲和地中海地区 21 775 个气象站的一系列日常观测数，其空间分布见图 3.4。对积雪研究来说，ECA&D 提供了以下 4 个积雪指数：①SD，即日平均积雪深度；②SD1，即积雪覆盖天数；③SD5cm，即大于 5cm 以上的积雪覆盖天数；④SD50cm，即大于 50cm 以上的积雪覆盖天数。

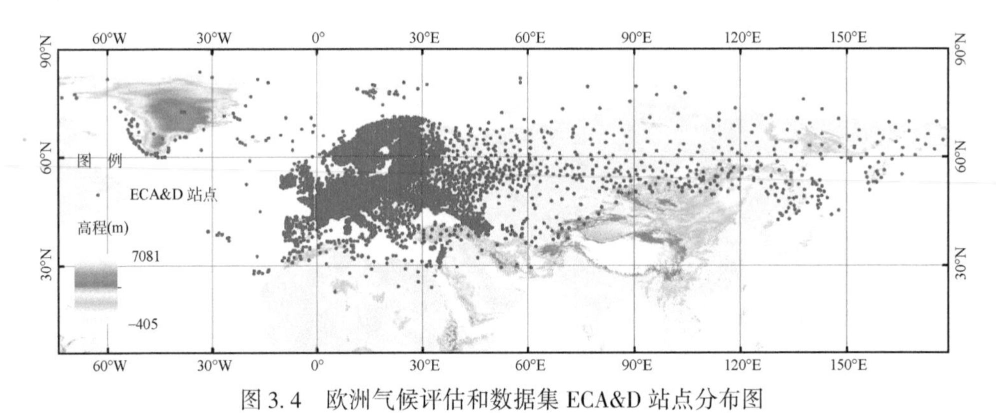

图 3.4　欧洲气候评估和数据集 ECA&D 站点分布图

数据获取地址：https：//www. ECA&D. eu/download/millennium/millennium. php#snow

3.3.2　我国站点雪深观测数据

中国积雪大范围观测研究始于 20 世纪 50 年代的气象观测系统。中国气象局在全国 765 个气象基准站实施了雪深观测，部分站点也观测雪压（仅省级气象主管机构指定气象站开展测量），此后近 2400 个气象站陆续启动雪深雪压观测业务，至 1979 年形成统一的地面气象观测规范（王建等，2018）。此外，中国科学院建立多个野外台站，包括天山冰川研究站、玉龙雪山研究站、黑河遥感站、净月潭遥感站等，也开始了积雪特性的相关观测。这些持续观测的站点数据为长时间的气候变化和水文、水资源研究提供了宝贵的数据。

现阶段，我国站点雪深观测数据主要通过 CMA 发布。此外，部分国家数据中心/科研项目平台也存在积雪站点历史数据。例如，地球大数据科学工程数据共享服务系统发布了由中国科学院寒区旱区环境与工程研究所整理的 1961 ~2013 年青藏高原 102 个台站的逐日积雪深度数据集，见 http：//data. casearth. cn/sdo/detail/5c19a5690600cf2a3c557bc2。

3.4 积雪统计数据

由罗格斯大学积雪实验室（Rutgers University Global Snow Lab）发布的积雪面积统计数据集在积雪变化研究中也被广泛应用。该统计数据集以 NHSCE 数据为基础进行北半球、欧亚大陆、北美洲和不包含格陵兰岛在内的北美洲 4 个空间区域的积雪面积周、月统计数据（Estilow et al., 2015）。目前，广泛应用于气候变化研究、北半球积雪面积的监测以及与模型数据的对比分析等（Déry and Brown, 2007; Derksen and Brown, 2012）。以 2019 年为例，罗格斯大学积雪实验室积雪面积统计数据组织形式见表 3.4。

表 3.4　2019 年统计数据组织形式　　（单位：$10^6 km^2$）

月份	北半球	欧亚大陆	北美洲	北美洲（不含格陵兰岛）
12	43.47	26.30	17.16	15.02
11	37.06	21.97	15.09	12.94
10	22.26	12.77	9.49	7.34
9	5.14	1.57	3.57	1.45
8	2.51	0.16	2.35	0.36
7	2.61	0.31	2.30	0.26
6	5.94	1.74	4.19	2.07
5	17.06	8.50	8.56	6.41
4	29.06	16.30	12.76	10.61
3	39.48	22.90	16.58	14.43
2	46.03	27.68	18.35	16.20
1	47.24	29.58	17.66	15.51

3.5 积雪遥感数据空间插值示例

通过上文对积雪面积和积雪深度遥感数据的介绍与应用分析可知，基于光学的积雪数据产品空间分辨率较高。然而，受云和地面高亮物体的干扰，在空间覆盖完整性方面存在短缺；基于微波的积雪数据产品虽然可以穿云透雾，但在空间分辨率上存在较大局限，在具体的积雪研究中还需依据研究目标对相应数据源进行插值或者融合分析，以满足积雪变化研究对时空完整性的要求。为解决这一问题，本节以 MOD10A1 逐日积雪面积覆盖数据为对象，以满足我国西北干旱区典型内陆河流域——玛纳斯河流域积雪消融曲线制作为目标，对 MOD10A1 积雪面积数据在具体应用中的时空插值进行介绍。

3.5.1 研究区云覆盖状况分析

玛纳斯河发源于天山北麓的依连哈比尕山，是准噶尔盆地南缘最大的一条融雪性内陆河流，也是新疆重要的粮棉基地和经济开发区之一。东起塔西河，西至巴音沟河，南靠依连哈比尕山，与和静县相隔，北接古尔班通古特沙漠与和布克赛尔蒙古自治县、福海县遥望。流域面积为 1.98×10^4 km^2，其中山区面积为 0.515×10^4km^2，平原面积为 1.465×10^4km^2。流域地形复杂，北部玛纳斯湖海拔 246 m，南端山区最高海拔为 5289 m，且有永久性冰川分布，冰川面积为 608km^2，储量为 3.9×10^{10}m^3，为源头天然固体水库。

本书以 2007 年玛纳斯河流域 3～6 月融雪期 MOD10A1 数据为研究对象，进行时空插值的研究介绍。玛纳斯河流域 2007 年融雪期共有 MOD10A1 逐日积雪面积数据 122 幅。图 3.5 为该时间段内玛纳斯河流域云覆盖信息统计情况。从图中可以看到，玛纳斯河流域云覆盖区域呈现明显的规律性特征，云覆盖严重的区域主要分布在冰川和海拔较高的山地，低海拔平原地带和峡谷段云量相对较少。在 500 m×500 m 的空间尺度上，研究区共有像元 20 587 个，依像元对研究区云覆盖天数进行统计，可以发现 122 天中，云覆盖天数大于 60 天的有 656 个像元，占研究区像元总数的 3.19%；云覆盖天数大于 50 天的有 7056 个像元，占研究区像元总数的 34.27%；云覆盖天数大于 40 天的有 14 911 个像元，占研究区像元总

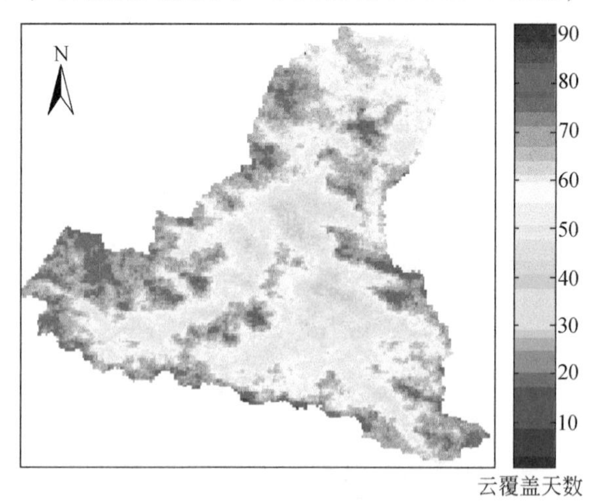

图 3.5 融雪期 MOD10A1 数据云覆盖信息统计

数的 72.439%；云覆盖天数大于 30 天的有 20 245 个像元，占研究区像元总数的 98.34%。

MOD10A2 积雪遥感数据由 MOD10A1 日积雪遥感数据 8 天最大化镶嵌得到。考虑到对 MOD10A1 时空插值的需要，本书对 MOD10A2 积雪遥感数据的云覆盖信息进行统计，如图 3.6 所示。依像元统计可得，相同时间段内 15 幅 MOD10A2 影像中云覆盖次数超过 3 次的共有 938 个，占研究区像元总数的 4.56%；研究区大部分像元在融雪期内出现无云状态。

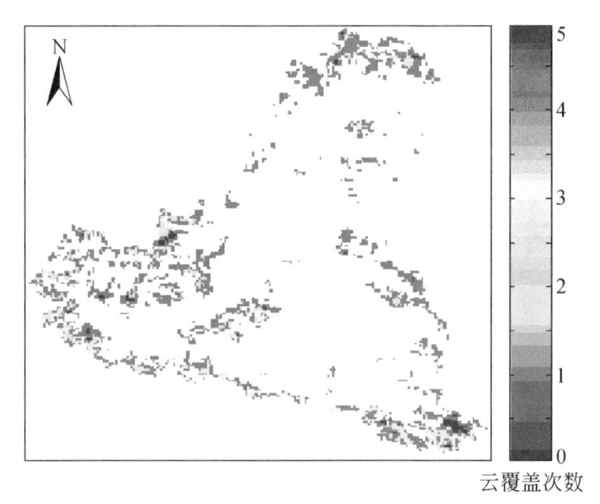

图 3.6 融雪期 MOD10A2 数据云覆盖信息统计

去云处理需要充分考虑研究区云覆盖像元的时间与空间分布特点，以 3 月 29 日至 4 月 5 日研究区 MOD10A1 影像为例，其云覆盖像元分布如图 3.7 所示。

由图 3.7 可以看出，玛纳斯河流域云覆盖像元在空间分布上呈如下特点：①云覆盖像元与积雪覆盖像元交叉分布；②云覆盖像元在完全落在陆地区域内，与积雪覆盖像元相分离；③云覆盖像元完全覆盖研究区，积雪覆盖信息完全丢失。同时，云覆盖像元在时间序列上的变化呈如下特点：①云→云，两幅影像相同位置上的像元都被云覆盖，无法通过时间序列判别云下积雪信息；②云→积雪，原有云覆盖像元变为积雪覆盖像元，可以通过时间序列，辅以高程信息和气象站点实测记录还原该像元积雪信息；③云→陆地，原有云覆盖像元变为陆地，该情况下不影响该像元积雪信息读取。

3.5.2 积雪数据时空差值的理论假设

通过上述对云覆盖像元在空间分布和时间序列上的变化分析，本节采用如下

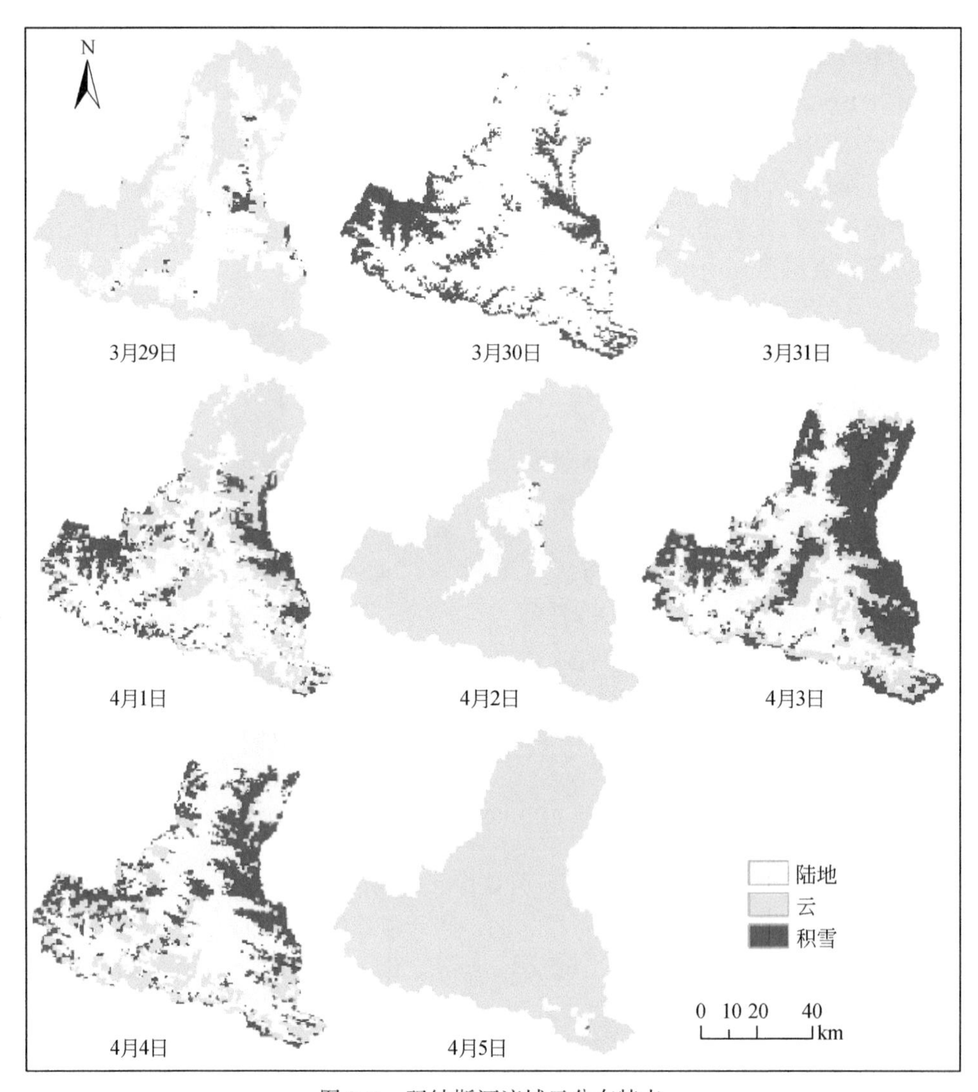

图 3.7 玛纳斯河流域云分布特点

三个步骤进行 MOD10A1 影像的去云处理，并制作玛纳斯河流域积雪消融曲线。其理论假设如下。

（1）地表积雪覆盖稳定性。当地表被积雪覆盖后，积雪消融需要一定时间；而当积雪消融之后，下次降雪之前，地表将保持无雪状态，因此可认为地表状态（积雪和陆地）在一定时间内具有稳定性。

（2）时间相关性。时间间隔越短，同一位置地表状态具有越大的相似性。在时间序列上，该像元地表覆被类型与前后两天的地表覆被类型相关。

（3）空间相关性。气温是融雪的关键因素，通常随高程增加而递减。因此，低处的积雪应该先融化：如果某像元被积雪覆盖，则高于该像元的相邻像元也被积雪覆盖；如果某像元表现为陆地，则低于该像元的相邻像元也为陆地。

因去云处理的最终目的是制作融雪期研究区积雪消融曲线，而积雪消融曲线要求排除瞬时积雪的影响，为减少去云算法的运算时间和工作量，设置的临界条件如下。

（1）研究区高海拔地区有常年积雪和冰川存在，其状态稳定，可以认为冰川区范围内云覆盖像元均为“误判”像元，其地表覆被类型依然为积雪；

（2）因融雪期积雪消融为持续过程，当某像元地表覆被类型第一次变为陆地，该像元地表覆被类型以后均为陆地（瞬时性降雪在积雪消融曲线制作时不做考虑）。

根据玛纳斯、石河子、乌兰乌苏等气象站点记录，2006 年 7 月 31 日流域降水量为 0mm，总云量为 0%。说明 2006 年 7 月 31 日 Landsat 5 TM 影像上积雪信息可完全排除云和瞬时性积雪的影响，可以作为玛纳斯河流域冰川范围提取的原始数据。基于 SNOMAP 算法，提取得到的 2006 年玛纳斯河流域冰川分布区域如图 3.8 所示。因冰川在较短的时间区间内具有一定的稳定性，本研究中假定 2006 年与 2007 年玛纳斯河流域冰川分布范围不变。

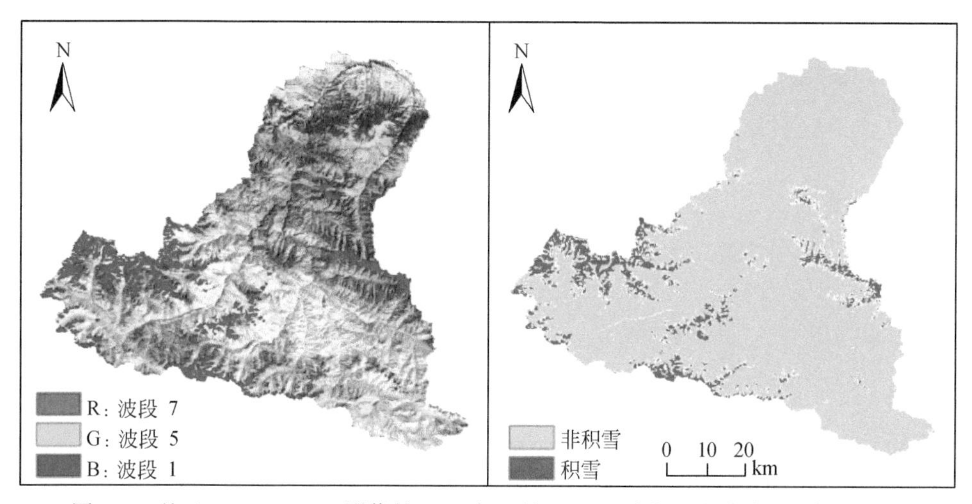

图 3.8 基于 Landsat 5 TM 影像的 2006 年 7 月 31 日玛纳斯河流域冰川区信息提取

基于上述假设，结合李宝林等（2004）和 Li 等（2008）所做的 MODIS 积雪遥感数据去云过程，设定去云算法的技术流程如图 3.9 所示。

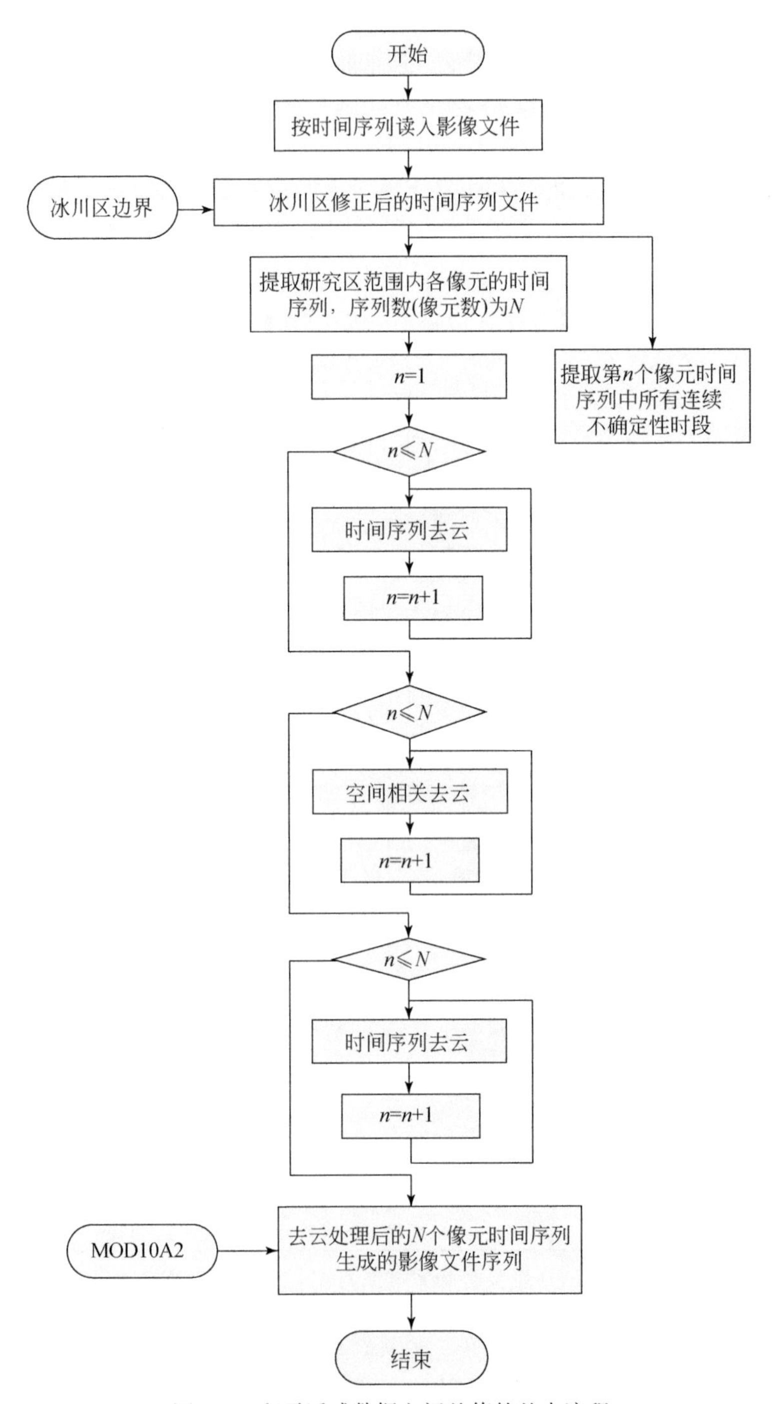

图 3.9 积雪遥感数据空间差值的基本流程

1. 时间序列去云分析

连续不确定性时段指的是某一像元被云覆盖的时间区间。提取任一像元的时间序列，云覆盖时段两侧地表状态有 4 种情况：①陆地→云→…→云→陆地；②陆地→云→…→云→积雪；③积雪→云→…→云→积雪；④积雪→云→…→云→陆地。积雪消融曲线要最大限度地排除瞬时积雪对流域积雪面积覆盖率的影响，因此对①、②两种状态而言，云下地表覆被类型对积雪消融曲线的制作没有影响，可不予考虑；地表覆被类型具有一定的稳定性，对③状态而言，当云覆盖天数少于一定阈值时，可取有云时段两侧的地表状态；对④状态而言，像元积雪消融，其地表覆被类型转换为陆地的具体日期难以确定，需要进行进一步处理。依此推理，完成图 3.9 中积雪去云流程中时间序列去云的技术方法如图 3.10 所示。

2. 空间相关性去云分析

空间相关性去云分析主要通过对比某一时间点的云覆盖像元与已知地表类型的邻近像元的地理特征差异，初步推断其地表类型，获取云下地表类型。李宝林等（2004）等研究分析可得，同一坡向上，任一云覆盖像元的相邻 8 个像元的状态分布可分为 6 种基本类型：①所有像元为相同确定状态（积雪或陆地）；②所有像元为云；③仅包含积雪和云两类；④仅包含陆地和云两类；⑤仅包含陆地和积雪两类；⑥包含积雪、陆地和云三类，见图 3.11。

在缺少数据资料的高山地区，数据高程通常成为像元插值的唯一参考。本节介绍以像元高程值作为统计指标的云下像元填充方法。

情况 1：直接选用邻近值。

情况 2：无法确定，需要待周围像元部分或全部确定之后再行确定。

情况 3：当中心像元高程（$E_{中}$）大于等于积雪像元中的最小高程（$E_{雪\min}$）时，定为积雪；否则无法确定；

情况 4：当中心像元高程（$E_{中}$）小于等于陆地像元中的最大高程（$E_{陆\max}$）时定为陆地；否则无法确定；

情况 5 ~6：当积雪像元中的最小高程（$E_{雪\min}$）高于陆地像元中的最大高程（$E_{陆\max}$）时，根据中心像元高程（$E_{中}$）与两者的关系对比确定像元类型：

$$\text{中心像元值}=\begin{cases}\text{积雪} & E_{中}\geqslant E_{雪\min}\\ \text{陆地} & E_{中}\leqslant E_{陆\max}\\ \text{高程相近像元类型} & E_{陆\max}<E_{中}<E_{雪\min}\end{cases} \tag{3.5}$$

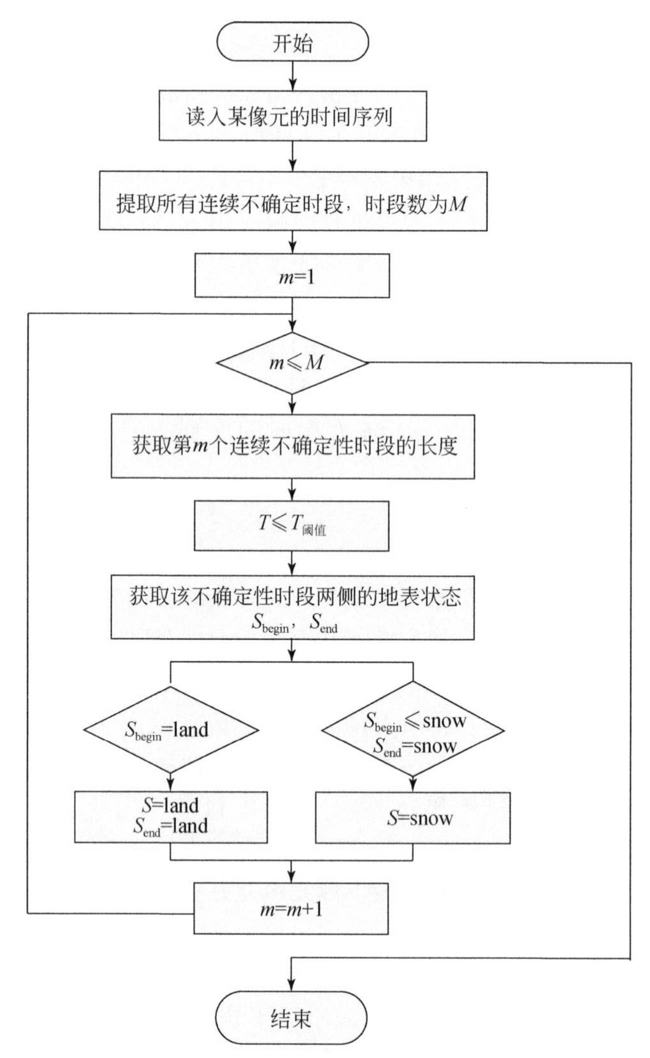

图 3.10　时间序列去云流程图

雪	雪	雪
雪	云	雪
雪	雪	雪

①

云	云	云
云	云	云
云	云	云

②

雪	雪	雪
云	云	雪
云	云	雪

③

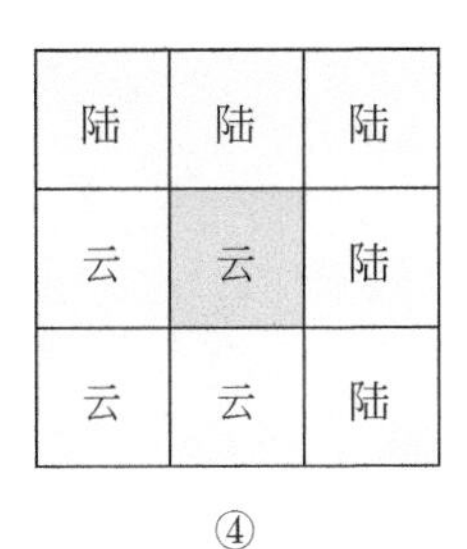

④

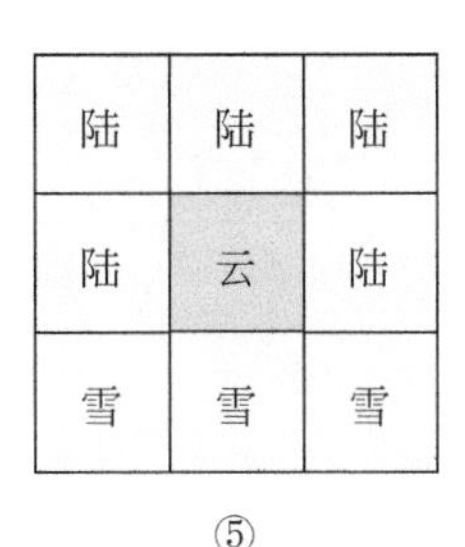

⑤

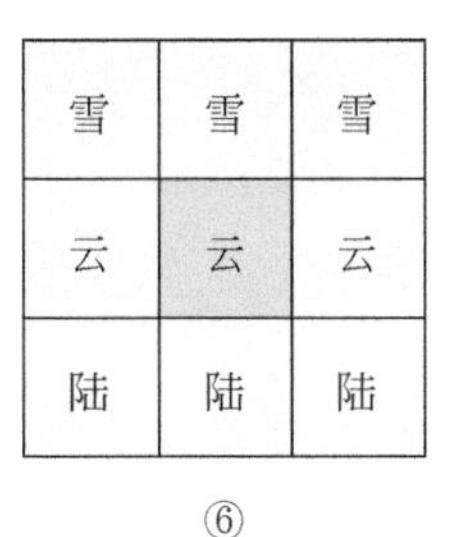

⑥

图 3.11　云覆盖像元临近地表状态

当积雪像元中的最小高程（$E_{雪\min}$）低于陆地像元中的最大高程（$E_{陆\max}$）时，根据中心像元高程（$E_{中}$）与积雪像元的平均高程（$E_{雪\mathrm{avg}}$）和陆地像元的平均高程（$E_{陆\mathrm{avg}}$）的接近程度取值。依此推理，完成图 3.9 中积雪去云流程中空间相关性去云的技术方法如图 3.12 所示。

通过上述两个步骤可实现大部分像元的去云处理，对需空间相似去云处理后再进行时间序列去云的部分像元再次运行图 3.10 所示的去云流程。最后对比 8 日合成积雪遥感数据 MOD10A2，最终确定其地表覆被类型。

3.6　积雪数据质量评价方案

积雪数据产品的识别精度、分类误差、适用性等对积雪变化研究非常重要，本节介绍通用的积雪数据质量评价方案。现阶段，有关陆表遥感产品的质量评价总体上有两个方案：第一种方案，将陆表遥感产品与地面实测资料进行比较；第二种方案，将陆表遥感产品与更高分辨率卫星影像或者航片进行比较（Hall et al.，1995；Morisette et al.，2000）。

3.6.1　精度评价指标

1. 常用统计指标

在第一种精度评价方案，即将遥感产品与地面实测资料进行比较中，相关系数（correlation coefficient，r）、拟合优度（coefficient of determination，R^2）、均方根误差（root mean squared error，RMSE）、偏差（Bias）是评价产品质量的基本指标，其中 r 是最早由统计学家卡尔·皮尔逊设计，表征观测值与真实值之间线性关系的强度和方向；R^2 是 r 的平方，来衡量观测值与真实值之间的拟合程度。值越大，拟合效果越好；RMSE 用来量测观测值与真实值之间的总体误差；Bias

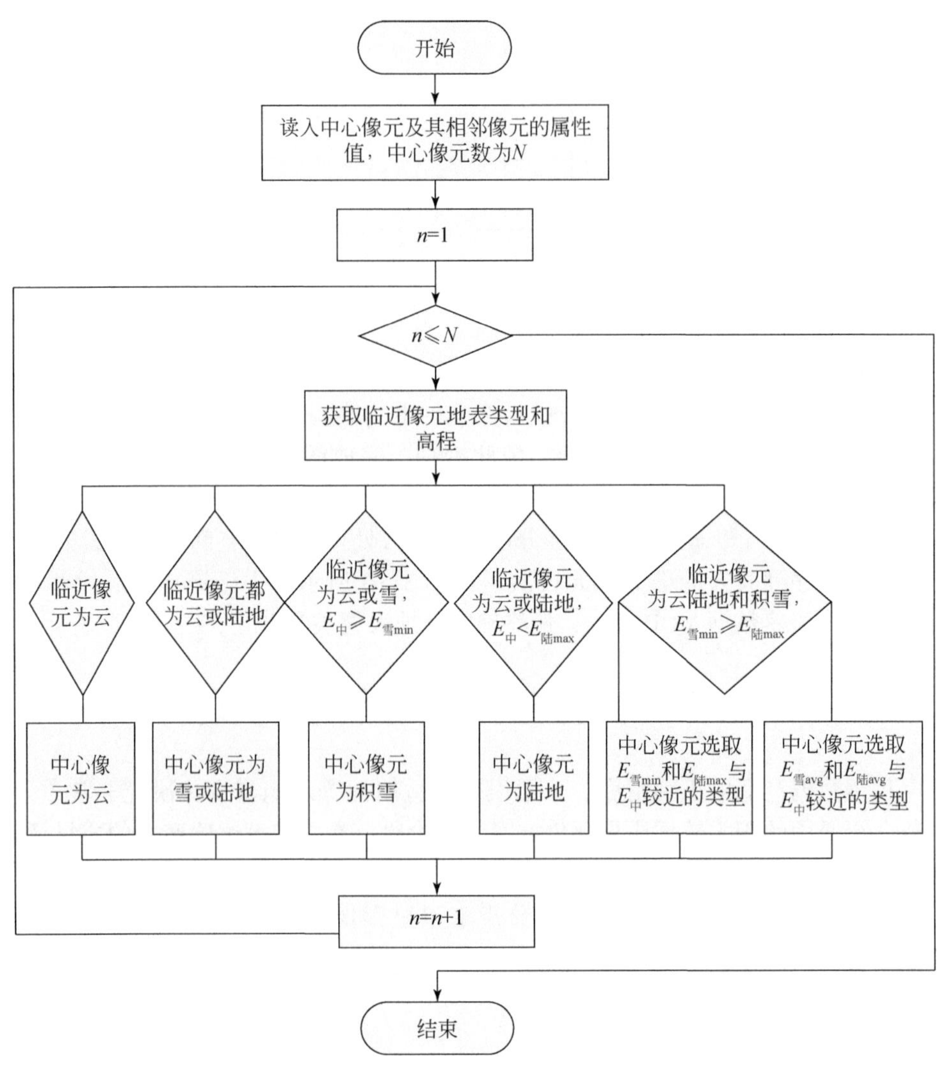

图 3.12　根据空间相关性初步确定像元类型

用于计算观测值相对于真实值的偏离程度。

$$r = \frac{\sum_{i=1}^{n}(x_i - \bar{x})(y_i - \bar{y})}{\sqrt{\sum_{i=1}^{n}(x_i - \bar{x})^2 \sum_{i=1}^{n}(y_i - \bar{y})^2}} \tag{3.6}$$

$$\text{RMSE} = \sqrt{\frac{1}{n}\sum_{i=1}^{n}(x_i - y_i)^2} \tag{3.7}$$

$$\text{Bias} = \frac{1}{n}\sum_{i=1}^{n}(x_i - y_i) \tag{3.8}$$

式中，x_i和 y_i分别为待评估变量的观测值与真实值。

2. 数量指标

除了利用站点数据验证遥感产品，与高分辨率遥感产品进行比较也是常用的验证中分辨率遥感数据的方法，如 Hall 等（1995）的研究。考虑到低分辨率遥感产品（待评估对象）与高分辨率遥感产品（参考真实值）在空间分辨率的差异，一般选用数量精度为指标来进行精度评价，即通过数量比较来确定一个样方的分类精度。以 MOD10A1 数据为待评估对象，Landsat 5 TM 积雪面积数据为参考真实值进行精度评价。随机抽取不同像元统计尺度上的样方为样本，则对该样本来说，其积雪面积的数量精度 Q_i的计算公式为（陈晓娜等，2010a；吴健平和杨星卫，1995）

$$Q_i = 1 - |x_i - y_i| \tag{3.9}$$

式中，x_i为 MOD10A1 影像上第 i 个样方积雪像元的比例；y_i为 Landsat 5 TM 影像上第 i 个样方积雪像元的比例。

由于遥感影像所得到的像元精度值是连续的，依据连续尺度的样本大小计算公式，完成影像整体精度评价所需要的样本总数 n 为

$$n = [(ZS)/(D\bar{X})]^2 \tag{3.10}$$

式中，S 为试探性样本的标准差；$\bar{X}$ 为试探性样本精度值的均值；$S/\bar{X}$ 为试探性样本的变异系数；Z 为对应置信水平，从正态分布 Z 值的概率表上所查出的值，D 为误差允许范围。

如果试探性样本与影像像元总数的抽样比 $n/N<0.05$，就取 n；否则对 n 进行修正，取修正值 n：

$$n' = n/(1+n/N) \tag{3.11}$$

3. 小结

由于积雪特性和积雪分布的高度空间异质性，积雪产品的验证一直伴随着积雪定量遥感的发展。随着 MODIS 最新版本（C6）积雪产品的发布，2019 年中国学者对积雪产品的验证主要集中在 MODIS 数据上。Zhang 等（2019）利用站点积雪深度数据评估了 MODIS C6 产品在我国的应用效果，发现与 C5 版本的 NDSI 阈值相比，0.1 更适合中国区域的积雪识别。但是，Zhang 等（2019）同时指出 MODIS C6 版本生产用到的温度窗口在中国区域存在问题，需要进一步调整优化；高扬等（2019）则基于不同土地覆盖类型，对青藏高原的积雪判别进行优化和验证，发现草地和稀疏植被积雪识别的最优的 NDSI 阈值分别为 0.33 和 0.40，而其

他下垫面积雪识别的最优 NDSI 阈值为 0.47。

3.6.2 高分辨率积雪分类参考图制作

与低分辨率积雪遥感数据相比，Landsat、SPOT、环境减灾小卫星（HJ）、高分一号（GF-1）、高分六号（GF-6）、Quickbird、Sentinel-2 等高分辨率数据在积雪数据质量评价中通常被用作“参考真值”。本节简要介绍基于 Landsat 5 TM、Landsat 8 OLI 和 Sentinel-2 MSI 的高分辨率率积雪分类参考图制作。

1. 基于 Landsat 5 TM 的积雪面积图制作

Landsat 5 于 1984 年 3 月 1 日发射成功，搭载了多光谱扫描器（multispectral scanner，MSS）和专题制图器（thematic mapper，TM）仪器。Landsat 5 在 2013 年 6 月 5 日退役之前，提供了近 29 年的地球成像数据，并创下了“运行时间最长的地球观测卫星”的吉尼斯世界纪录。Landsat 5 TM 的波段信息，见表 3.5。

表 3.5 Landsat 5 TM 波段信息列表

波段	中心波长（nm）	空间分辨（m）	用途
1 Visible Blue	485	30	水深制图、土壤和植被区分、落叶和针叶林区分
2 Visible Green	560	30	突出植被峰值，用于植被活力评估
3 Visible Red	660	30	甄别植被边缘
4 NIR	830	30	突出生物量和海岸线
5 SWIR 1	1650	30	区分土壤和植被的水分含量、薄云识别
6 Thermal	1145	120	红外热成像、土壤含水量估算
7 SWIR 2	2215	30	与矿床有关的热液蚀变岩识别

资料来源：https：//eos. com/landsat-5-tm/

早在 1995 年，基于 SNOMAP 算法提取得到的 Landsat 5 TM 积雪分类图就被 Hall 等（1995）用来验证 MOD10A1 数据的精度评价。选择 Landsat 5 TM 提取的积雪图作为假设“真实”积雪分类图，使用之前要对 Landsat 5 TM 积雪分类图的准确性做进一步验证。Hall 等（1995）以美国为研究区采用了两种方法对 SNOMAP 算法得到的积雪图进行精度验证：①与 Rosenthal 等用光谱混合模型得到的积雪丰度图进行比较；②与用监督分类得到的积雪分类图进行比较。

SNOMAP 算法的物理基础在 3. 2. 1 节中已有详述。根据上述物理基础，基于 Landsat 5 TM 数据的 NDSI 计算方法如式（3. 10）所示。

$$\mathrm{NDSI}=\frac{\rho_{\mathrm{vis}}-\rho_{\mathrm{swir}}}{\rho_{\mathrm{vis}}+\rho_{\mathrm{swir}}}=\frac{b_2-b_5}{b_2+b_5} \tag{3.12}$$

式中，b_2、b_5分别为 Landsat 5 TM 数据对积雪和云反应敏感的第2波段（绿波段，0.52～0.60μm）和第5波段（短波红外波段，1.55～1.75μm）的反射率。

通过在北美的验证，SNOMAP 算法设定 NDSI 阈值为0.4，当像元 NDSI≥DSI 时，该像元被定义为积雪。但积雪和水体在可见光和短波红外波段的反射特征相似，该阈值识别出的积雪中有水体存在。为了进一步识别积雪，利用在近红外波段水体强吸收而积雪吸收弱于水体的特点，SNOMAP 加入积雪识别的另外一个判别因子，即 b_4≥入积雪识，b_4 为 Landsat 5 TM 的第4波段（近红外波段，0.76～0.90μm）的反射率。这样，当满足 NDSI≥DSI 且 b_4≥DSI 率时，该像元被识别为积雪。利用 SNOMAP 提取得到的2007年5月15日天山地区积雪面积覆盖影像见图3.13。

0 15 30 60 km　非积雪　积雪

图3.13　2006年7月31日天山中部地区 Landsat 5 TM 加彩色合成与积雪分类图

为了说明本研究区 Landsat 5 TM 积雪分类图的真实性，本书借鉴郝晓华、王建等采用的目视解译方法来对 SNOMAP 算法得到的结果做进一步的真实性检验。对 Landsat 5 TM 影像进行目视解译，将解译结果与利用 SNOMAP 算法得到的空间分辨率为30m 的积雪分类图进行对比分析。目视解译使用的 Landsat 5 TM 影像选择对水分反应敏感的7、5、1波段进行红、绿、蓝合成，合成影像上积雪呈蓝色。

通过比较，发现使用 SNOMAP 算法得到的积雪图较好地反映了研究区积雪覆盖信息，只是在积雪覆盖较少的区域，积雪未能被有效地识别出来，这可能与 SNOMAP 算法中 NDSI 阈值选取有关，NDSI 越大，被识别出的积雪像元数就越少；同时，受太阳方位角和传感器方位角的影响，Landsat 5 TM 影像上有部分阴影存在，阴影区积雪反射率较低而不能被有效地提取出来。上述原因造成使用 SNOMAP 算法得到的积雪覆盖图上积雪像元数略小于同一样方目视解译所得到的积雪像元数。

研究区为天山中部依连哈比尔尕山地区，在 Landsat 5 TM 影像上其总像元数为 17 500 000 个。其中，使用 SNOMAP 算法得到的积雪像元数为 3 160 736 个，目视解译得到的积雪像元数为 3 245 631 个；使用 SNOMAP 算法得到的研究区积雪覆盖图总体精度为 0.974，将其作为 MOD10A1 积雪覆盖图精度评价的依据是可行的，详见陈晓娜（2010b）的研究。

2. Landsat 8 OLI 积雪面积信息提取

Landsat 8 OLI 数据来源于美国地质调查局（Geological Survey of the United States，USGS）。Landsat 8 卫星由美国航空航天局（NASA）发射于 2013 年 2 月 11 日，其携带有 OLI 陆地成像仪（Operational Land Imager）和 TIRS 热红外传感器（Thermal Infrared Sensor）。Landsat 8 OLI 数据在空间分辨率和光谱特性等方面与 Landsat 1 ~7 保持了基本一致，其中 OLI 陆地成像仪有 9 个波段，成像宽幅为 185km×185km。Landsat 8 OLI 的波段信息，见表 3. 6。

表 3. 6　Landsat 8 OLI 波段信息列表

波段	中心波长（nm）	空间分辨率（m）	用途
1 Ultra Blue	443	30	海岸及气溶胶研究
2Visible Blue	482	30	水深制图、土壤和植被区分、落叶和针叶林区分
3Visible Green	561. 5	30	突出植被峰值，用于植被活力评估
4Visible Red	654. 5	30	甄别植被边缘
5 NIR	865	30	突出生物量和海岸线
6 SWIR 1	1610	30	区分土壤和植被的水分含量、薄云识别
7 SWIR 2	2200	30	土壤和植被水分含量反演、薄云识别
8 Panchromatic	589. 5	15	15 米的分辨率，提高影像清晰度
9 Cirrus	1380	30	卷云识别
10 TIRS 1	1089. 5	100	红外热成像、土壤含水量估算
11 TIRS 2	1200. 5	100	红外热成像、土壤含水量估算

资料来源：https：//eos. com/landsat-8/

Landsat 8 OLI 与 Landsat 5 TM 在绿光、NIR 和 SWIR 等积雪识别敏感波段的设置大致相同，SNOMAP 同样适用于基于 Landsat 8 OLI 的积雪面积信息提取。基于 Landsat 8 OLI 数据的样本 T_1 ~ T_4的假彩色合成见图 3. 14（a）~ 图 3. 14（d）。利用 SNOMAP 算法提取得到的积雪面积信息及其与相应时间段内 Sentinel-2B MSI 假彩色合成影像的叠加见图 3. 14。

图3.14 基于 Landsat 8 OLT 数据的样本 T_1（a）、T_2（b）、T_3（c）和 T_4（d）假彩色合成影像及利用 SNOMAP 算法提取得到的相应样本积雪面积与 Sentinel-2B MSI 假彩色合同影像的叠加（e）~（h）

经与相近时间 Sentinel-2B MSI 数据的对比发现，样本 T_1（晴空）和样本 T_2（薄云）状况下，SNOMAP 对研究区积雪的识别精度分别达 97.36% [图 3.14（e）] 和 98.21% [图 3.14（f）]，仅在山体阴影地区存在积雪识别误差。在云覆盖情况下，样本 T_3 和样本 T_4 的积雪识别误差较大，其积雪识别精度分别为 94.23% [图 3.14（g）] 和 92.28% [图 3.14（h）]。除了山体阴影地区，样本 T_3 和样本 T_4 的积雪识别误差还分布在云和云阴影覆盖区域。总体来说，SNOMAP 可以较好地实现 Landsat 8 OLI 数据在晴空、薄云、水体、卷云存在的复杂条件下的积雪制图。

3. Sentinel-2 MSI 积雪面积参考图制作

Sentinel-2B MSI 数据来源于哥白尼开放存取中心（Copernicus Open Access Hub，https://scihub.copernicus.eu/dhus/#/home）。Sentinel-2 MSI 数据包括 Sentinel-2A 和 Sentinel-2B 数据，其中 Sentinel-2A 发射于 2005 年，Sentinel-2B 发射于 2017 年，两者组成测星座，运行高度 790km，再访周期为 5 天。Sentinel-2 MSI 数据包含 13 个波段，其中可见光波段中心波长为 492.4nm、559.8nm 和 664.6nm 的蓝、绿和红光波段空间分辨率达 10m。与 30m 空间分辨率的 Landsat

系列数据相比，Sentinel-2 MSI 多光谱成像仪可以获得地表可见光波段 10m 空间分辨率的光学影像，较高的空间分辨率、固定的重访周期、全球的覆盖范围以及免费开放获取的数据政策，使得 Sentinel-2 MSI 成为 Landsat 系列数据之外可以免费获取的高质量遥感数据源。Sentinel-2B MSI 波段信息见表 3.7。

表 3.7 Sentinel-2B MSI 波段信息列表

波段	中心波长（nm）	空间分辨率（m）	波段	中心波长（nm）	空间分辨率（m）
1 Ultra Blue	442.2	60	8 NIR	832.9	10
2Visible Blue	492.1	10	8A Narrow NIR	864.0	20
3Visible Green	559.0	10	9 Water Vapor	943.2	60
4Visible Red	664.9	10	10 SWIR-Cirrus	1376.9	60
5 Red edge	703.8	20	11 SWIR	1610.4	20
6 Red edge	739.1	20	12 SWIR	2185.7	20
7 Red edge	779.7	20			

（1）Sentinel-2 MSI 和 Landsat 8 OLI 波段对比分析

SNOMAP 算法以反射率为输入数据源，为测试其对 Sentinel-2B MSI 数据的适用性，本节以晴空状态下的样本 T_1 覆盖范围内的 Sentinel-2 MSI 和 Landsat 8 OLI 数据为例，进行 Sentinel-2B MSI 和 Landsat 8 OLI 数据的波段相似性比较。Sentinel-2 MSI 和 Landsat 8 OLI 数据在绿光、近红外和短波红外波段的散点图对比结果见图 3.15。

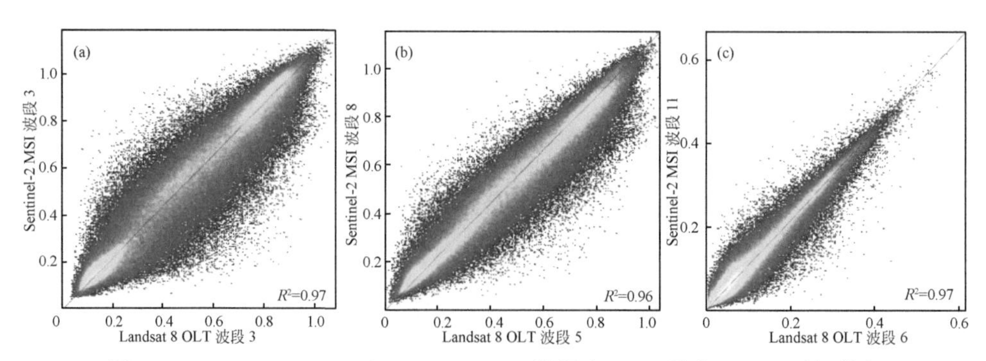

图 3.15 Sentinel-2B MSI 与 Landsat 8 OLI 数据在（a）绿光、（b）近红外和（c）短波红外波段的对比

通过对比发现，Sentinel-2B MSI 和 Landsat 8 OLI 数据在绿光、近红外和短波红外波段具有极强的可比性，95% 的置信水平下两者在绿光、近红外和短波红外

波段的散点图相关性决定系数（R^2）分别为 0.97、0.96 与 0.97，可见适用于 Landsat 8 OLI 的 SNOMAP 积雪识别算法同样适用于 Sentinel-2B MSI 数据。但是，如图 3.15（a）和图 3.15（b）所示，Sentinel-2B MSI 与 Landsat 8 OLI 数据类似，在可见光和近红外波段均存在一定的饱和现象（反射率大于 1.0）。通过散点图和假彩色影像的交互比对发现，其波段饱和值主要分布在积雪和云等高亮目标区域。

（2）晴空状况下 Sentinel-2B MSI 积雪面积制图分析

本节选用青藏高原西北部帕米尔高原 4 个 Sentinel-2B MSI 样方来进行晴空状况下 Sentinel-2B MSI 积雪面积制图分析，分别记为 T_1、T_2、T_3 和 T_4。各样方的假彩色合成影像及通过 SNOMAP 算法计算得到的积雪面积覆盖图见图 3.16。

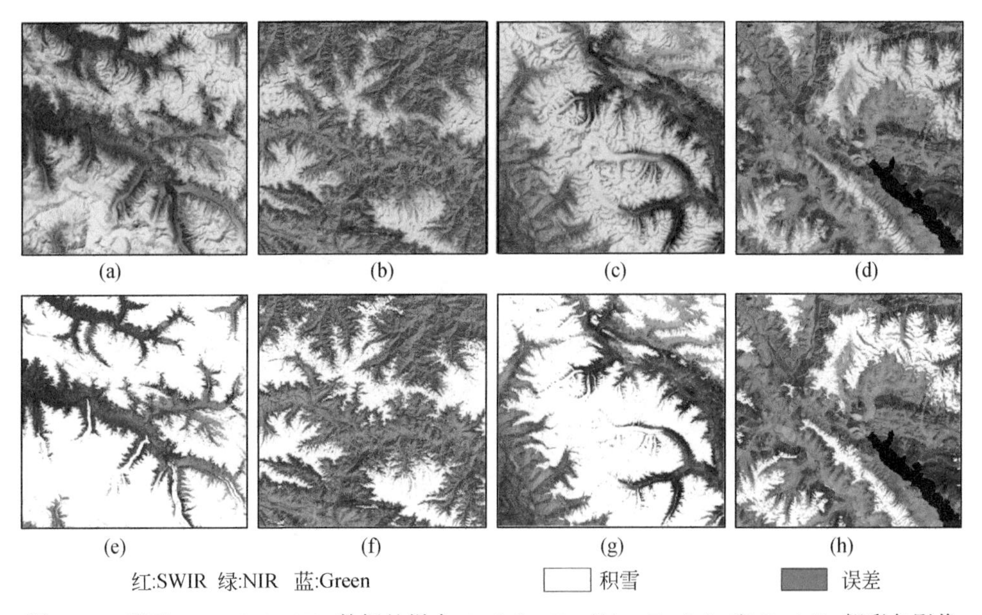

图 3.16 基于 Sentinel-2B MSI 数据的样本 T_1（a）、T_2（b）、T_3（c）和 T_4（d）假彩色影像及利用 SNOMAP 算法提取得到的相应样本积雪面积和误差分布图（e）~（h）

样本 T_1、T_2、T_3 和 T_4 分布于高海拔山区，地表覆被类型单一，晴空状态下其假彩色合成影像上地物类型简单，积雪分布边界清楚，为目视解译提供了便利。基于 SNOMAP 算法提取得到的样本 T_1 ~ T_4 积雪面积分布见图 3.16（e）~图 3.16（h）。将算法自动识别结果与目视解译得到的积雪面积对比分析可得，样本 T_1、T_2、T_3 和 T_4 的积雪面积识别精度分别为 98.47%、98.91%、98.86% 和 96.21%，存在识别误差的积雪像元（蓝色）较少。除山体阴影区域少量积雪无法被有效识别，其余地区积雪识别精度较高，说明 SNOMAP 算法适用于 Sentinel-

2B MSI 数据的积雪面积批量提取。

（3）云覆盖条件下的 Sentinel-2B MSI 积雪识别

可见光波段云和积雪的相似的高反射特征是云雪区分的最大难点。本节选用不同时间段内两景云覆盖影像，来对云覆盖条件下的 Sentinel-2B MSI 积雪信息提取进行简要说明，记为样本 T_5 与 T_6。样本 T_5 和 T6 的假彩色合成影像中云覆盖像元表现为白色。为有效识别云覆盖条件下 Sentinel-2B MSI 的积雪，本研究首先提取了 Sentinel-2 L2A 数据中云置信度数据，将其与假彩色合成进行对比，判断 Sentinel-2 MSI 数据自身卷云识别的精度；其次，对 Sentinel-2 MSI 的云置信度数据进行优化处理，以满足云覆盖条件下积雪面积提取对 Sentinel-2B MSI 数据的要求；最后，利用 SNOMAP 算法提取其积雪面积信息，并将其分类结果与目视解译结果进行对比分析，见图 3. 17。

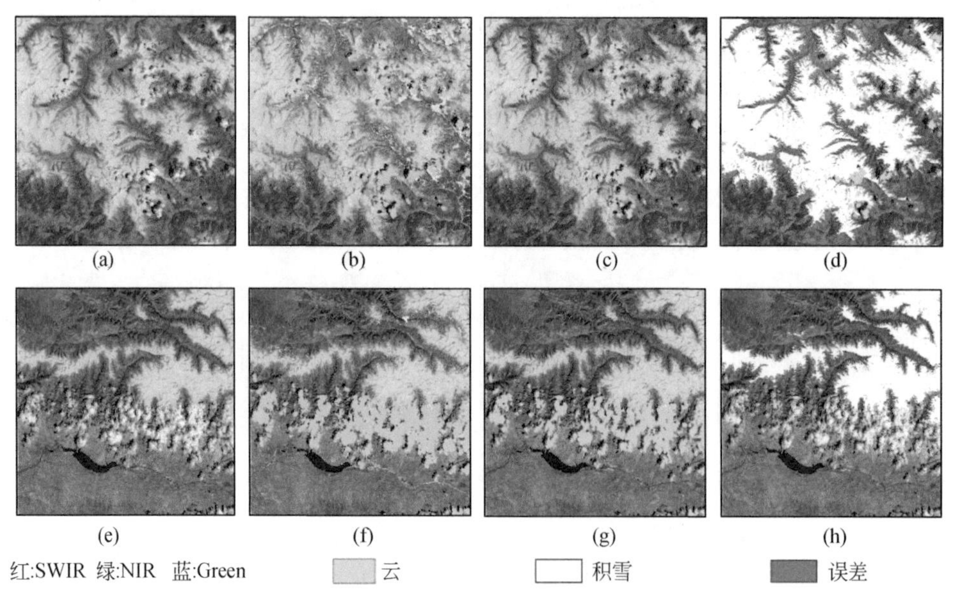

图 3. 17　样本 T_5（a）和 T_6（e）的假彩色合成及相应云置信度（b）和（f）、优化后的云覆盖（c）和（g）及积雪面积和误差分布图（d）和（h）

样本 T_5 和 T_6 的假彩色合成影像分别见图 3. 17（a）和图 3. 17（b）。通过与假彩色合成影像的对比发现，Sentinel-2B MSI 数据的云置信度波段存在较大的误差。置信度 100% 情况下，样本 T_5 和 T_6 的云分布见图 3. 17（b）和图 3. 17（d）。与样本假彩色影像交互对比发现，Sentinel-2B MSI 数据对云的误判主要分布在山谷和山体阴影等受地形影响的区域。因此，利用可见光波段云的高反射特征可以有效地矫正 Sentinel-2B MSI 数据的云置信度波段对山体阴影区云覆盖像元的误判现象。为此，本节以云雪敏感的绿光波段为基础，以 0.01 为间隔，采用逐步逼近的方法，将绿光波段反射率阈值与假彩色合成影像比较多。研究发现，绿光波段阈值为 0.29 时，Sentinel-2B MSI 数据的云置信度波段最接近实际情况。增加对绿光波段阈值后（green>0.29），置信度 100% 情况下，样本 T_5 和 T_6 的云分布见图 3.17（c）和图 3.17（d）。

利用 SNOMAP 算法提取得到的样本 T_5 和 T_6 积雪面积覆盖范围见图 3.17（d）和图 3.17（h）。经与目视解译结果的对比，云覆盖像元之外，样本 T_5 和 T_6 的积雪面积提取精度分别为 97.21% 与 96.82%。可见，Sentinel-2B MSI 同样适用于云覆盖条件下的积雪面积信息提取。但是本研究选用的积雪信息提取样本较少，Sentinel-2B MSI 数据的云置信度波段优化方法还需要进一步论证与分析。

3.6.3 统计尺度对积雪产品精度评价的影响

传统的 MODIS 积雪遥感数据精度评价多从应用角度出发，以实测站点数据为基础，通过测站处积雪覆盖状况来确定积雪分类精度。然而，对缺少站点实测数据且空间异质性较强的地区来说，利用实测资料进行的精度评价，其结果不一定有代表意义。

1. 数据

本节以 MOD10A1 积雪面积产品为待评价数据，以 Landsat 5 TM 数据为参考真值影像，以数量精度为指标，介绍统计尺度对评估结果的影响。与 3.6.2 节一致，选择 2007 年 5 月 15 日无云状态下的 MOD10A1 和 Landsat 5 TM 天山中段积雪面积覆盖图的制作，见图 3.18。

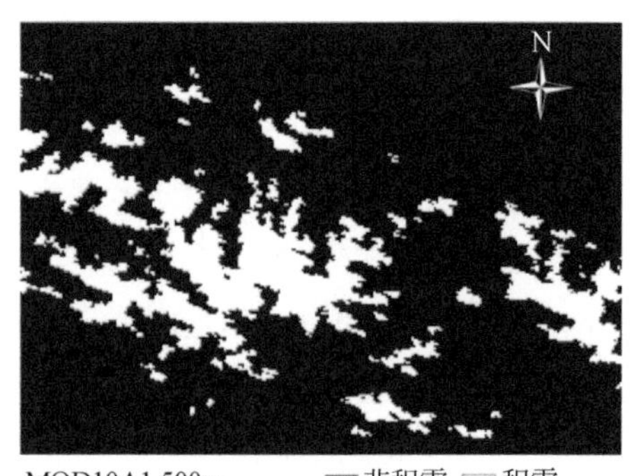

图 3.18　2007 年 5 月 15 日天山中段 MOD10A1（左）和 Landsat 5 TM（右）积雪面积覆盖图

2. 样方选择

为了反映 MOD10A1 积雪遥感数据的分类精度和误差分布特征，设定 50 像元×50 像元、10 像元×10 像元和 3 像元×3 像元 3 个统计样本尺度对其进行精度评价。首先依据 DEM，结合天山地区自然地理状况与野外考察经验，对研究区进行高程分带，其原则是带内地表覆被类型相对均一；其次，在高程分带的基础上计算各高程带的坡度和坡向，依据坡度、坡向选择代表性的样方。在此前提下，将研究区划分为 a、b、c 三个高程带，其中海拔 1500m 以下为低山丘陵区，植被以三叶草、野麦、拂子茅等禾本科为主，植被覆盖率 50% 左右，划分为 a 带；海拔 1500～3600m 为中山区，沟谷纵横，植被发育，为 b 带；3600m 以上为高山积雪带，山体陡峭，终年积雪，为 c 带。完成高程分带后，统计可得高程带 a 面积为 1762km^2，占研究区总面积的 10.5%；高程带 b 面积为 10 475km^2，占研究区总面积的 62.4%；高程带 c 面积为 4537km^2，占研究区总面积的 27.1%。因高程带 a 占研究区总面积相对较少，在选取样本时较多地考虑了高程带 b 与 c 的不同地形地势对积雪分类精度的影响。

3. 评价结果

在进行多尺度统计样本精度评价之前，首先在研究区各选取 50 像元×50 像元、10 像元×10 像元和 3 像元×3 像元尺度上的 10 个代表性样方，代表性样方的选择充分考虑了高程带内坡度和坡向对积雪分布的影响。经统计得到的在上述 3 种尺度上的样方精度和（$\sum$）、均值（X）和方差（S）如表 3.8～表 3.10 所示（a、b、c 分别表示所取样方的高程带）。

表 3.8　50 像元×50 像元尺度的 10 个样方精度值、均值和标准差

编号	1_a	2_a	3_b	4_b	5_b	6_b	7_b	8_c	9_c	10_c
精度值（Q_i）	0.96	0.94	0.92	0.97	0.86	0.93	0.91	0.88	0.91	0.99
统计指标	$\sum = 9.27$　$X = 0.93$　$S = 0.037$									

表 3.9　10 像元×10 像元尺度的 10 个样方精度值、均值和标准差

编号	1_a	2_a	3_b	4_b	5_b	6_b	7_b	8_c	9_c	10_c
精度值（Q_i）	0.90	0.94	0.78	0.90	0.99	0.76	0.88	0.84	0.85	0.79
统计指标	$\sum = 8.63$　$X = 0.86$　$S = 0.070$									

表 3.10　3 像元×3 像元尺度的 10 个样方精度值、均值和标准差

编号	$1_{\_a}$	$2_{\_a}$	$3_{\_b}$	$4_{\_b}$	$5_{\_b}$	$6_{\_b}$	$7_{\_b}$	$8_{\_c}$	$9_{\_c}$	$10_{\_c}$
精度值（Q_i）	0.86	0.92	0.98	0.87	0.66	0.94	0.52	0.90	0.83	0.67
统计指标	$\sum = 8.15$　$X = 0.8$　$S = 0.141$									

由于遥感影像像元精度值是连续的，而本文通过抽样产生的样方精度值是不连续的，故在完成代表性样方精度评价后，还需要根据连续尺度的样本大小计算总体精度评价所需要的样本数 n。本节取置信水平为 95% 时，$Z=1.96$。取误差允许范围 $d=\pm2\%$，则依据式（3.9）计算可得 50 像元×50 像元、10 像元×10 像元和 3 像元×3 像元尺度上 MOD10A1 精度评价所需样本数分别为

$$n_{50}=[(1.96\times0.037)/(0.02\times0.93)]^2\approx15$$

$$n_{10}=[(1.96\times0.070)/(0.02\times0.86)]^2\approx64$$

$$n_{3}=[(1.96\times0.141)/(0.02\times0.82)]^2\approx284$$

研究区 MOD10A1 影像上像元总数 $N=63\ 000$，$n_{50}/N=0.000\ 24$，$n_{10}/N=0.001\ 02$，$n_3/N=0.004\ 51$，其值均小于 0.05，则样本数不需要修正，按计算样本数即可实现置信水平内各统计尺度上 MOD10A1 数据的精度评价。

在 50 像元×50 像元、10 像元×10 像元和 3 像元×3 像元统计尺度上已各取 10 个试探性样本，还需分别添加 5 个、54 个和 274 个样本才能满足在置信水平内、在各个统计尺度上对 MOD10A1 数据进行精度评价所需的样本数目。因考虑地形地势、坡度和坡向对积雪分布的影响，样本选择需在目视解译基础上人工进行。在 3 像元×3 像元尺度上添加 274 个样方的工作量较大，本文采用简略方法，再取 90 个样本点，样本点分布尽量均匀。添加样本点后，3 像元×3 像元尺度上平均样方精度值和样方精度值间的方差趋于稳定。计算可得，50 像元×50 像元、10 像元×10 像元和 3 像元×3 像元统计尺度上 MOD10A1 积雪遥感数据的精度值分别为 0.94、0.87 和 0.80，方差分别为 0.032、0.074 和 0.135。

4. 讨论

随着像元统计尺度的减小，晴空状态下 MOD10A1 积雪产品的分类精度有降低趋势，在 50 像元×50 像元、10 像元×10 像元和 3 像元×3 像元尺度上统计样本的平均精度值分别为 0.94、0.87 与 0.80，基本呈现像元统计尺度越小分类精度越低的趋势。对 a、b、c 三个高程带所取代表性样本的分析表明，高程带 a 的样本分类精度相对较高；高程带 b 分类精度波动较大，这与高程带 b 地形复杂、倾斜面较多而导致积雪分布相对零散有关；受永久性冰川的影响，高程带 c 积雪分布较为均匀，分类精度波动较小。

在 50 像元×50 像元、10 像元×10 像元和 3 像元×3 像元统计尺度上抽取的各代表性样方精度值间的方差呈增大趋势，分别为 0.032、0.074 与 0.135，说明在统计分类精度降低的同时，MOD10A1 数据的稳定性在下降。

随着像元统计尺度的变化，MOD10A1 数据的统计分类精度与方差呈现不同幅度的变化，且该变化呈现一定的非线性特征。说明受空间分辨率的限制，MOD10A1 积雪产品的应用存在有效尺度及最优尺度的问题，有必要设置更多的统计评价尺度，寻找变化规律，以建立 MOD10A1 积雪遥感数据的适用性评估模型。

3.7 小　　结

本章概述了现阶段积雪变化研究相关的关键数据集，包括积雪面积遥感数据集、积雪深度遥感数据集、积雪站点数据、积雪统计数据等主要数据源，以及积雪数据的时空差值和质量评价方法。然而，受不同积雪数据之间空间分辨率、时间分辨率、时间尺度、积雪定义不一致等因素的限制，具体的积雪变化研究还需要结合地域环境和研究目标进行筛选。

参考文献

车涛，李新，戴礼云. 2019. 全球长时间序列逐日雪深数据集 1979-2017 [DB/OL]. 国家青藏高原科学数据中心，2019. DOI：10.11888/Snow.tpdc.270925. CSTR：18046.11. Snow.tpdc.270925.

陈晓娜，包安明，刘萍. 2010a. 基于多尺度统计样本的天山山区 MOD10A1 分类精度评价 [J]. 国土资源遥感，3：80-85.

陈晓娜，包安明，张红利，等. 2010b. 基于混合像元分解的 MODIS 积雪面积信息提取及其精度评价——以天山中段为例 [J]. 资源科学，32：1761-1769.

董廷旭，蒋洪波，陈超，等. 2011. 基于实测光谱分析的 HJ-1B 数据浅层雪深反演 [J]. 光谱学与光谱分析，31：2784-2788.

高扬，郝晓华，和栋材，等. 2019. 基于不同土地覆盖类型 NDSI 阈值优化下的青藏高原积雪判别 [J]. 冰川冻土，41：1-13.

郝晓华，王杰，王建，等. 2013. 北疆地区不同雪粒径光谱特征观测及反演研究 [J]. 光谱学与光谱分析，33：190-195.

蒋玲梅，王培，张立新，等. 2014. FY3B-MWRI 中国区域雪深反演算法改进 [J]. 中国科学：地球科学，57：1278-1292.

阚希，张永宏，曹庭，等. 2016. 利用多光谱卫星遥感和深度学习方法进行青藏高原积雪判识 [J]. 测绘学报，45：1210-1221.

李宝林，张一驰，周成虎. 2004. 天山开都河流域雪盖消融曲线研究 [J]. 资源科学，26：

23-29.

李三妹, 傅华, 黄镇, 等. 2006. 用EOS/MODIS资料反演积雪深度参量 [J]. 干旱区地理, 29: 718-725.

李晓静, 刘玉洁, 朱小祥, 等. 2007. 利用SSM/I数据判识我国及周边地区雪盖 [J]. 应用气象学报, 18: 12-20.

李新, 车涛. 2007. 积雪被动微波遥感研究进展 [J]. 冰川冻土, 29: 487-496.

刘洵, 金鑫, 柯长青. 2014. 中国稳定积雪区IMS雪冰产品精度评价 [J]. 冰川冻土, 36: 500-507.

施建成, 熊川, 蒋玲梅. 2016. 雪水当量主被动微波遥感研究进展 [J]. 中国科学B辑, 46: 529-543.

王建, 车涛, 黄晓东, 等. 2018. 中国积雪特性及分布调查 [J]. 地球科学进展, 33: 12-26.

吴健平, 杨星卫. 1995. 遥感数据分类结果的精度分析 [J]. 遥感技术与应用, 10: 17-24.

曾群柱, 冯学智. 1995. 西藏那曲积雪深度的综合分析方法 [J]. 中国科学院兰州冰川冻土研究所集刊, 8: 56-61.

张佳华, 周正明, 王培娟, 等. 2010. 不同积雪及雪被地物光谱反射率特征与光谱拟合 [C]. 北京: 遥感定量反演算法研讨会.

张若楠, 张人禾, 左志燕. 2014. 中国冬季多种积雪参数的时空特征及差异性 [J]. 气候与环境研究, 19: 572-586.

张显峰, 廖春华. 2014. 生态环境参数遥感协同反演与同化模拟 [M]. 北京: 科学出版社.

周敏强, 王云龙, 梁慧, 等. 2019. 青藏高原Soumi-NPP和MODIS积雪范围产品的对比分析 [J]. 冰川冻土, 41: 36-44.

Brasnett B. 1999. A global analysis of snow depth for numerical weather prediction [J]. Journal of Applied Meteorology, 38: 726-740.

Brown L, Howell S, Mortin J, et al. 2014. Evaluation of the interactive multisensor snow and ice mapping system IMS for monitoring sea ice phenology [J]. Remote Sensing of Environment, 147: 65-78.

Brown R, Brasnett B, Robinson D. 2003. Gridded North American monthly snow depth and snow water equivalent for GCM evaluation [J]. Atmosphere-Ocean, 41: 1-14.

Brown R, Derksen C, Wang L. 2007. Assessment of spring snow cover duration variability over northern Canada from satellite datasets [J]. Remote Sensing of Environment, 111: 367-381.

Brown R, Robinson D. 2011. Northern Hemisphere spring snow cover variability and change over 1922-2010 including an assessment of uncertainty [J]. The Cryosphere, 5: 219-229.

Che T, Li X, Jin R, et al. 2008. Snow depth derived from passive microwave remote-sensing data in China [J]. Annals of Glaciology, 49: 145-154.

Chen C, Lakhankar T, Romanov P, et al. 2012. Validation of NOAA-interactive multisensor snow and ice mapping system IMS by comparison with ground-based measurements over continental United States [J]. Remote Sensing, 4: 1134-1145.

Chen X, Liang S, Cao Y, et al. 2015. Observed contrast changes in snow cover phenology in northern middle and high latitudes from 2001—2014 [J]. Scientific Reports, 5: 16820.

Chen X, Long D, Hong Y, et al. 2018a. Climatology of snow phenology over the Tibetan plateau for the period 2001—2014 using multisource data [J]. International Journal of Climatology, 38: 2718-2729.

Chen X, Long D, Liang S, et al. 2018b. Developing a composite daily snow cover extent record over the Tibetan Plateau from 1981 to 2016 using multisource data [J]. Remote Sensing of Environment, 215: 284-299.

Derksen C, Brown R. 2012. Spring snow cover extent reductions in the 2008—2012 period exceeding climate model projections [J]. Geophysical Research Letters, 39: L19504.

Dong C. 2018. Remote sensing, hydrological modeling and in situ observations in snow cover research: A review [J]. Journal of Hydrology, 561: 573-583.

Déry S, Brown R. 2007. Recent Northern Hemisphere snow cover extent trends and implications for the snow-albedo feedback [J]. Geophysical Research Letters, 34: L22504.

Estilow T, Young A, Robinson D. 2015. A long-term Northern Hemisphere snow cover extentdata record for climate studies and monitoring [J]. Earth System Science Data, 7: 137-142.

Giddings J, LaChapelle E. 1961. Diffusion theory applied to radiant energy distribution and albedo of snow [J]. Journal of Geophysical Research, 66: 181-189.

Hall D, Riggs G, Salomonson V. 1995. Development of methods for mapping global snow cover using moderate resolution imaging spectroradiometer data [J]. Remote Sensing of Environment, 54: 127-140.

Hall D, Riggs G. 2007. Accuracy assessment of the MODIS snow products [J]. Hydrological Processes, 21: 1534-1547.

Helfrich S, McNamara D, Ramsay B, et al. 2007. Enhancements to, and forthcoming developments in the Interactive Multisensor Snow and Ice Mapping System IMS [J]. Hydrological Processes, 21: 1576-1586.

Hori M, Sugiura K, Kobayashi K, et al. 2017. A 38-year 1978—2015 Northern Hemisphere daily snow cover extent product derived using consistent objective criteria from satellite-borne optical sensors [J]. Remote Sensing of Environment, 191: 402-418.

Justice C, Roman M, Csiszar I, et al. 2013. Land and cryosphere products from Suomi NPP VIIRS: O-verview and status [J]. Journal of Geophysical Research: Atmospheres, 118: 9753-9765.

Kelly R, Chang A, Tsang L, et al. 2003. A prototype AMSR-E global snow area and snow depth algorithm [J]. IEEE Transactions on Geoscience and Remote Sensing, 41: 230-242.

Key J, Mahoney R, Liu Y, et al. 2013. Snow and ice products from Suomi NPP VIIRS [J]. Journal of Geophysical Research: Atmospheres, 118: 12, 816-812, 830.

Klein Tank, A, Wijngaard J, Konnen G, et al. 2002. Daily dataset of 20th-century surface air temperature and precipitation series for the European Climate Assessment [J]. International Journal of Climatology, 22: 1441-1453.

Li B, Zhu A, Zhou C, et al. 2008. Automatic mapping of snow cover depletion curves using optical remote sensing data under conditions of frequent cloud cover and temporary snow [J]. Hydrological Processes, 22: 2930-2942.

Li Y, Chen Y, Li Z. 2019. Developing daily cloud-free snow composite products from MODIS and IMS for the Tienshan Mountains [J]. Earth and Space Science, 6: 266-275.

McGinnis D, John J, Pritchard A, et al. 1975. Determination of snow depth and snow extent from NOAA 2 satellite very high resolution radiometer data [J]. Water Resources Research, 11: 897-902.

Menne M, Durre I, Vose R, et al. 2012. An overview of the global historical climatology network-daily database [J]. Journal of Atmospheric and Oceanic Technology, 29: 897-910.

Metsämäki S, Mattila O, Pulliainen J, et al. 2012. An optical reflectance model-based method for fractional snow cover mapping applicable to continental scale [J]. Remote Sensing of Environment, 123: 508-521.

Metsämäki S, Pulliainen J, Salminen M, et al. 2015. Introduction to globSnow snow extent products with considerations for accuracy assessment [J]. Remote Sensing of Environment, 156: 96-108.

Morisette J, Justice C, Privette J. 2000. MODIS Land Team Validation update for Terra and Aqua [EB/OL]. http: //citeseerx. ist. psu. edu/viewdoc/summary? doi=10. 1. 1. 195. 3183.

Polashenski C, Dibb J, Flanner M, et al. 2015. Neither dust nor black carbon causing apparent albedo decline in Greenland' s dry snow zone: Implications for MODIS C5 surface reflectance [J]. Geophysical Research Letters, 42: 9319-9327.

Pulliainen J. 2006. Mapping ofsnow water equivalent and snow depth in boreal and sub-arctic zones by assimilating space-borne microwave radiometer data and ground-based observations [J]. Remote Sensing of Environment, 101: 257-269.

Riggs G, Hall D. 2015. MODIS Snow Products Collection 6 User Guide [EB/OL]. https: //modis-snow-ice. gsfc. nasa. gov/uploads/C6_ MODIS_ Snow_ User_ Guide. pdf.

Robinson D, Dewey K, Richard R. 1993. Global snow cover monitoring: An update [J]. Bulletin of the American Meteorological Society, 74: 1689-1696.

Takala M, Luojus K, Pulliainen J, et al. 2011. Estimating northern hemisphere snow water equivalent for climate research through assimilation of space-borne radiometer data and ground-based measurements [J]. Remote Sensing of Environment, 115: 3517-3529.

Yu J, Zhang G, Yao T, et al. 2016. Developing daily cloud-free snow composite products from MODIS terra-aqua and IMS for the Tibetan Plateau [J]. IEEE Transactions on Geoscience and Remote Sensing, 54: 2171-2180.

Zhang H, Zhang F, Zhang G, et al. 2019. Ground-based evaluation of MODIS snow cover product V6 across China: Implications for the selection of NDSI threshold [J]. Science of Total Environment, 651: 2712-2726.

第4章 北半球积雪面积时空变化

积雪分布具有显著的地理差异性，只有认清了北半球积雪分布及变化的分异规律，才能准确识别气候变化背景下北半球积雪的敏感区、脆弱区和重点保护区，因地制宜地应对积雪相关气候事件与灾害。因此，理清北半球积雪变化的时空分异规律及其对气候变化的响应，可以为寒区和旱区积雪变化研究、积雪水资源管理与预测、积雪相关灾害的防治提供理论与方法。

本章着重探讨气候变化背景下北半球积雪面积的时空变化，共5个小节。4.1节，概述北半球积雪面积研究的重要性和必要性；4.2节，介绍积雪面积的计算方法；4.3节，介绍基于遥感观测的北半球积雪面积变化；4.4节，介绍未来情景下北半球积雪面积变化；4.5节，对本章进行小结。

4.1 概 述

积雪面积指的是给定区域积雪覆盖的空间范围。由于积雪在可见光波段的高反射特征，积雪面积变化对地球表层能量平衡、大气循环、湿度、降雨和流域水文状况有着重要联系和明显的反馈作用（Frei et al.，2012；施雅风和张祥松，1995）。一方面，在气候变暖背景下，北半球积雪的增加/消减会引起当地气候环境变化。例如，积雪变化不仅与本地天气情况（Richard，2015）、作物产量（Bokhorst et al.，2009）、植被物候（Chen and Yang，2020；Zeng and Jia，2013）、融雪径流（Zakharova et al.，2011）、地表冻融状态（郑思嘉等，2018）、生物多样性（Niittynen et al.，2018）等自然生态过程紧密相关，也与淡水资源（邓海军和陈亚宁，2018）、农业生产（Bokhorst et al.，2009；沈斌等，2011）、旅游业（Steiger et al.，2017）、畜牧业（Wei et al.，2017；邵全琴等，2019）等社会经济状况息息相关。另一方面，北半球积雪变化制约地球-大气系统的能量交换，影响大范围甚至全球气候的变化进程：积雪具有较高的反射率，是热能和辐射能量的“绝缘体”，在阻碍太阳辐射到达地表的同时，积雪也阻止了冬季地表热能向外辐射（Wang et al.，2018）。研究表明，随着北半球积雪面积的减少，地球表层反射太阳辐射的能力减弱，这在增加地表吸收太阳辐射的同时，也减弱了地表储热能力，从而导致地球-大气系统的增温（Flanner et al.，2011；Qu and Hall，

2014）。

目前，已有很多研究对北半球积雪面积的分布特征和变化进行了分析。基于多源积雪遥感数据，Brown 等（2010）发现 1967 ~ 2008 年泛北极地区春夏两季积雪面积减少幅度较大，6 月甚至达到 46%；在此基础上，Derksen 和 Brown（2012）发现 1979 ~ 2011 年北半球 6 月积雪面积的减少速度是 9 月北极海冰面积减少速度的两倍；此外，北半球积雪面积的减少在 2008 ~ 2012 年最为显著，其消减速度甚至超过了 CMIP5 气候模型的预测值（Connolly et al.，2019；Derksen and Brown，2012）。与此同时，北半球积雪变化呈现显著的季节性差异。北半球积雪面积在春、夏两季大幅消减，而在秋、冬两季显著增加，尤其是在高纬度地区（Chen et al.，2016a；Cohen et al.，2012；Connolly et al.，2019）。依据 IPCC 对气候变化的预测，在北半球升温和积雪对气候系统的正反馈作用下，北半球积雪面积减少的趋势有可能持续下去（Brown and Robinson，2011；IPCC，2013a）。

作为北半球冬季变化最显著的地表覆被类型，积雪面积的变化还对冬季气候环境产生深远影响。研究表明，AO 是北半球冬季气候变化的主导因素，而秋季积雪面积的增加/减少是 AO 异常的主要驱动因子，AO 的异常进一步导致北半球冬季气温的降低/增加。Cohen 等（2012）等研究发现，随着 1988 ~ 2011 年欧亚大陆 10 月积雪面积的增加，北半球冬季气温呈下降趋势，而 AO 是这一变化的主导原因。此外，随着季节的推移，积雪的覆盖范围和深度会影响土壤水分和水分有效性，而土壤水分和水分有效性直接影响农业、野火和干旱。因此，准确认识北半球积雪变化对深入认识全球气候系统规律及其变化影响极其重要。

积雪面积对于气温和降水非常敏感，因此，高频的天气尺度系统和月尺度到季节尺度的气候系统都对于积雪有很大的影响，这也导致了积雪的时空变化特征差异很大。已有研究表明，近年来北半球气候系统正发生着显著的变化，包括北半球热带从低纬度向中纬度扩张、北极极地漩涡持续向欧亚大陆转移、北极海冰加速融化、亚热带地区干旱时间频发、中纬度极端天气事件增加等。而在受气候变化影响的诸地球系统变量中，积雪首当其冲。在北半球气候系统发生显著改变的背景下，剖析北半球积雪面积的时空变化、程度、模式等，并做出定量评估，不仅有助于我们系统地认识北半球积雪对气候变化的响应模式，评估积雪变化对地气系统的整体影响，提高积雪在现有气候预测和数据同化中的应用能力，也有助于我们加强对积雪和气候系统之间相互作用的物理过程与反馈机制的理解以提高水文和气候预测的准确性，提高全社会积雪相关的防灾减灾能力，减少因之产生的国民经济损失。

4.2 积雪面积计算方法

现阶段，基于遥感数据的积雪面积一般通过研究区内积雪覆盖的像元个数乘以像元面积得到。对具体区域的积雪面积计算，在地理坐标下，影像上一个像元的面积为（张宁丽等，2012；周咏梅等，2001）

$$A=[R\times\cos\varphi\times d\lambda]\times(R\times d\varphi) \tag{4.1}$$

式中，R 为地球半径；$d\lambda$ 和 $d\varphi$ 分别为每一个像元所在的经度和纬度，通常由研究所用的积雪遥感数据决定。

区域整体的积雪覆盖面积公式为

$$\mathrm{SCE}=\sum_{n=1}^{N}A_n\times\mathrm{SCF} \tag{4.2}$$

式中，N 为积雪像元个数；A_n 为某个积雪像元面积；SCF（Snow Cover Fraction）为该像元的积雪覆盖率。

依据不同的应用目的，基于遥感数据的积雪覆盖率 SCF 计算有绝对值和相对值两种类型。给定像元的积雪覆盖率一般指积雪在像元中所占的比例。为对比给定区域的积雪面积变化，通常采用 SCF 指标来表征观测时间段内积雪覆盖的次数与观测次数的比值（Chen et al.，2016a，2016b；Toure et al.，2018；Zhang et al.，2019a）。

$$\mathrm{SCF}=N_{\text{snow-covered}}/N_{\text{total}} \tag{4.3}$$

受积雪面积产品的空间分辨率、积雪识别精度、研究区地形复杂程度的影响，积雪面积产品的计算精度在具体应用过程中也需进一步考虑。曹梅盛（1995）等研究指出，利用 NOAA-NESDIS 监测积雪面积，并进行积雪覆盖率计算和变化研究时，必须包含 75 个以上 2°（纬度）×1°（经度）的网格，才能合乎 WCRP 关于监测精度的要求。由此，基于遥感监测的积雪面积变化指标研究更适合半球和大陆尺度，不适合单独用于小区域积雪监测。

4.3 基于遥感观测的北半球积雪面积变化

本节概述基于遥感观测的北半球大尺度积雪面积变化特征，包括北半球长时间序列积雪面积变化、中国积雪面积变化与典型区青藏高原积雪面积变化 3 小节。

4.3.1 北半球长时间序列积雪面积变化

1. 数据源选择

受积雪遥感观测数据的限制，可用于北半球长时间序列积雪面积研究的数据源非常有限。考虑到光学遥感影像在积雪面积识别上的优势，本节采用 NHSCE 积雪数据集。NHSCE 积雪产品是现阶段时间尺度最长的、基于遥感观测的积雪面积数据集，因此被广泛使用于大尺度的积雪面积变化研究中（Brown et al., 2010；Brown and Robinson, 2011；Chen et al., 2015；Choi et al., 2010）。此外，为了反映北半球积雪面积的变化情况，本节还使用了 NOAA 月平均的北半球积雪面积数据集（Estilow et al., 2015），其中包括欧亚大陆和北美洲逐月积雪面积统计资料。NHSCE 积雪数据集和 NOAA 北半球月平均积雪面积文本数据集的具体介绍见 3. 1. 2 节。

2. 北半球整体积雪面积变化特征

利用 NOAA 月平均的北半球积雪面积数据，统计得到的 1967 ~ 2020 年北半球整体积雪面积变化趋势见图 4. 1。计算可得，1967 ~ 2020 年北半球积雪面积呈现显著下降的趋势（$R^2=0.14$，$p<0.05$），其下降速度为$-0.19\times10^6\text{km}^2/10\text{a}$。

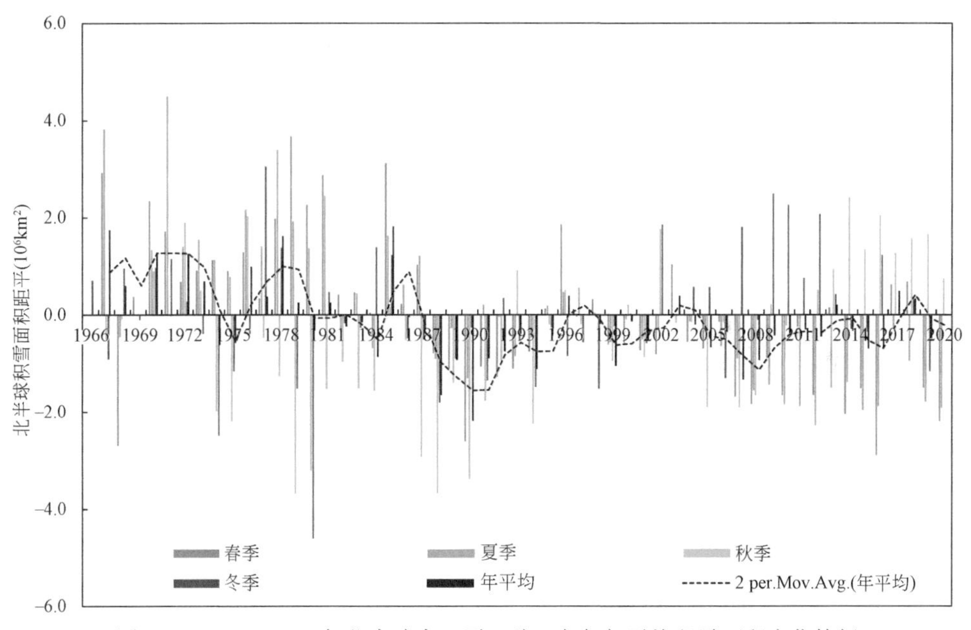

图 4. 1　1967 ~ 2020 年北半球春、夏、秋、冬与年平均积雪面积变化特征

资料来源：Rutgers University Global Snow Lab http：//climate. rutgers. edu/snowcover/

在整体下降趋势之外，北半球积雪面积变化呈现显著的季节性差异。具体表现在秋季和冬季积雪面积显著增加，而春季和夏季积雪面积明显下降。以积雪覆盖率 SCF 为指标，对 1982 ~ 2013 年北半球不同季节的积雪面积变化分析表明，1982 ~ 2013 年欧洲和北美西部地区春、夏两个季节的 SCF 显著减少，其中 SCF 在夏季减少得最为显著。在北半球高纬度 70°N 左右，夏季 SCF 在 90% 的显著性水平上减少一半以上。与春、夏两季 SCF 的减少相比，北半球秋、冬两季 SCF

普遍增加，其增幅在5% ~30%，见图4.2。

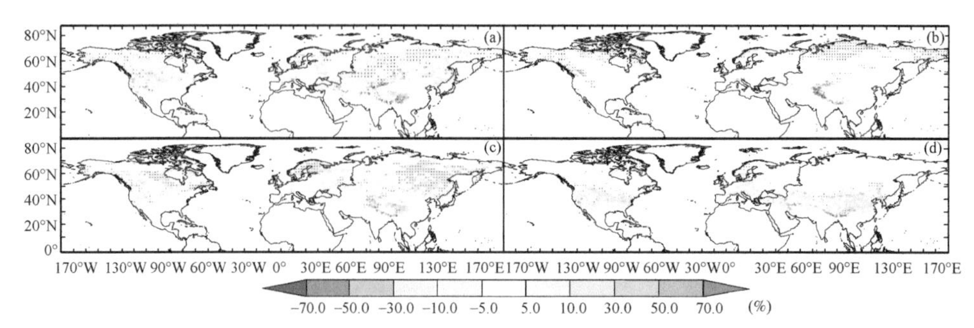

图4.2　1982 ~2013年北半球春季（a）、夏季（b）、秋季（c）和冬季（d）积雪覆盖率变化量

3. 北半球洲际积雪面积变化特征

除北半球整体积雪面积变化外，欧亚大陆也是我国学者关注的热点区域。例如，Wang等（2019）发现欧亚大陆积雪与欧亚大陆东部春季气温之间的年际变化显著相关；Zhang等（2019b）讨论了欧亚大陆春季积雪与印度夏季季风性降水之间的关系，并发现两者之间的关系呈弱化趋势；Song和Wu（2019）剖析了西伯利亚西部积雪的季节内变化及其与大气环流间的相互关系，并证明大气环流对西伯利亚西部积雪的影响长达9 ~30天。

为了进一步探讨北半球洲际积雪面积变化趋势，本节进一步将研究区锁定在北半球32 ~75°N的稳定积雪区，并按照北美洲和欧亚大陆进行分区。为了分析不同积雪面积的年际变化，本节将研究区进一步设置为1982 ~2013年有75%以上的年份积雪覆盖时间大于1周的像元内，见图4.3。

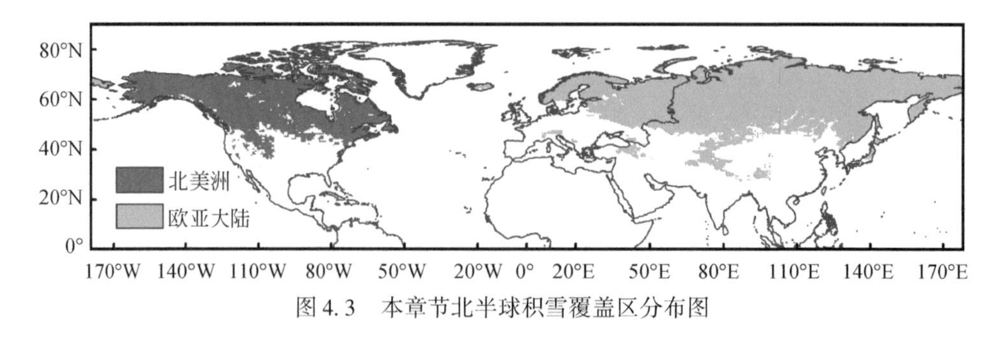

图4.3　本章节北半球积雪覆盖区分布图

1982 ~2013年北半球积雪面积变化见图4.4，其中5 ~7月积雪面积减少最为显著（$-0.89\times10^6\,km^2/10a$），尤其是2008年以后（$-2.55\times10^6\,km^2/10a$）。然而，1998 ~2008年北半球5 ~6月的积雪在北美洲和欧亚大陆呈现不一样的变化趋

势。欧亚大陆在1998年以后呈现出积雪面积下降的趋势（$-0.75\times10^6 km^2/10a$），该趋势与北美洲积雪面积增加的趋势相反（$0.03\times10^6 km^2/10a$）。2008年以后，北半球连续出现最低的6月积雪面积记录，对欧亚大陆而言该过程出现在2008年，而北美洲则出现在2010年以后才出现最低的6月积雪面积记录（Derksen and Brown，2012）。

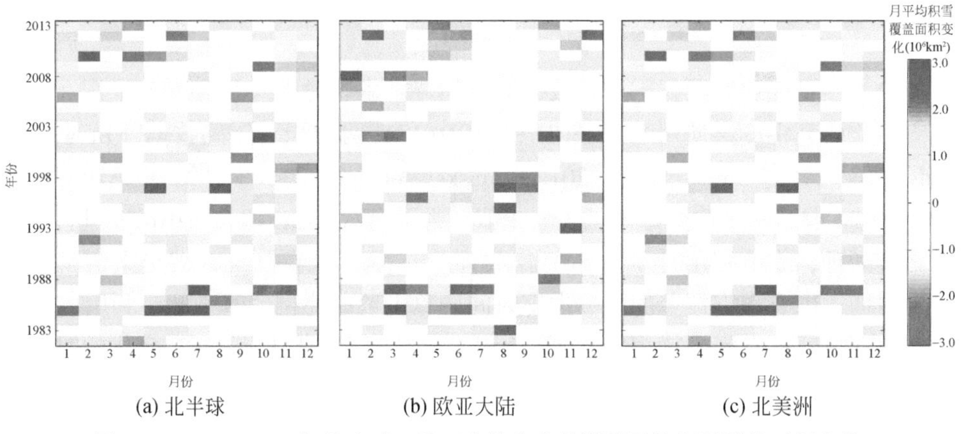

图4.4　1982～2013年北半球、欧亚大陆和北美洲月平均积雪覆盖面积变化

资料来源：Rutgers University Global Snow Lab http：//climate.rutgers.edu/snowcover/

与5～7月积雪面积的减少相反，1982～2013年北半球10月至次年2月积雪面积呈现增加趋势（$0.65\times km^2/10a$），尤其是在2002年以后（$1.19\times10^6 km^2/10a$）。该趋势与2002～2012年太平洋表层降温（Kosaka and Xie，2013）导致的北半球中纬度地区冬季降温基本一致。Kosaka和Xie（2013）发现2002～2012年北半球11月至次年4月的冬季地表空气温度在下降，该趋势与全球变暖背景下夏季气温的升高相反。

4. 小结

降雪和积雪的维持强烈依赖气温和降水，随着气温变暖，其变化亦极其复杂。除了上节讨论的年代际变化，积雪也发生着年际至季节尺度的变化。从年内变化看，北半球积雪面积的减少主要集中在春季，且减少的速率随纬度升高而增加。从洲际尺度看，北半球积雪面积的变化主要表现在欧亚大陆积雪面积的变化上，其趋势随着纬度升高而增加。

4.3.2 中国区域积雪面积变化

中国区域的积雪主要分布在青藏高原、新疆和东北的高山地区。在中国的生态分区图（Xie et al.，2012）上，主要涵盖了4个生态区：西北干旱区、青藏高原、内蒙古高原和东北湿润半湿润地区。为更加详细地了解我国积雪变化特征，笔者在NHSCE的基础上，结合MODIS积雪面积观测数据来进行中国积雪面积的趋势研究。为了能够更好地比较年际间积雪面积变化趋势，本章将研究区选定在中国稳定积雪区，也就是年平均积雪覆盖时间大于60天的像元内。

1. 数据源选择

为了尽可能地兼顾积雪遥感数据的空间分辨率和时间尺度，本节采用在全球积雪变化研究中广泛使用的NHSCE和MOD10CM两种积雪遥感数据（Brown and Robinson，2011；Frei et al.，2012；Maskey et al.，2011）。关于NHSCE和MOD10CM数据的具体介绍详见3.1.2节。为了对NHSCE和MOD10CM进行比较和融合处理，本节利用月平均SCF作为评价指标。本节中SCF被定义为某像元给定时间段内有积雪覆盖的天数占该时间段总天数的比例。基于此，利用1982～2014年的25km空间分辨率的NHSCE积雪产品建立中国区域SCF变化的时间序列，并利用2001～2014年0.05°空间分辨率的MOD10CM积雪产品来融合生成更高分辨率的SCF产品，并用作中国区域积雪面积变化的参考值。

基于两种卫星积雪产品提取得到的中国区域2001～2014年年平均SCF在空间格局中基本相似。但是，与基于MOD10CM计算得到的SCF（MODIS-SCF）相比，基于NHSCE数据计算得到的SCF（NHSCE-SCF）在青藏高原南部和东北地区被显著高估，详见Chen等（2016b）的研究。相反，在青藏高原北部和西北干旱地区，基于NHSCE数据计算得到的SCF则存在低估现象，其主要是由NHSCE的低空间分辨率和NHSCE数据集对积雪的定义造成的。在NHSCE积雪遥感产品中，一个25km空间分辨率的像元只有在积雪覆盖率大于或者等于50%的时候才会标示为1（有积雪覆盖），否在则被标示为0（无积雪覆盖）。这种定义会造成NHSCE积雪覆盖产品只能监测到积雪分布相对集中的地区的积雪，而分布零散的积雪则无法被检测到。此外，因为NHSCE和MOD10CM的空间分辨率不一样，它们监测得到的中国区域积雪面积不一样。为了能够更好地比较两种数据得到的SCF结果，本研究集中在两种积雪遥感数据同时有效的区域（像元）内，即稳定积雪区进行对比和分析。

2. 数据融合处理

为了更好地量化中国区域积雪面积的年内和年际变化，本节以水文年作为统计尺度。依照北半球积雪面积的年内变化特征（图1.5），我们将中国区域的积雪水文年定义为9月至次年8月，其中积雪累积期是9月至次年2月，而积雪消融期是3～8月。为了克服NHSCE对积雪覆盖率的低估和高估现象，利用

NHSCE 和 MOD10CM 重叠的时间区间 2001 ~ 2010 年，逐像元建立了 NHSCE-SCF 和 MODIS-SCF 之间的线性关系，并利用 2011 ~ 2013 年的图像来对该线性关系进行验证。2001 ~ 2013 年，NHSCE-SCF 和 MODIS-SCF 的时间序列见图 4.5（a），2001 ~ 2010 年两者的散点图见 4.5（b）。

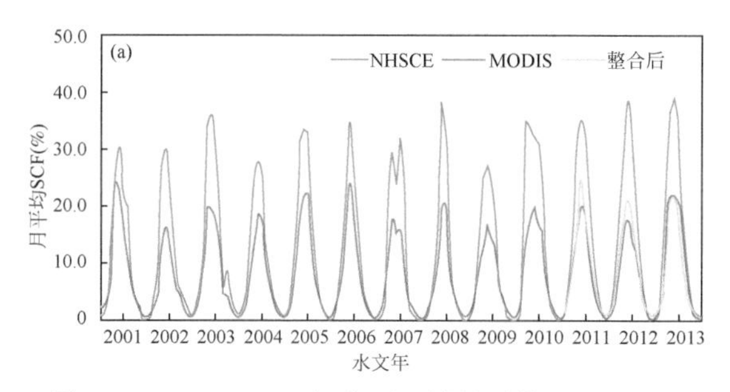

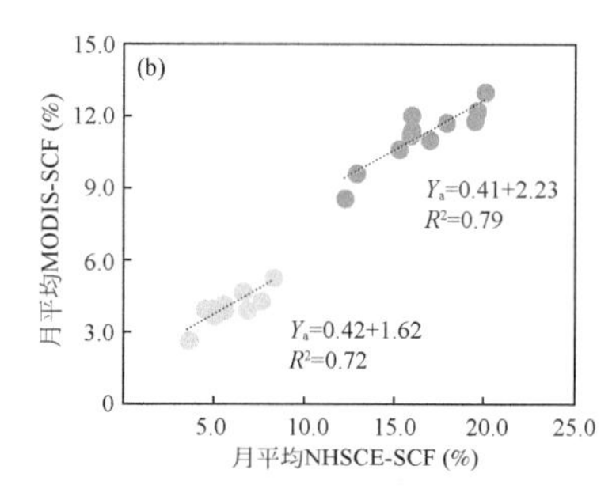

图 4.5 2001 ~ 2013 年中国区域月平均 NHSCE-SCF 和 MODIS-SCF 及累积期和消融期两者之间的散点图与线性相关性

（a）2001 ~ 2013 年中国区域月平均 NHSCE-SCF 和 MODIS-SCF 的分布；
（b）累积期和消融期月平均 NHSCE-SCF 和 MODIS-SCF 之间的散点图与线性相关性

与 2001 ~ 2013 年 MODIS-SCF 相比，NHSCE-SCF 存在低值过低而高值过高的特点［图 4.5（a）］。但是，除去 NHSCE-SCF 序列中的极端值，大部分的基于 MODIS-SCF 可以很好地被 NHSCE-SCF 表达出来［图 4.5（b）］。2001 ~ 2010 年累积期和消融期，MODIS-SCF 和 NHSCE-SCF 在 95% 的显著性水平下相关性分别为 0.79 和 0.72。基于该线性相关关系，我们对 2011 ~ 2013 年的 NHSCE-SCF 进行处理并模拟得到整合后的 SCF 时间序列值［图 4.5（a）中绿线］。我们发现 2011 ~ 2013 年，整合后的 SCF 时间序列与 MODIS-SCF 时间序列高度相似。两者之间的均方根误差 RMSE 为 3.94%。因此，利用该线性回归模型对 NHSCE-SCF 和 MODIS-SCF 进行整合处理是可信的。同时，利用该方法，我们也逐像元对研究区 NHSCE-SCF 和 NHSCE-SCF 图像进行处理，详见 Chen 等（2016b）的研究。

3. 时间序列变化

1982 ~ 2013 年中国年平均积雪面积覆盖率 SCF 是（7.43±0.46）%，其中东北湿润半湿润地区年平均 SCF 为（16.86±2.49）%，西北干旱区年平均 SCF 为（10.85±0.53）%，内蒙古地区年平均 SCF 为（8.35±1.26）%，青藏高原年平均 SCF 为（7.97±0.97）%。空间分布上，中国区域年平均 SCF 比较高的地区主要分布西北干旱区的北部、西北干旱区的东部和青藏高原南部区域。1982 ~ 2013 年 4 个稳定积雪区的年平均 SCF 变化较大，其中东北湿润半湿润地区、青藏高原和内蒙古地区年平均 SCF 分别增加了 3.73%、1.94% 和 1.39%，但是西北干旱区地区年平均 SCF 则减少了 0.85%。32 年中国区域年平均 SCF 增加的区域是青藏高原的东南部，而减少最多的区域是新疆北部和青藏高原西部边缘区域。

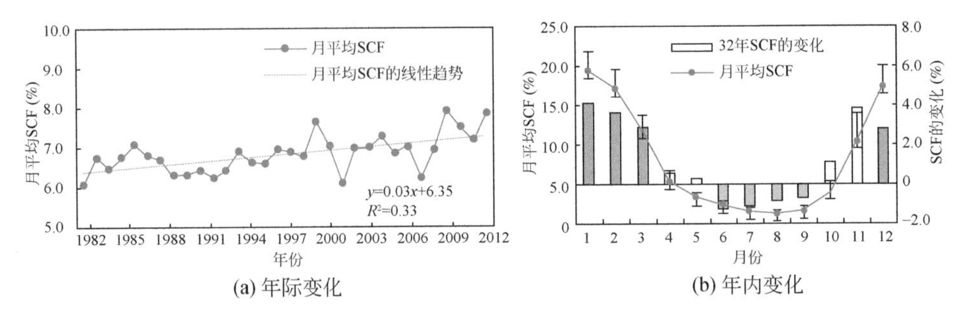

图 4.6　1982 ~ 2013 年中国区域积雪覆盖率 SCF 年际（a）和年内（b）变化

实心立柱代表在 95% 的水平上有显著变化，其中橘黄色代表该月 SCF 在 32 年呈增加趋势，而绿色代表该月 SCF 在 32 年呈减少趋势

1982 ~ 2013 年中国区域年际和年内变化见图 4.6（a）和图 4.6（b）。32 年中国区域 SCF 总体呈现增加的状态，在 95% 的显著性水平下其增速为 0.29%/10a。对 1982 ~ 2013 年中国区域的年平均 SCF 进行 Mann-Kendall 检验后发现，1996 年前中国区域年平均 SCF 以 0.12%/10a 的速度在减少，而在 1997 ~ 2013 年以 0.37%/10a 的速度在增加，其峰值发生在 1998 年和 2005 年，低谷发生在 2002 年和 2008 年。对中国区域 SCF 的年内变化分析表明，1 月积雪在 1982 ~ 2013 年增加最显著（4.13%），而 6 月积雪在 1982 ~ 2013 年减少最显著（-1.23%）。另外，中国区域 SCF 的年内变化表现出 10 月至次年 5 月平均 SCF 增加，而 6 ~ 9 月平均 SCF 减少的趋势，该变化意味着 1982 ~ 2013 年中国区域积雪的年内变化在增大，也意味着更多的积雪在春季融化为融雪径流。

4. 小结

中国区域季节性积雪覆盖范围广泛，横跨数十个经纬度，年均积雪覆盖范围和变化程度差异巨大。与广泛得知的北半球积雪面积减少（Brown and Robinson，2011；Derksen and Brown，2012；McCabe and Wolock，2009）相反，1982 ~ 2013 年中国区域年平均 SCF 在 95% 的显著性水平下以 0.29%/10a 的速度增加。中国区域年平均 SCF 的增加与之前研究发现的中纬度地区美国、欧洲和东亚地区大范围寒流、暴雪和冰川变化以及冬季气温的变冷的趋势一致。另外，我们的研究与“中国西部积雪面积增加（Qin et al.，2006）、天山最大积雪深度加深（Yang et al.，2008）”的结论一致，而与 Shi 等（2011）模拟得到的“积雪面积和积雪日数减少，以及积雪深度下降”的结论相反。

4.3.3 青藏高原积雪面积变化

青藏高原是世界上海拔最高的高原，是北半球冰冻圈的重要组成部分。青藏高原冬、春两季的季节性积雪覆盖范围广、深度较深、积雪持续时间长，是我国的三大稳定积雪区之一（Liu and Chen，2011；刘洵等，2014），也是气候变化研究者广泛关注的“第三极”（Jane，2008，2016）和“亚洲水塔”（车涛等，2019）。

青藏高原积雪具有特殊的自然属性，其空间分布特征及变化不仅与大尺度能量、大气循环密切相关，也对局部气温、干旱状况、土壤湿度、植被物候、季风等起着决定性作用。例如，通过积雪的水文效应和反照率效应，冬春季节青藏高原和欧亚大陆积雪异常可以影响到后期夏季中国降水的年际变化。青藏高原冬季春积雪偏多会导致东亚夏季风偏弱，东亚季风系统的季节变化比常年偏晚，初夏华南降水偏多，夏季长江及江南北部降水偏多，华北和华南降水偏少。冬季欧亚大陆北部新增雪盖范围偏大时，江南降水偏少。通过对降水与降雪资料的诊断分析以及利用全球和区域气候模式试验证实，青藏高原冬季降雪与东亚夏季降水存在遥相关关系，积雪范围和厚度增加导致夏季风延迟，华北和华南地区降水偏少，长江中下游地区降水偏多。此外，由青藏高原地区积雪融水转化而来的水资源不仅是我国黄河、长江、雅鲁藏布江等河流的重要补给水源，也是湄公河、印度河等国际河流的发源地，还是该区域社会经济发展和生态环境建设的重要依据。

目前，在过去 50 年全球变暖背景下，大量的模型模拟结果和遥感观测数据都证明北半球积雪面积在全球气温变暖的背景下显著下降（Brown and Robinson，2011；Derksen and Brown，2012；IPCC，2013），这将很大程度上影响到北半球的积雪面积情况。不同于北半球低山和平原地区积雪减少，青藏高原冬春季积雪呈现出增加趋势，从而引起高原上空对流层温度降低以及亚太平洋涛动（Subpacific oscillation）负位相特征（东亚与其周边海域大气热力差减弱），东亚低层低压系统减弱，西太平洋副热带高压位置偏南。于是，我国东部雨带向北移动特征不明显，而主要停滞在南方，导致东部地区出现南涝北旱，气候模拟进一步证明了高原积雪是中国东部夏季“南涝北旱”的重要原因。此外，青藏高原积雪通过影响地表和低层大气辐射及能量收支从而降低对流层温度，进而影响亚洲夏季风和我国夏季降水。青藏高原冬季积雪量与东亚梅雨期的水汽输送有关并影响着下游的季风环流系统，尤其是副高位置的南北摆动。观测和模拟研究表明，青藏高原冬春积雪面积和雪深增加，将引起 5 月和 6 月融雪期土壤湿度增加和地表气温下降，形成“冷源”，减弱了春夏季高原热源的加热作用，导致季风强度偏弱，引起长江流域夏季降水异常增加，华南、华北夏季降水异常减少。冬春季高积雪偏多时期，中国中东部地区气温偏低，夏季风偏弱，汛期雨带偏南，长江中下游地区降水偏多，华北和华南地区降水偏少；反之，则出现反向变化。

最近几年，在第二次青藏高原综合科学考察研究项目的带动下，对青藏高原积雪面积变化和积雪遥感产品在青藏高原的应用呈现增加趋势。例如，Li 等（2019）等利用 IMS 积雪遥感数据对青藏高原积雪的季节性变化进行了研究，认为积雪的季节内变化解释了青藏高原积雪累积期 50% 以上的积雪变化；Jiang 等（2019）利用 FY-3、MODIS 和 IMS 等多源卫星数据对 2006～2017 年青藏高原积雪面积变化和不确定性进行评估，发现与 MODIS 积雪数据相比，IMS 计算得到的积雪丰度值最大，相应的积雪变化也最显著。本节以优化后的青藏高原逐日无云积雪面积数据为基础，对 2001～2014 年青藏高原积雪的分布和变化进行初步总结。

1. 数据源

青藏高原地形复杂，其西南部有喜马拉雅山，西北部有喀喇昆仑山，中部有冈底斯山和唐古拉山，东部有横断山脉。因此，由于观测角度和地表特征的巨大变化，利用遥感数据对青藏高原进行积雪物候研究是困难的。上文已经分析过，积雪和云在可见光波段的光谱特性非常相似。受云的影响，基于光学的积雪遥感数据的缺失值较多，可用性较低，尤其是在青藏高原地区。例如，2010 年 10 月 1 日至 2011 年 3 月 31 日之间青藏高原地区云覆盖高达 36.9%（Huang et al., 2014），远远不能达到应用需求。同时，青藏高原积雪分布零散，低分辨率的 IMS 积雪产品在青藏高原地区存在严重漏判情况（刘洵等，2014）。

为了提高 MODIS 积雪遥感数据在青藏高原的利用率，Huang 等（2014）通过整合 MOD10A1、MYD10A1 和 AMSR-E SWE 数据，开发了 500m 分辨率的空间完整的青藏高原积雪面积数据集（MCD10A1-TP）。通过可见光和微波积雪数据的整合，该数据有效解决了 MODIS 积雪遥感数据的覆盖不完整的问题，通过和地面积雪深度数据的对比分析表明，该数据集在积雪深度大于 3cm 的地面的准确性大概 91.7%。因此，该数据集被认为是青藏高原积雪研究的有效数据集。因此，本节利用 MCD10A1-TP 数据来进行青藏高原积雪面积的变化分析。为了进行月尺度的积雪面积变化分析，日尺度的 MCD10A1-TP 数据通过聚合生成了月平均积雪覆盖率数据，其中月积雪覆盖率指的是在给定月份积雪覆盖该像元的天数占该月总天数的比例。

2. 年际变化

2001～2014年青藏高原年平均SCF的年际及年内波动见图4.7。其中，变化量表示为线性变化的斜率乘以时间区间的长度得到。2001～2014年青藏高原年平均SCF为（17.16±2.23)%，积雪主要分布在塔里木河、雅鲁藏布江、湄公河流域上游、青藏高原内陆河流域和柴达木盆地流域［图4.7（a)］。

2001～2014年青藏高原年平均SCF呈现下降趋势（统计不显著)。受不同季风环流的影响，青藏高原积雪面积的变化具有显著的区域差异性［图4.7（b)］，如在大部分地区呈现减少趋势，尤其是在青藏高原东南部25°N周围和青藏高原内陆河流域25°N周围。与雅鲁藏布江和怒江流域SCF的较少相反，长江、湄公河和雅鲁藏布江上游，以及西北部帕米尔高原地区SCF呈现增加趋势。与累积期SCF减少的量级相比（-0.43%，$p=0.806$)，消融期SCF的减少更加显著（-1.14%，$p=0.552$)，尤其在6月（-2.42%，$p=0.017$)。相同时间段内，青

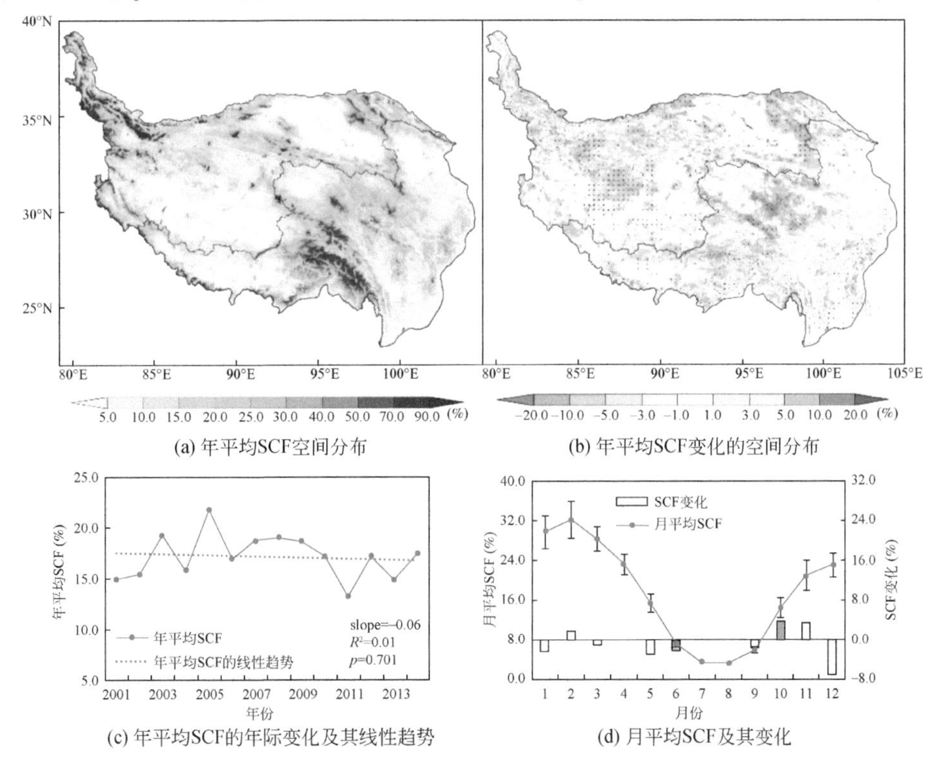

(a) 年平均SCF空间分布　　(b) 年平均SCF变化的空间分布

(c) 年平均SCF的年际变化及其线性趋势　　(d) 月平均SCF及其变化

图4.7　2001～2014年青藏高原年平均SCF及其变化的空间分布，以及年平均SCF与月平均SCF的变化

(b) 中黑点代表变化在95%的水平上变化显著；(d) 中橘色（绿色）代表2001～2014年青藏高原积雪覆盖率的增加（减少)，误差线代表给定月份SCF的标准差

藏高原积雪的年内变化呈现增加趋势［图 4.7（d）］，表现为 10 月 SCF 显著增加，而 6 月 SCF 明显减少，其余月份 SCF 无显著变化（统计不显著），这意味着更多的积雪在融雪期以融雪的方式补给了河川径流。

3. 积雪年际变化与水文站点观测的一致性

作为高山河流的固体水源，青藏高原积雪的变化与径流变化密切相关。为了与遥感计算得到的年平均 SCF 进行交叉比对，本节还用到了雅鲁藏布江、黄河、怒江等流域的部分水文站点数据。2001 ~ 2014 年青藏高原雅鲁藏布江、黄河、怒江 5 ~6 月平均径流量的变化见图 4.8。

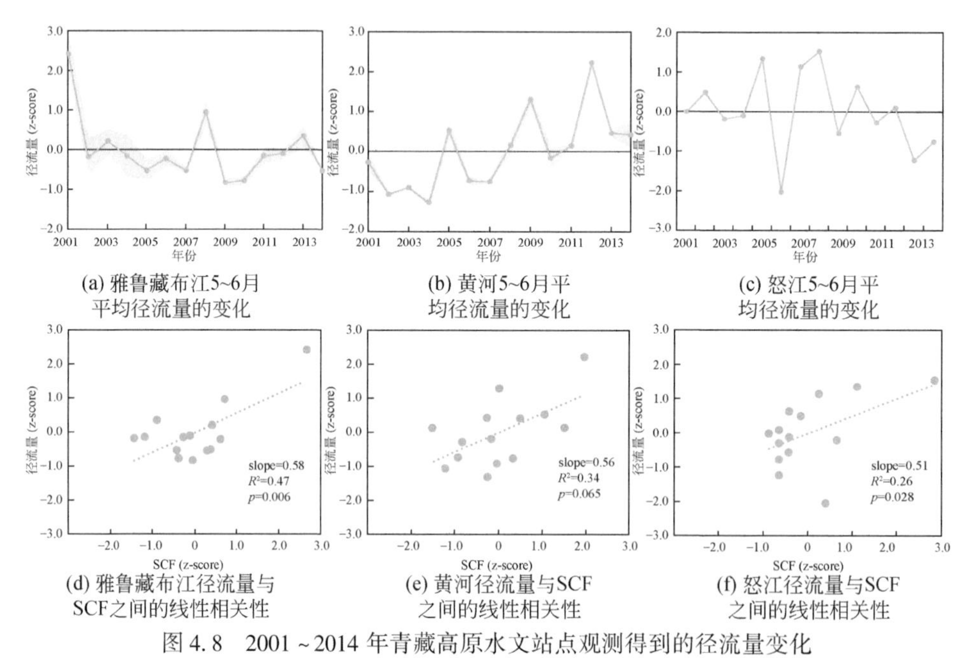

(a) 雅鲁藏布江5~6月平均径流量的变化　(b) 黄河5~6月平均径流量的变化　(c) 怒江5~6月平均径流量的变化

(d) 雅鲁藏布江径流量与SCF之间的线性相关性　(e) 黄河径流量与SCF之间的线性相关性　(f) 怒江径流量与SCF之间的线性相关性

图 4.8　2001 ~2014 年青藏高原水文站点观测得到的径流量变化

（a）和（b）中的阴影区域分别代表雅鲁藏布江上游 4 个水文站点平均值的标准差、黄河流域 2 个水文站点平均值的标准差

如图 4.8 所示，SCF 的变化与观测得到的径流量变化密切相关。例如，2001 ~2014 年青藏高原雅鲁藏布江［图 4.3（d），$p=0.006$］和怒江流域［图 4.3（f），$p=0.028$］上游径流量的减少与黄河流域上游径流量的增加［图 4.3（e），$p=0.065$］分别对应于相应位置 SCF 的变化。

4.3.4　小结

作为北半球冰冻圈最重要的组成部分之一，青藏高原季节性积雪因高海拔和对中国西南部和西南邻国的水源补给而受到气候变化研究者的广泛关注。已有研究表明，虽然欧亚大陆积雪从 20 世纪 70 年代后期不断减少，但青藏高原积雪反而增加，在 70 年代末存在一个明显的年代际变化。然而，受近期气候变化的影响，2001 ~ 2014 年青藏高原积雪面积略有下降。

可用积雪面积遥感数据短缺始终是青藏高原长时间序列积雪变化研究的制约因素。微波遥感数据时空完整性较好，但空间分辨率低，不适于地形和地貌特征复杂的青藏高原地区。光学遥感数据可以获得较高分辨率的积雪数据，但仅限于积雪面积，并受到云的严重干扰。此外，基于光学的积雪遥感数据在高山地区、薄雪地区缺测、漏测现象时有发生，且对斑块状积雪的识别能力弱，容易造成积雪面积结果偏大。因此，对青藏高原积雪的有效研究必须首先解决数据源问题。

4.4 未来情景下北半球积雪面积变化

近百年来，气候变化已经对全球的环境、生态和社会经济产生了深远的影响，在全球变暖背景下对未来气候变化的预估研究已成为世界关注的焦点。积雪是气候系统中的一个重要组成部分，对气候变化的响应十分敏感。

观测和气候模式模拟是了解和研究过去气候变化的重要手段。一直以来，众多学者把气候系统模式作为进行气候模拟和预估未来气候变化的重要工具。与遥感观测数据相比，全球气候模型为北半球积雪面积变化研究提供了另外一种数据源。气候变化背景下未来积雪将会呈现怎样的时空变化还需依赖模型模拟予以进一步研究。基于此，本节对积雪变化研究常用的未来情景、耦合模式、耦合模式种的积雪模拟以及积雪变化预估的不确定性进行介绍。

4.4.1 未来情景概述

IPCC 典型浓度路径排放场景被广泛用于进行积雪变化预测研究，本节对 IPCC 和典型浓度排放场景进行简要介绍。

1. IPCC 对气候变化的预测

认识到潜在的全球气候变化问题，世界气象组织（WMO）和联合国环境规划署（United Nations Environment Programme，UNEP）于 1988 年共同建立了政府间气候变化科学评估机构 IPCC，其主要任务是组织由各国政府推荐的科学家团队对气候变化科学认识、气候变化影响、适应、脆弱性和减缓气候变化对策进行量化和评估。

许多科学家认为，气候变化会造成严重的或不可逆转的破坏风险，并认为缺乏充分的科学确定性不应成为推迟采取行动的借口。而决策者们需要有关气候变化成因、其潜在环境和社会经济影响以及可能的对策等客观信息来源。而 IPCC 这样一个机构能够在全球范围内为决策层以及其他科研等领域提供科学依据和数据等。IPCC 的作用是在全面、客观、公开和透明的基础上，对世界上有关全球气候变化的现有的最好的科学、技术和社会经济信息进行评估。IPCC 主席团和评估报告编写队伍的组织方式是政治平衡和地理平衡；评估报告的编写秉承严格（rigor）、确凿（robustness）、透明（transparency）和全面（comprehensiveness）的原则。

自成立以来，IPCC 已经于 1990 年、1995 年、2001 年、2007 年、2014 年发布了 5 次评估报告，此间还编写了一系列与气候变化相关的特别报告、技术报告和方法学报告等。这些报告极大地推动了人类对气候系统变化认识的不断深入，已成为国际社会应对气候变化的主要科学依据。针对包括积雪在内的快速变化的冰冻圈，IPCC 2019 年发布特别报告 *Special Report on the Ocean and Cryosphere in a Changing Climate*。在 IPCC 第 5 次评估报告（AR5）的基础上，该报告特别评估了高山冰冻圈近期和预计变化的新证据，以及与自然和人类系统相关的相关影响、风险和适应措施。观测结果显示，近几十年来，由于气候变化，低海拔积雪厚度（高度可信）普遍下降，几乎所有地区（特别是低海拔地区）的积雪持续时间平均减少了 5d/10a。此外，低海拔地区的积雪面积和积雪深度呈下降趋势，但年际变化较大。

IPCC 下设三个工作组和一个专题组，第一工作组（Work Group Ⅰ，WG Ⅰ）评估气候系统和气候变化的科学问题；第二工作组（Work Group Ⅱ，WG Ⅱ）评估社会经济体系和自然系统对气候变化的脆弱性、气候变化正负两方面的后果和适应气候变化的选择方案；第三工作组（Work Group Ⅲ，WG Ⅲ）评估限制温室气体排放并减缓气候变化的选择方案：国家温室气体清单专题组负责 IPCC《国家温室气体清单》计划的编制。

2. 典型浓度路径排放场景

温室气体排放情景是预估未来气候变化的基础。IPCC 采用了典型浓度路径（representative concentration pathways，RCPs）来描述在 2006 ~ 2100 年随时间和空间变化的全球温室气体浓度。根据这些温室气体浓度在 2100 年相当的辐射强迫增幅的数值大小分成了四种 RCP 情景，即 RCP2.6、RCP4.5、RCP6.0 和 RCP8.5，分别表示 2100 年辐射强迫相对于工业革命前的增幅分别为 2.6 W/m^2、4.5 W/m^2、6.0 W/m^2 和 8.5 W/m^2。根据 IPCC AR5 报告，到 2100 年全球平均地表温度在 RCP2.6、RCP4.5、RCP6.0 和 RCP8.5 情景下的预计增温分别为 0.7 ~ 1.3℃、1.1 ~ 2.6℃、1.4 ~ 3.1℃和 2.6 ~ 4.8℃（IPCC，2014）。

RCP2.6是把全球平均温度上升限制在2℃之内的情景。无论从温室气体排放，还是从辐射强迫看，这都是最低端的情景。在21世纪后半叶能源应用为负排放。应用的是全球环境评估综合模式（integrated model to assess the global environment，IMAGE）采用中等排放基准，假定所有国家均参加。2010～2100年累计温室气体排放比基准减少70%。为此要彻底改变能源结构及CO_2外的温室气体的排放。特别提倡应用生物能，恢复森林。但是，仍有许多工作要做，如研究气候系统对辐射强迫峰值的反映、社会对削减排放率的能力，以及进一步减排非CO_2温室气体的能力等。

RCP4.5情景是2100年辐射强迫稳定在4.5 W/m^2，该情景采用全球变化评估模式（global change assessment model，GCAM）模拟，这个模式考虑了与全球经济框架相适应的，长期存在的全球温室气体和存在期短的物质排放，以及土地利用、陆面变化。模式的改进包括历史排放及陆面覆盖信息，并遵循用最低代价达到辐射强迫目标的途径。为了限制温室气体排放，要改变能源体系，多用电能、低排放能源技术、开展碳捕获及地质储藏技术。通过降尺度得到模拟的温室气体排放及土地利用的区域信息。

RCP6.0情景反映了长期存在的全球温室气体和存在期短的物质排放，以及土地利用、陆面变化，导致到2100年把辐射强迫稳定在6.0W/m^2。根据亚洲-太平洋综合模式（Asia-Pacific integrated model，AIM），温室气体排放的峰值大约出现在2060年，以后持续下降。2060年前后能源改善强度为0.9～1.5%/a。通过全球排放权的交易，任何时候减少温室气体排放均物有所值。用生态系统模式估算地球生态系统之间通过光合作用和呼吸交换的CO_2。

RCP8.5情景是最高的温室气体排放情景。该情景假定人口最多、技术革新率不高、能源改善缓慢，所以收入增长慢。这导致长时间高能源需求及高温室气体排放，而缺少应对气候变化的政策。该情景是根据国际应用系统分析研究所（International Institute for Applied Systems Analysis，IIASA）的综合评估框架（integrated assessment framework）和MESSAGE（model for energy supply strategy alternatives and their general environmental impact）模式建立的。与过去的情景比较，RCP8.5有两点重要改进：①建立了大气污染预估的空间分布图；②加强了对土地利用和陆面变化的预估。

4.4.2 耦合模式比较计划

1. 计划概述

由世界气候研究组织（WCRP）推动制定的耦合模式比较计划（CMIP），是一整套耦合地球系统或者气候系统模式的比较计划。该计划旨在通过比较模式的模拟能力来评价模式的性能，促进模式的发展，同时也为生态、水文、社会经济诸学科在气候变化背景下预估未来可能变化提供科学依据。CMIP 计划经历了 CMIP1、CMIP2、CMIP3、CMIP5、CMIP6 这 5 个阶段的发展，并已为模式研究提供了迄今为止时间最长、内容最为广泛的模式资料库。

耦合模式比较计划第一阶段（coupled model intercomparison project phase 1，CMIP1）对各模式模拟的地表气温评估指出，耦合模式整体性能得到很大提高，在没有使用通量订正的前提下，模式均能成功地模拟出较小的时间尺度变率，如季节循环。

耦合模式比较计划第二阶段（coupled model intercomparison project phase 2，CMIP2）引用 16 个模式模拟的地面气温场非常接近观测场，二者相关系数大都在 0. 95 以上；而气压场稍差，降水场的模拟问题较大。

耦合模式比较计划第三阶段（coupled model intercomparison project phase 3，CMIP3）对模式则有着更高的要求，希望各个参加比较计划的模式，可更加真实地模拟出 20 世纪的观测气候，以期使得模式可以更好地预估未来 21 世纪气候的变化。

耦合模式比较计划第五阶段（coupled model intercomparison project phase 5，CMIP5）的目的是：①判断由对碳循环及云有关的反馈了解不够而造成的模式差异的机制；②研究气候可预报性，开发预测年代尺度气候变化的模式；③确定为什么类似的强迫在不同的模式中得到不同的响应。CMIP5 的模式比较结果为 IPCC AR5 所采用。

耦合模式比较计划第六阶段（coupled model intercomparison project phase 6，CMIP6）的目的是回答当前气候变化领域面临的新的科学问题，为实现 WCRP "大科学挑战"（grand science challenges）计划所确立的科学目标提供数据支撑。WCRP 认为目前气候研究领域面临着数据短缺、科学认识不足、技术约束等挑战，重点关注那些需要国际合作协调，并为决策者提供可操作信息的优先研究领域，包括气候与冰冻圈（climate and cryosphere，CliC）计划、气候变率与可预报性（climate and ocean：variability，predictability and change，CLIVAR）计划、全球能量与水循环试验（global energy and water cycle exchanges，GEWEX）计划、平流层-对流层过程及其气候效应（stratosphere-troposphere processes and their role in climate，SPARC）计划等。

围绕着大挑战计划所关注的当前亟待解决的科学问题，CMIP6 在数值模拟科学试验的设计上着重于回答以下三大科学问题：①地球系统如何响应外强迫；②造成当前气候模式存在系统性偏差的原因及其影响；③如何在受内部气候变率、可预报性和情景不确定性影响的情况下对未来气候变化进行评估。CMIP6 是

CMIP 计划实施 20 多年来参与的模式数量最多、设计的科学试验最为完善、所提供的模拟数据最为庞大的一次（周天军等，2019），目前有来自全球 33 家机构的约 112 个气候模式版本注册参加。

2. CMIP6 的试验设计

CMIP6 为耦合模式比较计划提供了最新的数据源，其实验设计包括 3 部分：DECK（Diagnostic，Evaluation and Characterization of Klima；Klima 为 Climate 的希腊语）试验、历史模拟和子科学计划。

DECK 试验，即气候诊断、评估和描述试验。DECK 试验是 CMIP6 最为核心的试验，被称为 CMIP 计划的“准入证”，包含了 4 组基准试验：①全球大气环流模式（atmospheric model intercomparison project，AMIP）；②工业化前控制模拟，至少模拟 500 年（piControl）；③CO_2 浓度每年增加 1% 模拟，至少模拟 150 年（1pctCO_2）；CO_2 浓度增加 4 倍（4XCO_2）的模拟，至少模拟 150 年（abrupt4XCO_2）。

历史模拟，也是参加 CMIP6 的必做项目，即用 CMIP6 强迫进行历史模拟，时段为 1850 ~ 2014 年。

CMIP6 子科学计划。与前几次不同的是，CMIP6 在核心试验的基础上，批准了 23 个科学子计划及对应的数值试验，以解决“系统偏差、强迫响应、变率可预测性和未来情景”这三大科学主题。CMIP6 有 23 个子科学计划，这是各个模式选做的试验，主要是针对一些全球性的科学热点和焦点问题而制订的。CMIP6 的 23 个科学子计划见表 4. 1。

表 4. 1 CMIP6 的 23 个科学子计划列表

编号	名称	描述	版本
1	AerChemMIP	气溶胶和化学模式比较计划	1
2	C4MIP	耦合气候碳循环比较计划	1
3	CDRMIP	二氧化碳移除模式比较计划	1
4	CFMIP	云反馈模式比较计划	1
5	DAMIP	检测归因模式比较计划	1
6	DCPP	年代际气候预测计划	1
7	FAFMIP	通量距平强迫模式比较计划	1
8	GeoMIP	地球工程模式比较计划	1
9	GMMIP	全球季风模式比较计划	1
10	HighResMIP	高分辨率模式比较计划	1

续表

编号	名称	描述	版本
11	ISMIP6	冰盖模式比较计划	1
12	LS3MIP	陆面、雪和土壤湿度模式比较计划	1
13	LUMIP	土地利用模式比较计划	1
14	OMIP	海洋模式比较计划	1
15	PAMIP	极地放大模式比较计划	1
16	PMIP	古气候模式比较计划	1
17	RFMIP	辐射强迫模式比较计划	1
18	ScenarioMIP	情景模式比较计划	1
19	VolMIP	火山强迫的气候响应模拟比较计划	1
20	CORDEX	协同区域气候降尺度试验	1
21	DynVarMIP	平流层和对流层系统的动力学和变率	1
22	SIMIP	海冰模式比较计划	
23	VIACS AB	脆弱性、影响和气候服务咨询	

资料来源：https：//search. es-doc. org/？ project=cmip6and

3. CMIP6 情景模式比较计划（ScenarioMIP）

该试验中不同试验场景为不同 SSP（Shared Socioeconomic Pathway）与辐射强迫 RCP 的矩形组合。其设计目的是为未来气候变化机理研究以及气候变化减缓和适应研究提供关键的数据支持。核心试验 Tier-1 中未来试验场景的代号包括以下几种。

（1）SSP126：在 SSP1（低强迫情景）基础上对 RCP2. 6 情景的升级（辐射强迫在 2100 年达到 2. 6 W/m^2）。

（2）SSP245：在 SSP2（中等强迫情景）基础上对 RCP4. 5 情景的升级（辐射强迫在 2100 年达到 4. 5 W/m^2）。

（3）SSP370：在 SSP3（中等强迫情景）基础上新增的 RCP7. 0 排放路径（辐射强迫在 2100 年达到 7. 0 W/m^2）。

（4）SSP585：在 SSP5（高强迫情景）基础上对 RCP8. 5 情景的升级（SSP5 是唯一一个能使辐射强迫在 2100 年达到 8. 5 W/m^2 的 SSP 场景）。

4. 4. 3 耦合模式中的积雪模拟

研究表明，以 CMIP3 模式为主的气候模式对北半球积雪具备了一定的模拟能力，但是由于模式中对积雪、海冰等变化机理的处理均相对简单，对冰冻圈自身物理过程与气候系统有机耦合的考虑也不够全面，所用外强迫与实际强迫偏差较大，所以该模式模拟还存在明显的差距，尤其是在复杂地形的高原地区，该模式对积雪面积的年际变化模拟较差（Brown and Mote，2009；马丽娟等，2011；朱献和董文杰，2013）。

自 IPCC AR4 以来，积雪范围和消融模拟日益受到重视，主要是因为它们可以强反馈于气候变化。因此，CMIP5 比 CMIP3 在积雪范围模拟方面有所提高。然而，不同复杂程度的模型，在积雪范围模拟上的表现也会不同。利用北半球 5 个积雪站点与多模型对比实验表明（IPCC，2013b），大多数模型在裸地或者低矮植被上可以得与观测一致的结果，但森林站点的积雪模拟相互之间差异很大，主要是由于植被冠层和积雪之间的复杂相互作用尚难以正确描述。尽管如此，CMIP5 的多模式集合预报可以面向大尺度的积雪变化特征。尽管集合预报有不错的模拟性能，但各种模式在一些区域模拟的春季积雪覆盖范围差异很大。具体而言，各种模式可以再现北半球北部区域的积雪季节变化，但在中低纬度区域（主要是中国和蒙古国），积雪本身比较分散，难以准确模拟。此外，模式能再现北半球积雪范围与年均地表气温的线性关系，但是 CMIP3 和 CMIP5 均低估了最近观测到的春季积雪范围的减少率，主要是因为低估了北半球地表升温。

考虑到 CMIP3 在气候变化研究中已不具备优势，本节重点介绍基于 CMIP5 和新近发布的 CMIP6 的积雪模拟。

1. 模型列表

Mudryk 等（2020）列出了 CMIP5 和 CMIP6 模型中有积雪覆盖率（surface snow area fraction，SNC）、雪水当量（SNW）以及历史和未来情景下（RCP8.5 和 SSP5-8.5）地面空气温度（TAS）数据的模型，见表 4.2。这极大地方便了针对 CMIP6 积雪相关模拟的评估和应用。

表 4.2　CMIP5 和 CMIP6 中积雪模型列表

CMIP5 模型	可实现情景		CMIP6 模型	可实现情景	
	历史情景	RCP8.5		历史情景	SSP5-8.5
BCC-CSM1.1	3	1	BCC-CSM2-MR	3	1
BNU-ESM	1	1			
CanESM2	5	5	CanESM5	25	25
CMCC-CM	1	1			
CMCC-CMS	1	1			

续表

CMIP5 模型	可实现情景		CMIP6 模型	可实现情景	
	历史情景	RCP8. 5		历史情景	SSP5-8. 5
CCSM4	9	6			
CESM1-BGC	1	1	CESM2	11	2
CESM1-CAM5	3	3			
CESM1-WACCM	4	3	CESM2-WACCM	3	1
CNRM-CM5	10	5	CNRM-CM6-1	18	6
			CNRM-ESM2-1	5	5
CSIRO-Mk3. 6. 0	10	10			
			EC-Earth3	24	7
			EC-Earth3-Veg	4	3
FGOALS-g2	5	1	FGOALS-f3-L	3	1
			GFDL-ESM4	1	1
			GFDL-CM4	1	1
GISS-E2-H	6	2	GISS-E2-1-G	10	10
GISS-E2-R	6	2	GISS-E2-1-H	10	10
			HadGEM3-GC31-LL	4	4
INM-CM4	1	1			
			IPSL-CM6A-LR	32	6
MIROC5	5	5	MIROC6	10	3
MIROC-ESM	3	1	MIROC-ES2L	3	1
MIROC-ESM-CHEM	1	1			
MPI-ESM-MR	3	1	MPI-ESM1-2-HR	10	1
MRI-CGCM3	3	1			
MRI-ESM1	1	1	MRI-ESM2-0	5	1
NorESM1-M	3	1	NorESM2-LM	3	1
NorESM1-ME	1	1			
			UKESM1-0-LL	9	5

资料来源：Mudryk et al.，2020

2. 积雪模拟结果

现阶段，基于 CMIP5 和 CMIP6 模式的结果广泛应用于积雪变化研究中（Brutel-Vuilmet et al.，2013；Mudryk et al.，2020；陆桂华等，2014；马丽娟等，2011；夏坤和王斌，2015；朱献和董文杰，2013）。基于 CMIP5 的模型模拟，Brutel-Vuilmet 等（2013）对比了模型模拟结果和实测遥感数据，发现两者在高纬度积雪覆盖率较高的地方存在较高的相似性，但是在中低纬度地区，尤其是青藏高原，模型模拟结果和实测结果差异悬殊，其相似性低于 0.2，见图 4.9。

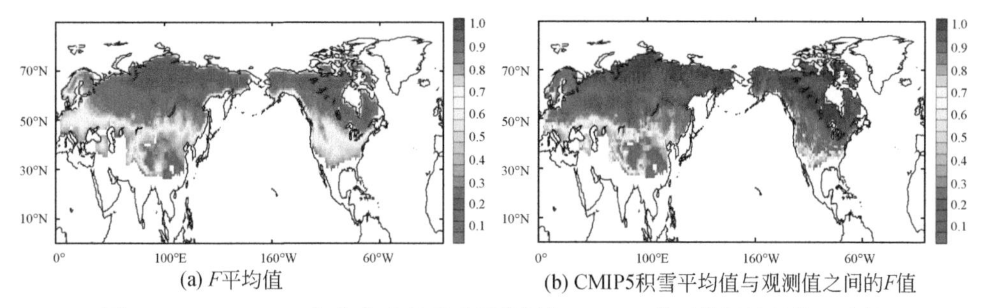

(a) F平均值　　(b) CMIP5积雪平均值与观测值之间的F值

图 4.9　1979 ~ 2005 年北半球积雪观测数据与 CMIP 5 模型模拟结果的一致性

资料来源：Brutel-Vuilmet et al.，2013

未来场景下，北半球积雪的变化趋势很大程度上依赖于气温升高幅度。相对于 1986 ~ 2005 年的基准值，在 21 世纪末（2080 ~ 2099 年）北半球 3 ~ 4 月积雪面积的平均减少幅度为 RCP2.6 场景下的（7.2 ± 3.8）% 到 RCP8.5 场景下的（24.7±7.4）%，见图 4.10。依据 CMIP5 的模拟结果，在未来几十年里，北半球春季积雪面积的减少趋势将持续下去。在 2016 ~ 2035 年，模型预测 RCP4.5 的北半球 3 ~ 4 月积雪面积将减少（5.4±2.0）%。在 RCP2.6 情景下，北半球积雪面积减少的趋势在 2030 年左右开始趋于平稳，而在 RCP8.5 情景下，这一趋势会持续加速，直到 21 世纪末才会放缓。

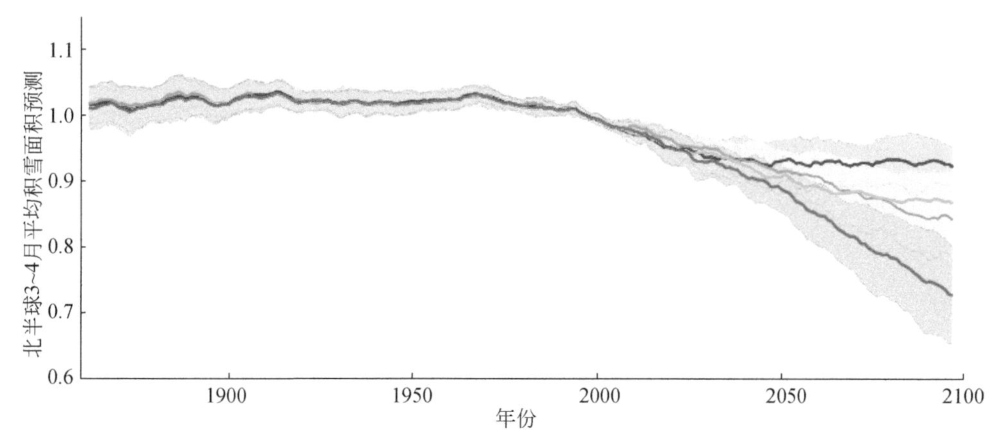

图 4.10　基于 CMIP5 多模型预测的不同场景下北半球 3 ~ 4 月积雪面积变化趋势

RSCE 指的是预测值减去 1986 ~ 2005 年平均值，蓝色代表 RCP2.6，绿色代表 RCP4.5，黄色代表 RCP6.0，红色代表 RCP8.5

资料来源：Brutel-Vuilmet et al.，2013

由于气温快速升高，北半球积雪面积下降的幅度在增加。根据 IPCC AR5 报告，自 20 世纪中叶以来，北半球积雪范围已缩小。Derksen 和 Brown（2012）研究发现，在 1967 ~2012 年，北半球 4 月平均积雪范围每 10 年缩小 1.6%（0.8% ~2.4%），6 月每 10 年缩小 11.7%（8.8% ~14.6%）。与 NOAA CDR 积雪面积相比，北半球春季积雪面积的减少趋势已超过了 CMIP5 预测值，见图 4.11。

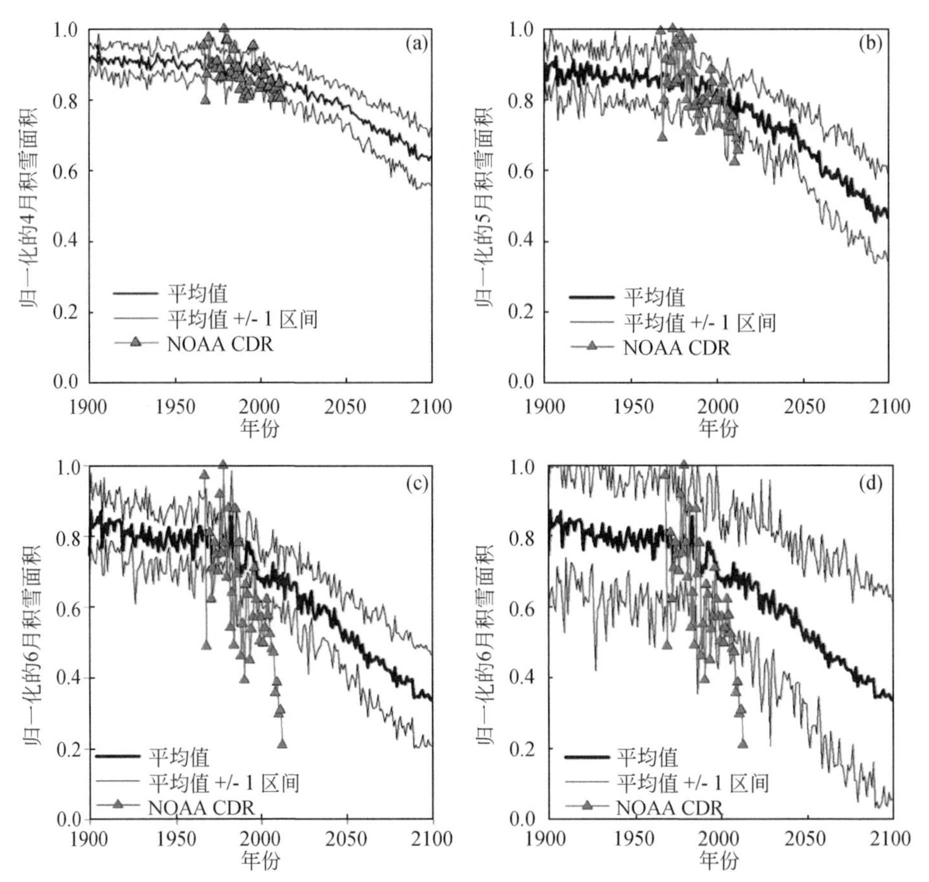

图 4.11　基于 CMIP5 多模型模拟的北半球 4 月（a）、5 月（b）和 6 月（c）积雪面积与 NOAA CDR 积雪遥感观测结果的对比，以及将 CMIP5 多模型模拟得到的 6 月积雪面积均值乘以 2.18 后与 NOAA CDR 观测结果的对比（d）

资料来源：Derksen and Brown，2012

基于卫星观测数据，朱献和董文杰（2013）评估了 23 个 CMIP5 耦合模式对北半球 3 ~4 月积雪面积的模拟能力，在此基础上应用多模式集合平均结果，预估了未来不同温室气体排放情景下北半球 3 ~4 月积雪面积的变化情况。结果表明：整体上看，CMIP5 耦合模式对北半球 3 ~4 月积雪面积具有一定的模拟能力，模式基本能再现北半球3～4月积雪面积的分布特征，但对高原等复杂地形地区积雪的模拟偏差较大并且低估了北半球积雪的减少趋势。此外，多模式集合预估结果表明，未来几十年北半球3～4月积雪将继续减少并且集中发生在欧亚大陆中西部地区。

CMIP6修正了CMIP5对积雪的低估现象，Mudryk等（2020）等对比分析了CMIP6和CMIP5中积雪面积覆盖范围，春季（3～4月）、秋季（10～12月），尤其是在青藏高原地区，见图4.12和图4.13。研究发现，CMIP6多模式综合集成

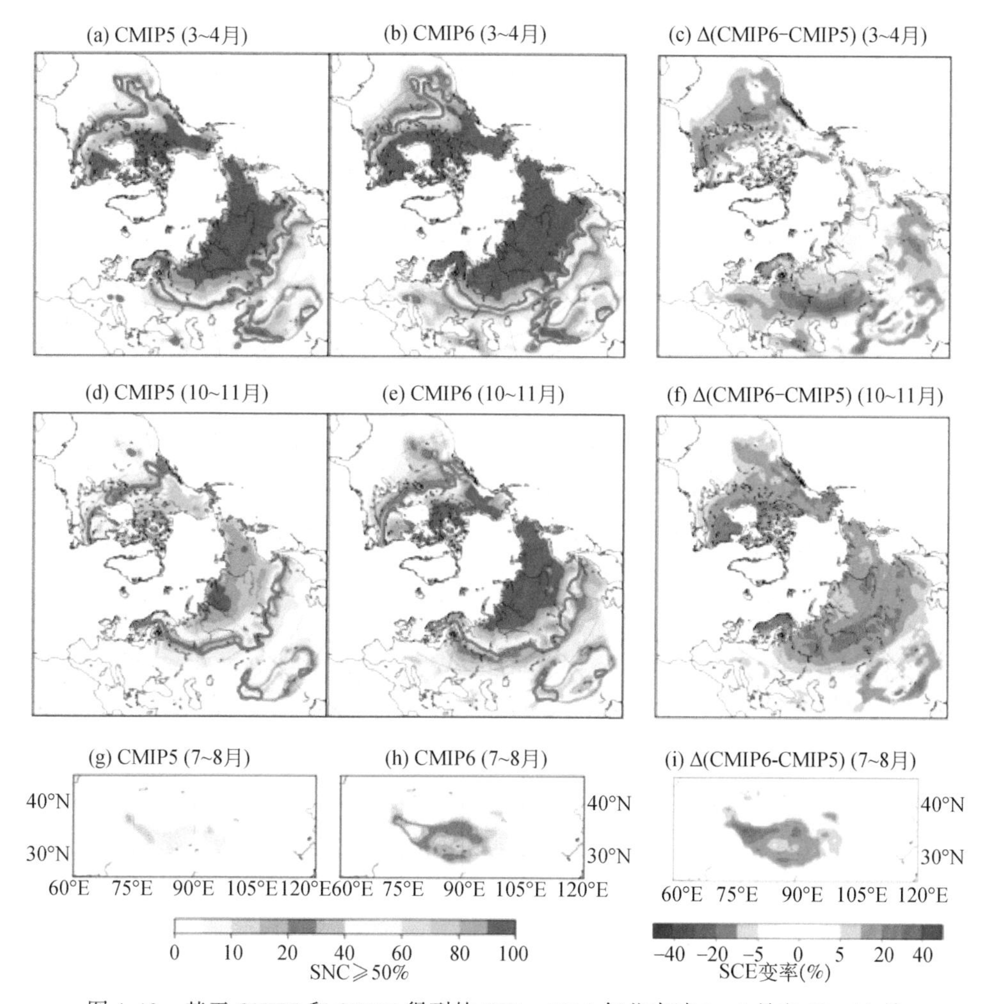

图4.12　基于CMIP5和CMIP6得到的1981～2014年北半球3～4月和10～11月积雪覆盖率大于50%的像元

相同时间内，由NOAA CDR得到的积雪覆盖率大于50%的积雪范围用粉色表示。基于CMIP5（g）和CMIP6（h）得到1981～2014年亚洲高山区7～8月积雪覆盖率大于50%的像元。CMIP6与CMIP5之间的差值见（c）、（f）和（i）

资料来源：Mudryk et al.，2020

较好地反映了 1981 ~ 2014 年的积雪覆盖面积，修正了 CMIP5 对积雪面积的低估现象。与 CMIP5 相比，基于 CMIP6 的 1981 ~ 2014 年北半球积雪面积变化趋势更加显著。同时，北半球积雪覆盖面积与全球地表气温存在线性相关关系，这一关系在所有的 CMIP6 未来情景模式下都呈现统计显著相关性。该现象表明，全球地表温度每升高 1℃，北半球春季积雪覆盖范围将减少 8% 左右。北半球积雪对气温强迫的敏感性在很大程度上说明，北半球积雪与冻土、北极海冰等对气候变化反映敏感的因子类似，其变化并不依赖于未来气候变化路径。

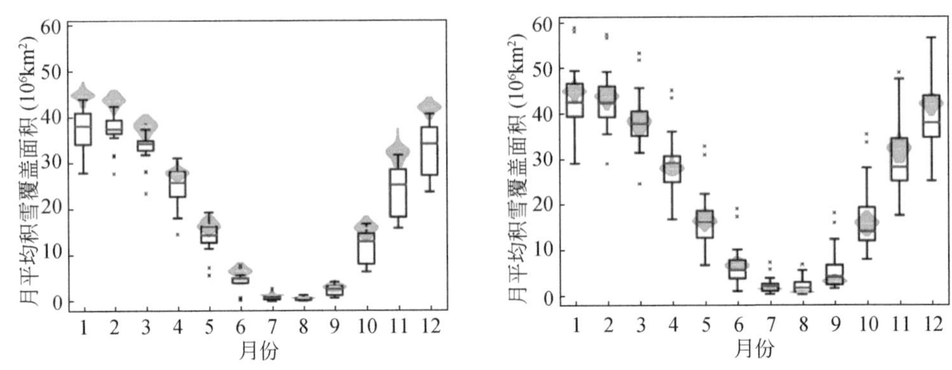

图 4.13 基于 CMIP5（a）和 CMIP6（b）模拟得到的 1981 ~ 2014 年北半球月平均积雪覆盖面积

绿色的小提琴（黄色条形表示年中值）代表观测到的年际分布

资料来源：Mudryk et al.，2020

综上，在 IPCC 考虑的排放情景下，北半球春季积雪范围在 21 世纪积雪减少的可能性非常大。不管是 CMIP5 还是 CMIP6 都模拟出全球升温背景下北半球积雪面积显著减少的趋势。与 CMIP5 相比，CMIP6 在积雪模拟的精度上有所提升，与观测值更为接近。但是，由于当前模型对雪的各种过程存在强烈简化，CMIP5 和 CMIP6 对积雪的模拟结果离散度较大，这一现象在 CMIP6 中依然没有改进。因此，基于模型模拟的积雪变化结果只能作为决策参考，其减少幅度仅具有中等信度（medium confidence）。

4.4.4 积雪变化预估的不确定性分析

全球气候模式正日益成为研究当前气候特征和现象、了解过去气候演变规律及预估未来气候变化不可替代的、最具潜力的工具。气候模式已被广泛运用于全球和区域未来气候变化的研究中。未来情景的不确定性、气候系统内部的自然变率的不确定性和表征气候过程的不确定性是造成气候预测预估不确定性的主要来源。

1. 模型模拟的不确定性分析

由于气候系统的复杂性和对气候系统的有限认知，现阶段气候变化预估还存在很大的不确定性，这一不确定性广泛存在于气候系统观测、气候变化的检测和归因以及未来气候变化预估等多个方面。

就积雪在内的冰冻圈预估的不确定性而言，大体可归结为：①观测信息的匮乏。用于冰冻圈预估的气候系统/地球系统模式需要利用空间和时间足够充分的观测资料进行约束和评估，但在20世纪70年代发展起来的卫星观测技术手段之前，对冰冻圈许多要素的系统性观测数据非常缺乏；即使在目前，冰冻圈一般处于高纬度和高海拔地区，远离人居，因此对冰冻圈某些要素的观测依然是空白，覆盖度、准确率和精确性问题依然较为严重，很难量化全球和区域相关要素或指标的长期趋势和短期变率。②冰冻圈过程和机制认识不足。例如，冰川冰盖消融作用的量化分等。③气候系统/地球系统模式的模拟性能还需要进一步提高，冰冻圈模式的模拟能力也需进一步改进。例如，模式中包含的气候系统要素不完备，依靠目前的模式还不能分析造成南极冰盖和格陵兰岛冰盖发生的巨大、迅速、动力变化的关键过程的原因，模式分辨率依然是研究区域气候变化及其归因的制约因素之一，模式模拟内部气候变率的不确定性仍然制约着归因研究的某些方面。④排放情景的不确定性。未来温室气体和气溶胶等人为影响因子的假定，会直接影响到未来气候变化预估结果。当前在气候变化预估研究中，为降低预估结果的不确定性，多采用多模式集合预估的方式，一般认为要优于单个模式的预估效果。

2. 耦合模式中积雪模拟的不确定性分析

针对耦合模式中的积雪模拟而言，现阶段积雪模型的发展仍然存在一些困难和挑战，具体表现在以下几个方面（秦大河，2017）：

（1）积雪反照率的参数化。积雪的表面反照率决定了能量平衡，其精确参数化对融雪模拟至关重要。雪面反照率受到诸多因素的影响，其中主要包括新雪覆盖厚度、雪龄老化、云对太阳光谱的改变、太阳高度角、下垫面反照率等。目前的参数化方案往往只考虑了部分主要因素，致使模拟的反照率有偏差，或者不能反映日变化，或者变化过于剧烈等。

（2）湍流传热的参数化。近积雪表面大气以稳定条件下的弱湍流为基本特征，相对于充分发展湍流而言，对弱湍流的观测和理论认识尚很有限。目前，研究人员多借助湍流通量的整体输送公式之简化形式，即忽略大气稳定度对整体输送系数的影响且假设动力学与热力学粗糙度为同一常数，间接获取冰面热通量。

然而，观测研究证实两种粗糙度并非等同，而是湍流特征尺度的函数。一些评估显示基于裸地或者矮小植被表面观测资料发展的传热方案可能适用于积雪湍流传热模拟，但由于对冰雪界面湍流通量的观测分析很少，已有方案仍需广泛评估。

（3）对降水类型的判断。降雨和降雪对地表能量平衡和径流产生起着近乎相反的作用。降雨可以减小反照率，增加短期径流；降雪显著增加反照率，减弱雪面能量平衡，从而减小短期径流。尽管降水类型极其重要，但目前的常规观测资料往往只有降水量，而缺乏降雪观测。因此，模型使用者往往以温度作为判断雨雪的指标，但降水类型还依赖于水汽含量和海拔等。当空气比较干燥时，降水类型以雨和雪两种类型为主，不易形成雨夹雪，只需要一个临界温度区别雨雪，该临界温度取决于海拔。当空气比较湿润时，容易形成雨夹雪，需要两个临界温度区分 3 种降水类型，临界温度取决于水汽含量和海拔。

（4）对积雪量的校正。由于受到地形、风速和观测手段等的影响，降雪量观测值往往严重偏低。这可能是水文模型中积雪消融往往比实际消融时间提前的原因。引进卫星观测的积雪范围变化信息可有效校正现有的地面降雪观测数据，从而提高对春季融雪径流的预报精度。

4.5 小　　结

积雪作为冰雪圈的重要组成，在气候系统中扮演着重要的角色，同时也是我国春季汛期径流和降水的重要影响因子之一。准确地监测北半球、欧亚大陆及青藏高原等地区的积雪状况，对于提高气候预测水平具有重要意义。利用多源积雪面积遥感数据，本章对北半球、我国和青藏高原地区的积雪面积变化研究进行归纳。本章的主要发现如下。

（1）北半球积雪面积变化的空间特征：北半球积雪面积整体上呈现下降趋势。与北美洲相比，北半球积雪面积变化主要体现在欧亚大陆部分。

（2）北半球积雪面积变化的季节性特征：秋季与冬季积雪面积略有上升，春夏两季积雪面积减幅较大，积雪年内变化明显。

（3）现有积雪遥感产品众多，但在具体应用中存在诸多局限，需要依据研究目的，进行积雪数据时空尺度的拓展研究。在提高积雪数据可用性和精度的同时，进一步提高积雪研究的可信度。受数据源、研究时间段、数据质量等各种因素的影响，不同研究结果之间的可比性较差，北半球积雪面积的时空变化特征还不明朗。尤其是，部分地区的积雪面积时空变化结果呈现较大差异，这使得北半球积雪变化研究结果的可信度受到质疑和挑战。

（4）依据 CMIP5 和 CMIP6 多模型模拟结果，北半球春季积雪面积持续减少的趋势将持续下去，这一趋势不受任何单一场景的限制。由于气候系统的复杂性和对气候系统的有限认知，现阶段对北半球积雪面积变化趋势的预估还存在很大的不确定性，不同模型间的预测结果离散度高。为降低预估结果的不确定性，一般采用多模式集合预估的方式，以避免单一模型不确定性带来的误差。

参考文献

曹梅盛 . 1995. 青藏高原 NOAA-NESDIS 数字化积雪监测的评价 [J]. 冰川冻土，17：299-302.

车涛，郝晓华，戴礼云，等 . 2019. 青藏高原积雪变化及其影响 [J]. 中国科学院院刊，34：1247-1253.

邓海军，陈亚宁 . 2018. 中亚天山山区冰雪变化及其对区域水资源的影响 [J]. 地理学报，73：1309-1323.

刘洵，金鑫，柯长青 . 2014. 中国稳定积雪区 IMS 雪冰产品精度评价 [J]. 冰川冻土，36：500-507.

陆桂华，杨烨，吴志勇，等 . 2014. 未来气候情景下长江上游区域积雪时空变化分析——基于 CMIP5 多模式集合数据 [J]. 水科学进展，25：484-493.

马丽娟，罗勇，秦大河 . 2011. CMIP3 模式对未来 50a 欧亚大陆雪水当量的预估 [J]. 冰川冻土，33：707-720.

秦大河 . 2017. 冰冻圈科学概论 [M]. 北京：科学出版社 .

邵全琴，刘国波，李晓东，等 . 2019. 三江源区 2019 年春季雪灾及草地畜牧业雪灾防御能力评估 [J]. 草地学报，27：1317-1327.

沈斌，房世波，高西宁，等 . 2011. 基于 MODIS 的雪情监测及其对农业的影响评估 [J]. 中国农业气象，32：129-133.

施雅风，张祥松 . 1995. 气候变化对西北干旱区地表水资源的影响和未来趋势 [J]. 中国科学 B 辑，25：968-977.

夏坤，王斌 . 2015. 欧亚大陆积雪覆盖率的模拟评估及未来情景预估 [J]. 气候与环境研究，20：41-52.

张宁丽，范湘涛，朱俊杰 . 2012. 基于 MODIS 雪产品的北半球积雪时空分布变化特征分析 [J]. 遥感信息，27：28-34.

郑思嘉，于晓菲，栾金花，等 . 2018. 季节性冻土区积雪的生态效应 [J]. 土壤与作物，7：389-398.

周天军，邹立维，陈晓龙 . 2019. 第六次国际耦合模式比较计划 CMIP6 评述 [J]. 气候变化研究进展，15：445-456.

周咏梅，贾生海，刘萍 . 2001. 利用 NOAA-AVHRR 资料估算积雪参量 [J]. 气象科学，21：117-121.

朱献，董文杰 . 2013. CMIP5 耦合模式对北半球 3 ~ 4 月积雪面积的历史模拟和未来预估 [J]. 气候变化研究进展，9：173-180.

Bokhorst S, Bjerke J, Tømmervik H, et al. 2009. Winter warming events damage sub- Arctic vegetation: consistent evidence from an experimental manipulation and a natural event [J]. Journal of Ecology, 97: 1408-1415.

Brown R, Derksen C, Wang L. 2010. A multi- data set analysis of variability and change in Arctic spring snow cover extent, 1967- 2008 [J]. Journal of Geophysical Research: Atmospheres, 115: D16111.

Brown R, Mote P. 2009. The Response of Northern Hemisphere Snow Cover to a Changing Climate [J]. Journal of Climate, 22: 2124-2145.

Brown R, Robinson D. 2011. Northern Hemisphere spring snow cover variability and change over 1922-2010 including an assessment of uncertainty [J]. The Cryosphere, 5: 219-229.

Brutel-Vuilmet C, Ménégoz M, Krinner G. 2013. An analysis of present and future seasonal Northern Hemisphere land snow cover simulated by CMIP5 coupled climate models [J]. The Cryosphere, 7: 67-80.

Chen X, Liang S, Cao Y, et al. 2015. Observed contrast changes in snow cover phenology in northern middle and high latitudes from 2001-2014 [J]. Scientific Reports, 5: 16820.

Chen X, Liang S, Cao Y, et al. 2016b. Distribution, attribution, and radiative forcing of snow cover changes over China from 1982 to 2013 [J]. Climatic Change, 137: 363-377.

Chen X, Liang S, Cao Y. 2016a. Satellite observed changes in the Northern Hemisphere snow cover phenology and the associated radiative forcing and feedback between 1982 and 2013 [J]. Environmental Research Letters, 11: 084002.

Chen X, Yang Y. 2020. Observed earlier start of the growing season from middle to high latitudes across the Northern Hemisphere snow- covered landmass for the period 2001- 2014 [J]. Environmental Research Letters, 15: 034042.

Choi G, Robinson D, Kang S. 2010. Changing Northern Hemisphere snow seasons [J]. Journal of Climate, 23: 5305-5310.

Cohen J, Furtado J, Barlow M, et al. 2012. Arctic warming, increasing snow cover and widespread boreal winter cooling [J]. Environmental Research Letters, 7: 014007.

Connolly R, Connolly M, Soon W, et al. 2019. Northern Hemisphere snow-cover trends 1967—2018: A comparison between climate models and observations [J]. Geosciences, 9: 135.

Derksen C, Brown R. 2012. Spring snow cover extent reductions in the 2008-2012 period exceeding climate model projections [J]. Geophysical Research Letters, 39: L19504.

Estilow T, Young A, Robinson D. 2015. A long- term Northern Hemisphere snow cover extent data record for climate studies and monitoring [J]. Earth System Science Data, 7: 137-142.

Flanner M, Shell K, Barlage M, et al. 2011. Radiative forcing and albedo feedback from the North-ernHemisphere cryosphere between 1979 and 2008 [J]. Nature Geoscience, 4: 151-155.

Frei A, Tedesco M, Lee S, et al. 2012. A review of global satellite- derived snow products [J]. Advances in Space Research, 50: 1007-1029.

Huang X, Hao X, Feng Q, et al. 2014. A new MODIS daily cloud free snow cover mapping algorithm on the Tibetan Plateau [J]. Sciences in Cold and Arid Regions, 6: 0116-0123.

IPCC. 2013a. Climate Change 2013：The Physical Science Basis. Contribution of Working Group I to the Fifth Assessment Report of the Intergovernmental Panel on Climate Change [M]. Cambridge：Cambridge University Press.

IPCC. 2013b. Climate Change 2013：The Physical Science Basis. Contribution of Working Group I to the Fifth Assessment Report of the Intergovernmental Panel on Climate Change [M]. Cambridge：Cambridge University Press.

IPCC. 2014. Climate change 2014：impacts，adaptation，and vulnerability. Part A：global and sectoral aspects. Contribution of working group II to the fifth assessment report of the intergovernmental panel on climate change [M]. Cambridge：Cambridge University Press.

Jane Q. 2008. China：The third pole [J]. Nature，454：393-396.

Jane Q. 2016. Trouble in Tibet [J]. Nature，529：142-145.

Jiang Y，Chen F，Gao Y，et al. 2019. Using multisource satellite data to assess recent snow-cover variability，uncertainty in the Qinghai- Tibet Plateau [J]. Journal of Hydrometeorology，20，1293-1306.

Kosaka Y，Xie S. 2013. Recent global- warming hiatus tied to equatorial Pacific surface cooling [J]. Nature，501：403-407.

Li W，Qiu B，Guo W，et al. 2019. Intraseasonal variability of Tibetan Plateau snow cover [J]. International Journal of Climatology. DOI：10. 1002/joc. 6407.

Liu J，Chen R. 2011. Studying the spatiotemporal variation of snow- covered days over China based on combined use of MODIS snow- covered days and in situ observations [J]. Theoretical and Applied Climatology，106：355-363.

Maskey S，Uhlenbrook S，Ojha S. 2011. An analysis of snow cover changes in the Himalayan region using MODIS snow products and in- situ temperature data [J]. Climatic Change，108：391-400.

McCabe G，Wolock D. 2009. Long- term variability in Northern Hemisphere snow cover and associations with warmer winters [J]. Climatic Change，99：141-153.

Mudryk L，Santolaria- Otín M，Krinner G，et al. 2020. Historical Northern Hemisphere snow cover trends and projected changes in the CMIP6 multi- model ensemble [J]. The Cryosphere，14：2495-2514.

Niittynen P，Heikkinen R，Luoto M. 2018. Snow cover is a neglected driver of Arctic biodiversity loss [J]. Nature Climate Change，8：997-1001.

Qin D，Liu S，Li P. 2006. Snow cover distribution，variability，and response to climate change in Western China [J]. Journal of Climate，19：1820-1833.

Qu X，Hall A. 2014. On the persistent spread in snow-albedo feedback [J]. Climate Dynamics，42，69-81.

Richard K. 2015. Can Northern Snow Foretell Next Winter's Weather? [J]. Science，300：1865-1866.

Shi Y，Gao X，Wu J，et al. 2011. Changes in snow cover over China in the 21st century as simulated by a high resolution regional climate model [J]. Environmental Research Letters，6：045401.

Song L, Wu R. 2019. Intraseasonal snow cover variations over Western Siberia and associated atmospheric processes [J]. Journal of Geophysical Research: Atmospheres, 124: 8994-9010.

Steiger R, Scott D, Abegg B, et al. 2017. A critical review of climate change risk for ski tourism [J]. Current Issues in Tourism, 22: 1343-1379.

Toure A, Reichle R, Forman B, et al. 2018. Assimilation of MODIS snow cover fraction observations into the NASA catchment land surface model [J]. Remote Sensing, 10: 316.

Wang A, Xu L, Kong X. 2018. Assessments of the Northern Hemisphere snow cover response to 1.5 and 2.0℃ warming [J]. Earth System Dynamics, 9: 865-877.

Wang M, Jia X, Ge J, et al. 2019. Changes in the Relationship Between the Interannual Variation of Eurasian Snow Cover and Spring SAT Over Eastern Eurasia [J]. Journal of Geophysical Research: Atmospheres, 124: 468-487.

Wei Y, Wang S, Fang Y, et al. 2017. Integrated assessment on the vulnerability of animal husbandry to snow disasters under climate change in the Qinghai-Tibetan Plateau [J]. Global and Planetary Change, 157: 139-152.

Xie G, Zhang C, Zhang L, et al. 2012. China's county scale ecological regionalization [J]. Journal of Natural Resources, 27: 154-162.

Yang Q, Cui C, Sun C, et al. 2008. Snow cover variation in the past 45 years 1959-2003 in the Tianshan Mountains, China [J]. Advances in Climate Change Research. supplementary, 4: 13-17.

Zakharova E, Kouraev A, Biancamaria S, et al. 2011. Snow cover and spring flood flow in the Northern Part of Western Siberia the Poluy, Nadym, Pur, and Taz Rivers [J]. Journal of Hydrometeorology, 12: 1498-1511.

Zeng H, Jia G. 2013. Impacts of snow cover on vegetation phenology in the Arctic from satellite data [J]. Advances in Atmospheric Sciences, 30: 1421-1432.

Zhang S, Shi C, Shen R, et al. 2019a. Improved assimilation of fengyun-3 satellite-based snow cover fraction in Northeastern China [J]. Journal of Meteorological Research, 33: 960-975.

Zhang T, Wang T, Krinner G, et al. 2019b. The weakening relationship between Eurasian spring snow cover and Indian summer monsoon rainfall [J]. Science Advances, 5: eaau8932.

第5章　北半球积雪物候时空变化

积雪物候是积雪面积的季节性变化特征，与积雪面积变化的时间、范围和程度息息相关。本章着重介绍北半球长时序积雪物候变化特征，共4节。5.1节，概述北半球积雪面积和物候研究现状、背景与意义；5.2节，介绍基于站点数据的北半球积雪物候研究；5.3节，介绍基于遥感北半球长时间序列积雪物候变化特征；5.4节，介绍基于多源数据融合的北半球积雪物候研究；5.5节，为本章小结。受模拟数据确定性的影响，模拟数据较少应用于积雪物候的研究。本章重点介绍基于站点观测数据和基于遥感数据的北半球积雪物候研究。

受模拟数据不确定性的影响，基于模型模拟的积雪数据较少应用于积雪物候的研究。因此，本章重点关注基于站点数据和基于遥感观测的北半球积雪物候研究。

5.1　积雪物候及其重要性概述

物候，是指生物长期适应光照、降水、温度等条件的周期性变化，形成与此相适应的生长发育节律，这种现象称为物候现象，主要指动植物的生长、发育、活动规律与非生物的变化对节候的反应。对应于生态学中物候的概念，在积雪研究中通常将积雪出现至积雪消失的过程成为积雪物候，其主要指标包括积雪初雪日 D_o、积雪终雪日 D_e与积雪持续时间 D_d等。

5.1.1　积雪物候的定义

因为积雪对气温变化的高度敏感性，北半球积雪还具有显著的季节性变化规律。一般而言，水文年内积雪可分为积雪累积期和积雪消融期。依据积雪的年内变化规律，研究者通常将9月至次年2月定义为积雪累积期，3~8月为积雪消融期（Chen et al. 2015）。依据北半球积雪的年内变化规律，研究者通常以9月至次年8月作为一个积雪循环的水文年。参照Ma等（2020）的研究，一般意义上的积雪物候定义见图5.1。

其中，在给定年份（t），积雪初雪日 D_o指的是累积期积雪初次出现的时间；

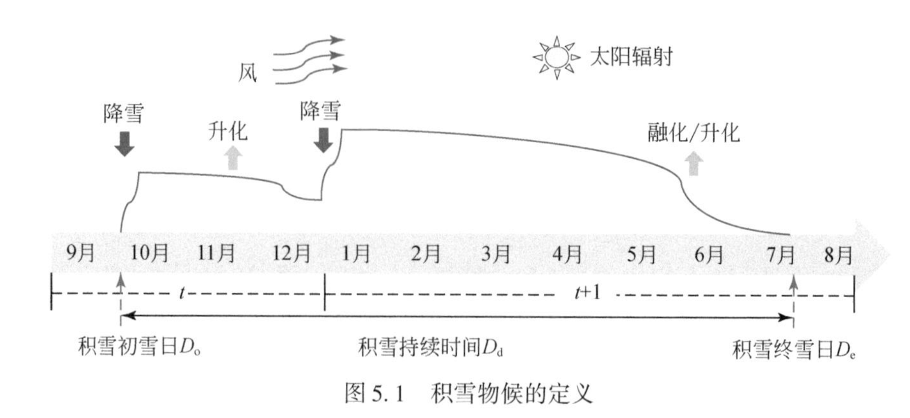

图 5.1　积雪物候的定义

积雪终雪日 D_e指的是消融期积雪完全融化的时间（t+1 年）；积雪持续时间 D_d指的是从积雪初雪日到积雪终雪日之间的天数。

5.1.2　积雪物候研究的重要性

积雪物候依赖于积雪面积的季节性变化，与积雪面积变化的时间、范围和程度息息相关。已有研究表明，北半球积雪面积在全球气温变暖的背景下迅速减少（Brown et al.，2010；Brown and Robinson ，2011；Déry and Brown，2007；Derksen and Brown，2012），尤其是在春夏两季。依据 IPCC 对气候变化的预测，伴随着北半球的升温和积雪对气候系统的正反馈作用（Brown et al.，2010；Brown and Robinson ，2011；Flanner et al.，2011；Groisman et al.，1994），北半球积雪面积减少的趋势还将持续下去（Brown and Robinson ，2011；IPCC，2013）。作为对北半球积雪面积快速减少的响应，北半球积雪物候也发生了显著变化，包括半球和区域尺度上积雪持续时间 D_d减短（Choi et al.，2010；Whetton et al.，1996），春季积雪融化时间和终雪日 D_e提前（Wang et al.，2013）等。

积雪物候是全球气候系统变化的重要标识，积雪与陆生态系统间密切的关系决定了积雪物候的一系列变化将对陆地生态系统产生显著影响（Henderson and Leathers，2009；Trishchenko and Wang ，2017；秦大河，2017）。因积雪融化时间的提前和积雪覆盖面积的减少，大部分植被呈现生长季延长、花期提前等现象：积雪变化导致土壤有效水分的减少和土壤温度的升高，进一步造成寒区植被群落组成和物种多样性发生显著变化；而植物生长季延长使得植被生产力有所提高，增加了寒区植被的碳吸收能力。但在近期观测到的事实表明，随积雪覆盖持续减小，植被生产力萎缩，碳吸收能力也趋于下降。在动物方面，积雪融化时间提前和温度升高，导致大量无脊椎动物的生活周期改变，如冬眠缩短；因植被花期提前和花期缩短，导致花间动物物种减少；部分无脊椎动物如蜘蛛等，出现明显的表型变异；脊椎动物也会对积雪变产生显著响应，如因食物链发生变化，部分动物生物周期改变以及部分物种数量先增加后减少等。积雪对陆地生态系统的影响大致可以汇总如表 5.1 所示。

表 5.1　积雪变化对陆地生态系统的影响分类

项目	观测到的变化	驱动因素
植被变化	大部分物种花期物候提前	积雪融化时间、温度
	植被群落组成和物种多样性显著改变	积雪（有效水分）、温度
生长季节	萌芽期提前，生长季节延后	积雪融化时间、温度
	初期碳吸收增加，但近期出现吸收水平下降	积雪融化时间、温度
	沼泽湿地初级生产力增加	温度、CO_2肥效
无脊椎动物群	大部分种群出现物候提前	积雪融化时间、温度
	花期缩短导致花间动物物种减少	积雪融化时间、温度
	蜘蛛类群出现气候驱动的表型变异	积雪融化时间
脊椎动物群	整个捕食链的级联效应促使北极小旅鼠生活周期衰落	积雪
	岸禽鸟类筑巢时期变化	积雪融化时间
	麝香牛种群数量增加后出现下降	积雪融化时间、温度

资料来源：秦大河，2017

研究表明，在高海拔地区，积雪持续时间 D_d 很大程度上决定了植被的生长期（Keller et al., 2005），并可能通过积雪–反照率反馈机制对近地表气温产生影响（Qu and Hall，2014；Singh et al., 2015）。春季积雪消融时间与受积温影响的若干生物过程相关，如植被返青、开花和动物迁移等（Bokhorst et al., 2009）。此外，雪季的长短变化与地表水文过程也密切相关，尤其在依靠融雪水补给的流域（Andreadis and Lettenmaier ，2006；Qian et al., 2011）。

受积雪对土壤水热状态的影响，积雪物候对植被的生长与季节变化尤其明显。一方面，积雪的存在增加了地表的反射太阳辐射的能力，从而减少了地表对太阳辐射的吸收，使积雪表层的温度比气温低。另一方面，由于积雪的热导率低，冬季积雪可以防止土壤热量散逸，使土壤温度高于气温，利于植被生长。我国农谚“冬天麦盖三层被，来年枕着馒头睡”指的就是这一现象。但已有研究发现，积雪的这种保温作用取决于积雪厚度及其稳定性，厚度较薄而不稳定的积雪主要起降温作用，稳定积雪形成越早，则其保温作用越明显（Bokhorst et al., 2009）。

5.2 基于站点数据的北半球积雪物候研究

与遥感数据相比，站点数据更能代表区域积雪物候变化的真实情况。本节重点介绍基于站点数据的北半球积雪物候分布特征，包括北半球整体、中国区域以及典型地区青藏高原和天山的积雪物候研究结果。

5.2.1 北半球站点积雪物候及变化

本节参照 Peng 等（2013）的研究，介绍基于站点数据的 1979～2006 年北半球积雪物候时空分布特征及其对气候变化的响应。

1. 数据源

本书第 3 章介绍了 GHCN、ECA&D 和中国的站点积雪深度观测数据集。除上述数据集意外，加拿大国家气象局和俄罗斯研究所水文气象信息–世界数据中心（Russian Research Institute of Hydrometeorological Information World Data Center, RIHMI-WDC）（Bulygina et al., 2011）也进行了 1979～2006 年北半球积雪物候的变化研究，见表 5.2。

表 5.2　1979～2006 年北半球积雪物候研究所使用的站点

空间覆盖范围	时间范围	时间分辨率	站点数	来源/参考文献
中国	1979～2006 年	日	108	CMA
欧洲	1979～2006 年	日	108	European Climate Assessment and Dataset
俄罗斯	1979～2006 年	日	89	RIHMI-WDC（Bulygina et al., 2011）
加拿大	1979～2006 年	日	130	National Climate Data and Information Archive of Environment Canada http://climate. weatheroffice. gc. ca/prods servs/index e. html
美国	1979～2006 年	日	201	United States Historical Climatology Network http://cdiac. ornl. gov/epubs/ndp/ushcn/ushcn. html

资料来源：Peng et al., 2013

2. 积雪物候的时空变化

基于上述 636 个积雪深度站点数据，计算得到的 1980～2006 年北半球 27 年平均初雪日 D_o、终雪日 D_e 和积雪持续时间 D_d 空间分布情况，见图 5.2。

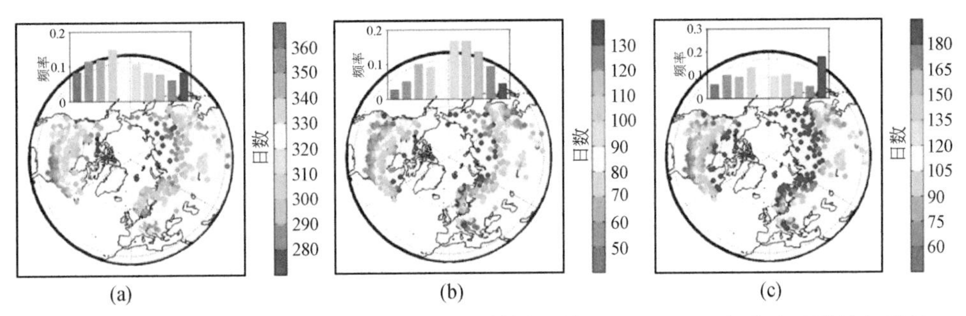

图 5.2 由 636 个北半球积雪深度观测站点计算得到的 1980 ~ 2006 年北半球平均初雪日 D_o（a）、终雪日 D_e（b）和积雪积雪持续时间 D_d（c）空间分布格局及相应频率分布

资料来源：Peng et al.，2013

在纬度地带性和垂直地带性的影响下，1980 ~ 2006 年北半球年平均初雪日 D_o［图 5.2（a）］和终雪日 D_e［图 5.2（b）］呈现显著的纬向梯度模式。表现为，初雪日 D_o随纬度升高而提前，终雪日 D_e随纬度升高而延后。在初雪日 D_o和终雪日 D_e的共同作用下，积雪持续时间 D_d随纬度升高而增长，见图 5.2（c）。

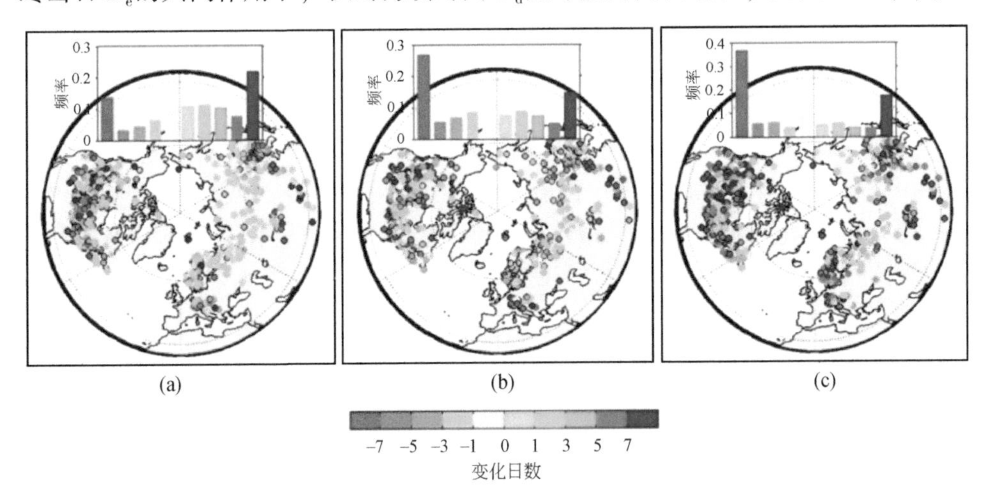

图 5.3 由 636 个北半球积雪深度观测站点计算得到的 1980 ~ 2006 年北半球初雪日 D_o（a）、终雪日 D_e（b）和积雪持续时间 D_d（c）变化趋势及相应频率分布

资料来源：Peng et al.，2013

利用趋势监测法得到的 1980 ~ 2006 年北半球初雪日 D_o、终雪日 D_e和积雪持续时间 D_d的空间变化见图 5.3。在 636 个站点中，超过 34% 的站点积雪持续时间 D_d缩短的速度大于 5d/10a。同时，北半球积雪物候变化呈现不同的洲际特征，北美和欧亚大陆在春季终雪日呈现不同的变化趋势，见图 5.3（b）。欧亚大陆 70% 的站点数据呈现终雪日 D_e提前的趋势，其中 28% 的站点终雪日 D_e提前的速

度达到了 5d/10a。相比之前，北美洲春季终雪日 D_e 呈现碎片化的空间分布特征。在洲际尺度上，1980～2006 年，欧亚大陆春季终雪日显著提前［（-2.6±5.6）d/10a］，而北美洲无明显变化趋势［（0.1±5.8）d/10a］。与此同时，欧亚大陆和北美洲的初雪日 D_o 有所推迟，分别为（1.3±4.9）d/10a 和（1.1±4.9）d/10a。由图 5.3（c）可知，636 个站点中，63% 的站点呈现积雪持续时间缩减的趋势，这与 Choi 等（2010）和 Takala 等（2009）基于 25km 空间分辨率和 2 天重访周期的 SMMR 得到的结论基本一致。

5.2.2 中国区域站点积雪物候及变化

由于积雪物候数据的使用限制，编者以 Ke 等（2016）和 Ma 等（2020）为主要参考文献，来介绍基于站点观测数据的中国区域积雪物候的时空变化。其中，Ke 等（2016）利用 1952～2010 年积雪覆盖时间超过 1 天的 672 个中国积雪观测台站，并利用 296 个年积雪覆盖日数超过 10 天的站点进行中国区域积雪物候研究。Ma 等（2020）利用中国 514 个气象站，研究 1970～2014 年积雪物候的时空变化，并对中国主要积雪区的物候特征进行了分别论述，以便于发现中国积雪物候变化的空间异质性。

研究发现，1952～2010 年，中国积雪持续时间 D_d 显著增加的年份为 1955 年、1957 年、1964 年和 2010 年，显著缩短的年份为 1953 年、1965 年、1999 年、2002 年和 2009 年。此外，1952～2010 年，中国区域只有 12% 的台站呈显著的积雪持续时间 D_d 缩短趋势，75% 的台站积雪持续时间并无明显变化。Ke 等（2016）分析表明，中国积雪持续时间 D_d 的分布格局和趋势非常复杂，不受任何单一气候变量，如零度以下温度、平均气温或北极涛动（Arctic Oscillation，AO）的控制，而是多变量的组合。与此同时，1952～2010 年，中国的主要积雪区均呈现明显的终雪日 D_e 提前的趋势。受纬度和海拔的影响，初雪日 D_o 和终雪日 D_e 与零度以下气温和平均气温关系密切。20 世纪 50 年代以来，由于全球变暖的影响，零度以下气温的下降和平均气温的升高是初雪日 D_o 推迟和终雪日 D_e 提前的主要原因。但值得注意的是，并不是所有的站点同时出现初雪日 D_o 推迟和终雪日 D_e 提前。这也是为什么中国区域只有 12% 的站点积雪持续时间显著缩短，而 75% 的站点积雪持续时间并无明显变化。

Ma 等（2020）进一步按照东北地区、西北地区、内蒙古、青藏高原、北部地区、南部地区和整个中国等对积雪物候的时空分布及变化进行归纳和分析。研究表明，1970～2014 年，中国东北地区初雪日最早、积雪持续时间最长；青藏高原终雪日最晚，但受无雪期时间长的影响，积雪持续时间短于东北地区、西北地区和内蒙古；西北地区和内蒙古初雪日和终雪日有一定差异，但积雪持续时间相当。1970～2014 年中国主要积雪区的年平均积雪物候情况见图 5.4。1970～2014 年中国区域积雪物候变化趋势，见表 5.3。

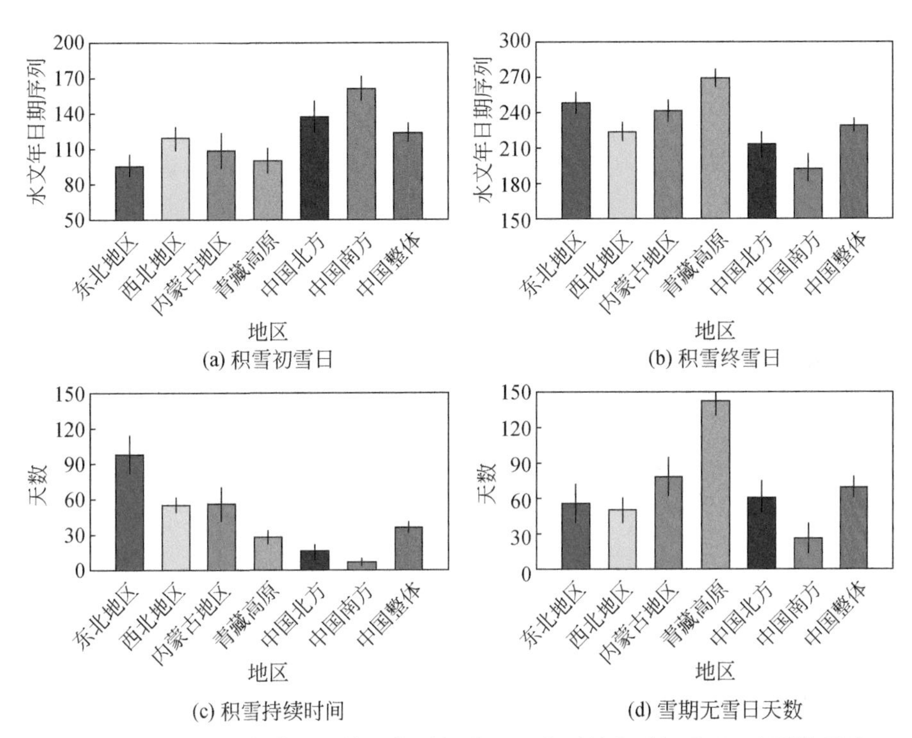

图 5.4　1970～2014 年中国区域及主要积雪区 35 年平均积雪初雪日、积雪终雪日、积雪持续时间和无雪期统计情况（Ma et al.，2020）

表 5.3　1970～2014 年中国区域积雪物候变化趋势　（单位：d）

地区/国家	积雪初雪日	积雪终雪日	积雪持续时间	雪期无雪时间
东北地区	2.45±0.82**	-2.29±0.86*	3.23±1.76	-7.97±1.49***
西北地区	-0.64±1.14	-1.18±0.88	1.71±0.65*	-2.25±1.08*
内蒙古地区	1.84±1.62	-2.08±0.89*	1.98±1.62	-5.90±1.59**
青藏高原地区	3.74±0.99**	-3.83±0.58***	-1.40±0.59*	-6.18±1.01***
中国北部	0.72±1.58	-2.24±1.11	0.15±0.65	-2.82±1.59
中国南部	0.51±1.20	-1.34±1.38	-0.29±0.37	-1.56±1.36
中国	1.22±0.84	-2.05±0.58**	0.68±0.49	-3.94±0.84***

资料来源：Ma et al.，2020

注：±后面数据代表标准差

*代表 $p<0.05$；**代表 $p<0.01$；***代表 $p<0.001$

受积雪纬度和海拔分布规律的驱动，中国区域初雪日和终雪日与纬度和海拔关系密切，见图 5.5。初雪日和终雪日与纬度之间的相关系数分别为-0.858（$p<0.001$）和 0.794（$p<0.001$）。一般来说，纬度每向北增加 1°，初雪日大概提前 5 天；同时，终雪日推迟 5 天。对于海拔大于 2000m 的站点（主要分布在青藏高原地区）来说，积雪物候与海拔密切相关。具体表现在，初雪日和终雪日与海拔之间的线性相关系数分别为-0.465（$p<0.001$）和 0.659（$p<0.001$）。对终雪日来说，海拔每增加 100m，终雪日推迟约 7 天；同时，初雪日提前约 12 天。中国低海拔地区的纬向地带性和青藏高原的纬向地带性反映了热条件在控制 D_o 和 D_e 方面的重要作用，因为相对较高的温度会阻止降水以雪的形式降落，反之亦然。

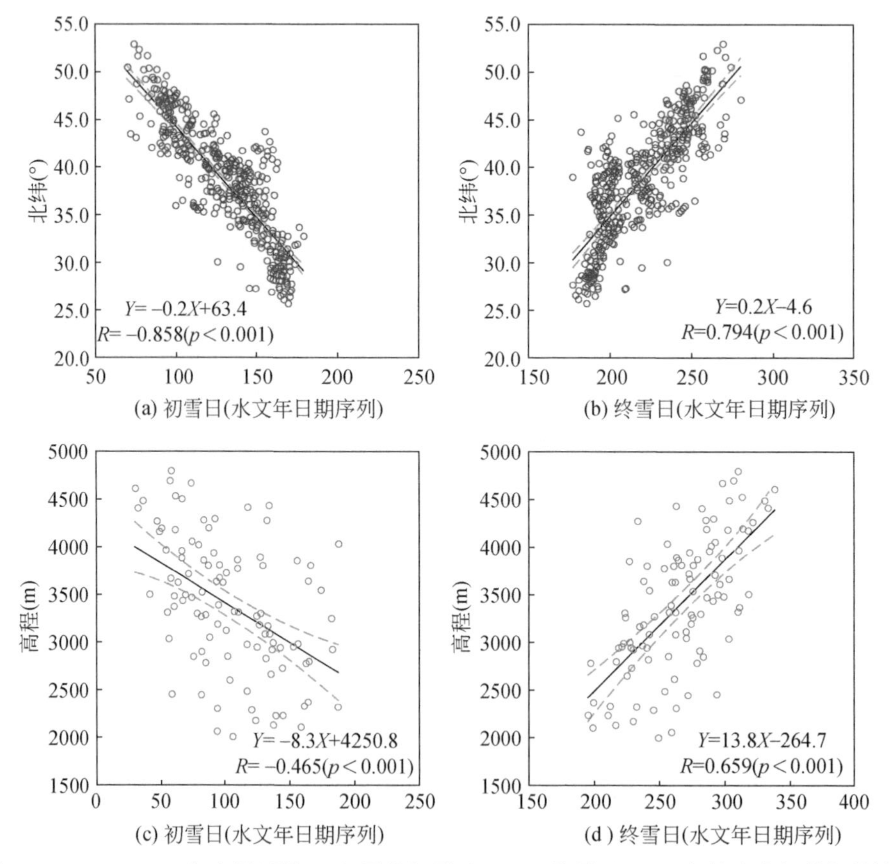

图 5.5　1970 ~ 2014 年中国区域 35 年平均初雪日（a）、终雪日（b）与纬度之间的相关性，以及海拔大于 2000m 的站点初雪日（c）、终雪日（d）与海拔之间的相关性

图中黑线表示初雪日和终雪日相应的纬度和高程之间的最佳线性回归拟合线，拟合线周围的灰色线表示 95% 的置信区间（Ma et al.，2020）

王春学和李栋梁（2012）对我国近 50 年来的积雪持续时间 D_d 进行分析，发现 1958 ~ 2008 年我国冬季积雪深度和 D_d 显著增加，而春、秋季的积雪深度和 D_d 并无明显变化。基于遥感和气象观测站点资料，杨倩等（2012）对我国东北地区的积雪物候进行分析，发现吉林省大部分地区的 D_d 为 30 ~ 90 天，与 T_s 负相关，与 P_s 正相关。王国亚等（2012）发现 1961 ~ 2011 年新疆阿尔泰地区的 D_d 呈增加趋势。胡列群等（2013）发现 1960 ~ 2011 年新疆 D_d 略微下降，但 D_o 和 D_e 没有明显变化。陈春艳等（2015）发现 1961 ~ 2013 年新疆乌鲁木齐地区 D_o 和 D_e 推迟，D_d 增加。

综上，受中国积雪分布的地域性差异，中国不同地区的积雪物候差异较大。积雪持续时间在东北湿润半湿润地区、新疆北部和青藏高原等地区。而且，受气温和降水纬度地带性和垂直地带性分布的影响，积雪物候与纬度和海拔等密切相关。在“冰天雪地也是金山银山”的理念指导下，利用各地区积雪物候的差异，合理布局中国积雪产业的分布是未来研究的一个方向。

5.2.3 青藏高原站点积雪物候及变化

作为北半球冰冻圈最重要的组成部分之一，青藏高原季节性积雪因高海拔和对中国西南部和西南邻国的水源补给而受到气候变化研究者的广泛关注。例如，青藏高原季节性积雪很有可能对中国北部的水循环和热浪（Wu et al., 2012）、植被返青（Dong et al., 2013）、东亚夏季季风（Pu et al., 2008; Qian et al., 2003）产生影响。在 5.2.2 小节介绍中国区域积雪物候的整体情况的基础上，本小节重点介绍基于站点数据的青藏高原积雪物候分布特征及其时空变化。

与北半球年平均积雪物候的空间分布特征相似，青藏高原积雪年平均积雪物候呈现显著的纬度和垂直分布特征。然而，青藏高原积雪物候在不同高程带的变化各不相同，见表 5.4。研究表明，1961 ~ 2010 年青藏高原不同高程带的初雪日呈现推迟的趋势（R^2=0.16，p<0.01）。与此同时，青藏高原终雪日显著提前（R^2=0.15，p<0.01）。青藏高原终雪日的提前在高海拔地区（高程大于 3000m）尤为显著。在初雪日和终雪日的共同作用下，青藏高原的积雪持续时间显著缩短（R^2=0.24，p<0.01）。

表 5.4　青藏高原 1961 ~ 2010 年不同高程带积雪物候变化

积雪物候	高程	斜率	截距	R^2	p
初雪日	E	0.19	−80.78	0.16	<0.01
	E1	0.13	62.87	0.05	0.13
	E2	0.20	−97.13	0.17	<0.01
	E3	0.16	−42.37	0.08	0.05

续表

积雪物候	高程	斜率	截距	R^2	p
终雪日	E	-0.16	451.70	0.15	<0.01
	E1	0.05	-14.09	0.01	0.61
	E2	-0.20	511.69	0.16	<0.01
	E3	-0.20	538.83	0.10	0.02
积雪持续时间	E	-0.35	898.48	0.24	<0.01
	E1	-0.07	289.04	0.01	0.63
	E2	-0.39	974.83	0.30	<0.01
	E3	-0.35	947.18	0.16	<0.01

资料来源：Xu et al.，2017b

注：E1<3000m；E2=3000～4000m；E3≥4000m；E 代表所有站点

然而，就单个站点来说，积雪物候的变化与高程并没有显著的统计相关性。1970～2014 年青藏高原 D_o、D_e和 D_d变化及其高程分布见图 5.6。从图中可以看出，D_o、D_e和 D_d的变化趋势与具体的高程位置相关系数较低，大多统计意义不显著。

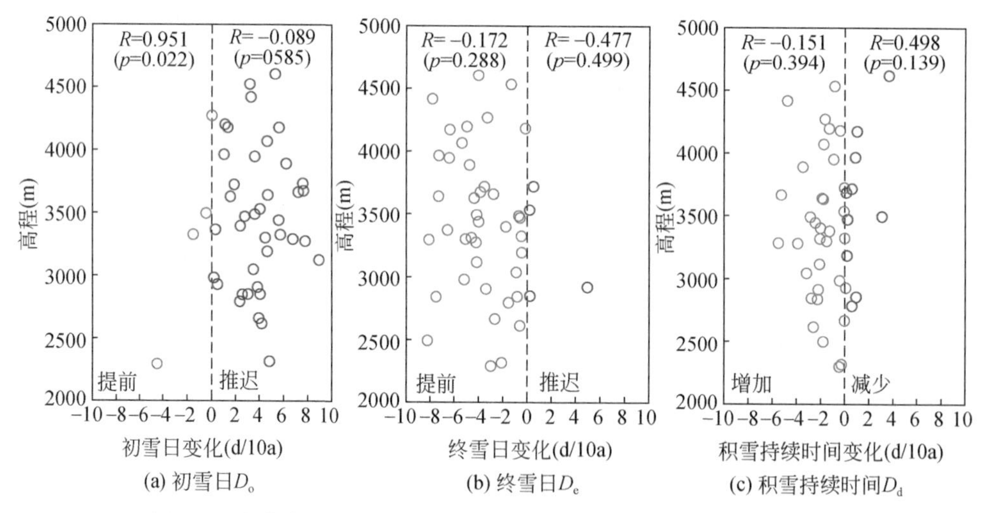

图 5.6　青藏高原 1970～2014 年初雪日 D_o（a）、终雪日 D_e（b）和积雪持续时间 D_d（c）变化及其高程分布（Ma et al.，2020）

青藏高原积雪持续时间减少的趋势在不同时间区间均有体现。例如，孙燕华等（2014）对青藏高原积雪物候进行分析，发现 2003～2010 年青藏高原平均 D_d呈显著减少趋势。唐小萍等（2012）分析发现 1971～2010 年来青藏高原西部和东南部地区 D_d显著减少，除东南部各站、聂拉木和昌都 D_d减少明显，聂拉木减幅最大。

5.3 基于遥感观测的北半球长时序积雪物候研究

在5.2节的研究中，我们阐述了积雪物候研究的重要意义，讨论了北半球积雪物候对近期敏感气候变化事件，如北极圈气温放大效应、中纬度冬季极端寒冷事件增多、太平洋表层降温和中纬度西风带的响应。在研究2001~2014年北半球积雪物候变化的基础上，本节着重讨论北半球积雪物候长时间的变化趋势及其产生的影响。

5.3.1 概述

长时间序列积雪物候研究很大程度上受限于数据源。例如，通过对NHSCE数据的分析，Choi等（2010）发现1972/73~2007/08北半球D_d以0.8周/10a的速度在缩短。基于PM数据，Wang等（2013）证明1979~2011年初欧亚大陆的积雪融化时间显著提前（2~3d/10a）。基于站点积雪深度数据，Peng等（2013）认为北美洲D_e在1980~2006年并无显著变化，而欧亚大陆D_e则以（2.6±5.6）d/10a的速度在提前。这些结果为北半球长时间序列积雪物候的研究提供了基础，但是北半球积雪物候变化对地球-大气系统能量收支的影响在这些研究中却很少涉及。

考虑到北半球长时间序列积雪物候的研究现状，本节研究的主要目的是量化北半球长时间序列积雪物候的时空变化，并探讨其对地球-大气系统能量收支的影响。为了达到这一目的，我们首先量化了1982~2013年北半球积雪面积的变化，在此基础上，我们提取了北半球积雪物候信息，分析了1982~2013年北半球积雪物候的时空变化特征。最后，利用RK的方法，我们计算了北半球积雪物候变化所产生的辐射胁迫和反馈强度。

为了更好地识别北半球积雪物候的空间分布及变化特征，本节将研究区（格网）定义在32~75°N的稳定积雪区，永久性积雪除外。同时，最北部的格陵兰岛被排除在研究外，因为格陵兰岛海岸地貌复杂，很难将积雪和海冰分离出来，遥感观测资料很难提供可靠的积雪信息（Brown et al.，2010）。海拔低于32°N的低纬度地区也被排除在研究区之外，因为零散的积雪以及和覆盖在植被表层的薄雪很可能会被MODIS等基于NDSI提取的可见光-近红外积雪产品遗漏掉（Hall and Riggs，2007）。另外，在雪季，积雪可能反复融化和出现。在高纬度和高海拔地区，这种现象可能在雪季开始和结束时候出现。然而，在中低纬度地区，这种现象可能持续整个积雪季（Choi et al.，2010）。因此，为了能够进行年际间积雪物候的对比分析，本节进一步将研究区集中在 2001 ~ 2004 年年 D_d大于或者等于 60 天的地区。根据 1.2.5 节分析得到的北半球积雪的年内变化特征，本节同样采用水文年的年际划分方法来量化积雪物候的变化与响应。同样的，本节以 9 月至次年 8 月作为一个积雪循环的水文年，其中 9 月至次年 2 月为积雪的累计期，3 ~ 8 月为积雪的消融期。

5.3.2 数据与研究方法

本节研究同样利用水文年来进行积雪物候信息的提取与归因分析。与上文相同，本节以 9 月至次年 8 月作为一个积雪循环的水文年，其中 9 月至次年 2 月为积雪的累计期，3 ~ 8 月为积雪的消融期。参考 Choi 等（2010）中积雪物候信息的定义与提取办法，本节研究将 D_o定义为累积期最早出现积雪的影像所代表的日期；将 D_e定义为融雪期最后出现积雪的日期；将 D_d定义为 D_o和 D_e之间的时间。本节同样采用 4.2.4 节所述的大气顶端 SW 胁迫计算方法来评估北半球积雪物候变化对能量收支的影响。

北半球积雪物候的变化受欧亚大陆和北美洲积雪物候的变化控制。为了计算欧亚大陆和北美洲积雪物候变化对整个北半球积雪物候变化的影响，我们将北半球积雪物候变化作为自变量，将欧亚大陆和北美洲积雪物候的变化作为因变量。为了对比欧亚大陆和北美洲积雪物候的变化对北半球积雪物候变化的影响，我们利用均值和标准差将所有的变量都转化为标准的 z-score 时间序列。欧亚大陆和北美洲积雪物候的变化对北半球积雪物候变化的贡献通过建立北半球积雪物候的标准化时间序列与欧亚大陆和北美洲积雪物候的标准化时间序列之间在年际上的回归关系进行计算。计算得到的回归系数乘以欧亚大陆和北美洲积雪物候的标准化时间序列即可得到欧亚大陆和北美洲积雪物候变化对北半球积雪物候变化的贡献。

5.3.3 北半球长时序积雪物候变化特征

基于本研究对 D_o、D_e和 D_d的定义，由 NHSCE 积雪遥感数据提取得到的 1982 ~ 2013 年北半球年平均 D_o、D_e和 D_d见图 5.7。如图 5.7（a）所示，1982 ~ 2013 年北半球稳定积雪区年平均 D_o为第 301.13 天，其中欧亚大陆和北美洲分别为第 302.62 天和第 298.38 天；如图 5.7（b）所示，1982 ~ 2013 年北半球年平均 D_e为第 132.66 天，其中欧亚大陆的年平均 D_e为第 128.74 天，而北美地区的年平均 D_e为第 139.86 天；如图 5.7（c）所示，1982 ~ 2013 年北半球 32 年平均

D_d为 196. 53 天，其中欧亚地区为 191. 11 天，而北美洲为 206. 48 天。

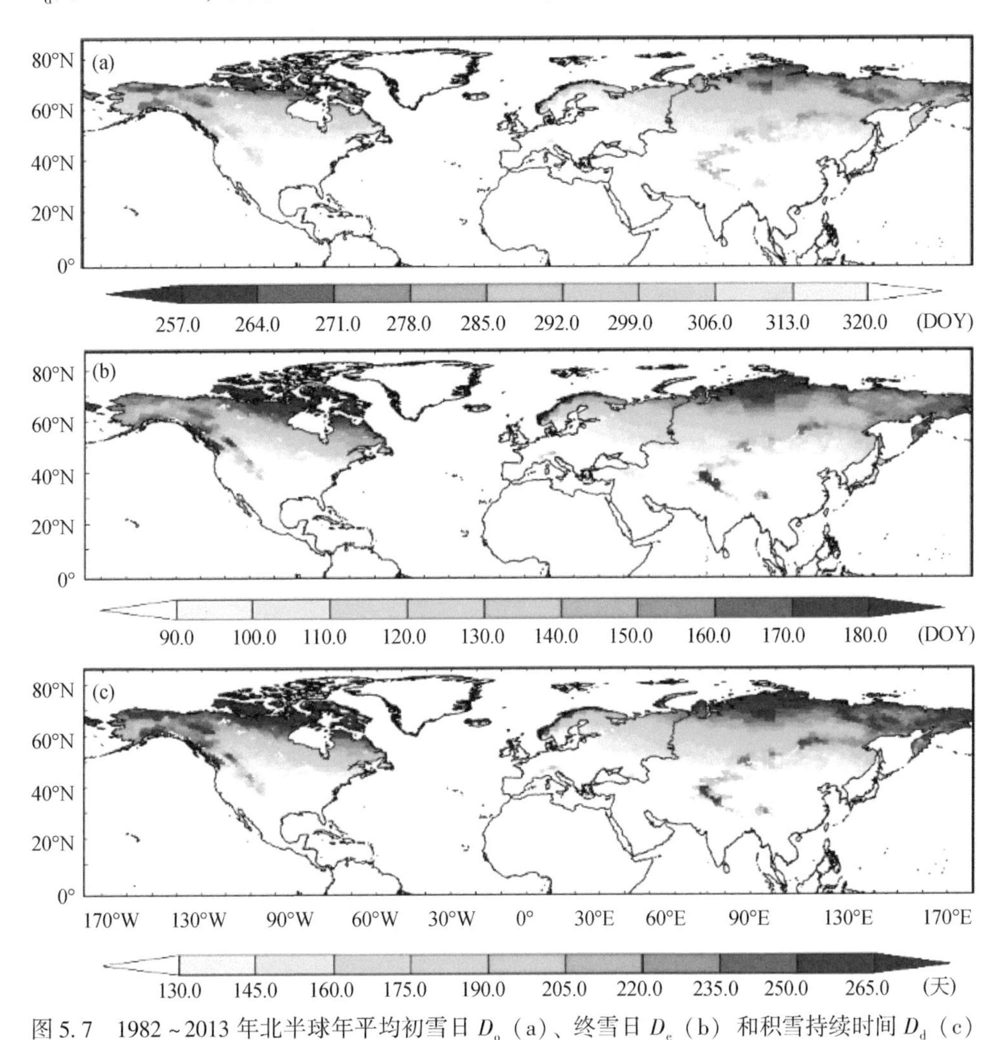

图 5. 7　1982 ~ 2013 年北半球年平均初雪日 D_o（a）、终雪日 D_e（b）和积雪持续时间 D_d（c）

北半球 1982 ~ 2013 年平均 D_o、D_e和 D_d变化见图 5. 8。变化量是由线性方程斜率乘以时间长度得到。由线性变化检测得到的 1982 ~ 2013 年北半球 D_o在北半球范围内呈现出显著的空间异质性。在亚洲东部、北美洲东部和欧亚大陆西部地区，大部分像元呈现出初雪日 D_o提前的趋势。除了这些地区，其他地区在 1982 ~ 2013 年呈现出 D_o延迟的趋势。统计结果表明，1982 ~ 2013 年北半球 D_o变化在整体上比较平缓（没有统计显著性），其中在 1982 ~ 2003 年呈现提前的趋势（-2. 69 d/10a），而在 2003 年以后呈现推迟的趋势（3. 52 d/10a）[图 5. 8 (a)]。与此同时，1982 ~ 2013 年北半球、欧亚大陆和北美洲 D_e的变化量分别为

-1.91 d/10a（在95%的水平上显著）、-2.24 d/10a（在95%的水平上显著）和1.18 d/10a（统计上不显著）。如图5.8（c）所示，从低纬度到高纬度的大部分地区呈现出 D_e 提前的趋势。D_o 和 D_e 的时空变化导致 D_d 在北美中部、欧洲西部和亚洲东部呈现增长的趋势［图5.8（d）］。

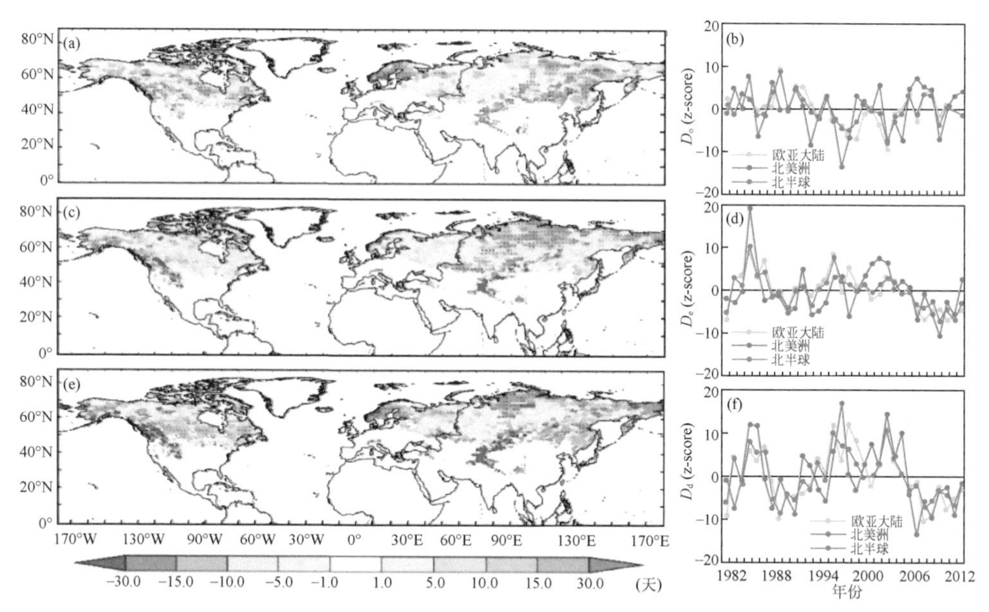

图5.8　1982～2013年北半球 D_o（a）、D_e（c）和 D_d（d）变化；1982～2013年北半球 D_o（b）、D_e（c）和 D_d（d）年际变化以及欧洲和北美 D_o、D_e 和 D_d 的变化对其贡献量。图（a）、（c）和（d）中的变化量由线性斜率乘以时间长度得到。图（a）、（c）和（d）中的黑点代表相应变化在90%的水平上显著

对 D_d 的年际变化分析表明，1982～2013年北半球整体呈现积雪累积期缩短的特点（1.04d/10a），其中欧亚欧亚大陆和北美北美洲 D_d 的缩短速度分别为1.17d/10a和1.33d/10a。同时，受终雪日 D_e 提前的影响，D_d 在2006年以后出现显著的减短。D_d 的变化与Derksen和Brown（2012）的关于春季积雪面积变化的研究结果相吻合。Derksen和Brown（2012）研究发现，1967～2012年5月份和6月份的积雪面积显著减少，其减少程度甚至超过了CMIP5的模型预测值。

1982～2013年北半球 D_o、D_e 和 D_d 的年际变化以及欧亚大陆和北美洲的贡献见图5.9。贡献分析表明1982～2013年欧亚大陆 D_o 的变化对北半球 D_o 异常的贡献量约为78%，这意味着欧亚大陆的积雪变化决定了北半球 D_o 的变化。欧亚大陆 D_e 的变化对北半球 D_e 异常的贡献约为73%，而北美洲 D_e 的变化对北半球 D_e 异常的贡献仅为27%。该结果扩展了Peng等（2013）关于北半球积雪物候特征的

发现。基于北半球实测站点数据，Peng 等（2013）发现 1978 ~ 2006 年北美洲 D_e 的空间变化比较平缓［（0.1±5.8）d/10a］，而欧亚大陆 D_e 则显著提前。贡献分析结果表明，欧亚大陆 D_d 的变化对整个北半球 D_d 变化的贡献率为 76%，而北美洲 D_d 的变化对整个北半球 D_d 变化的贡献率为 24%。

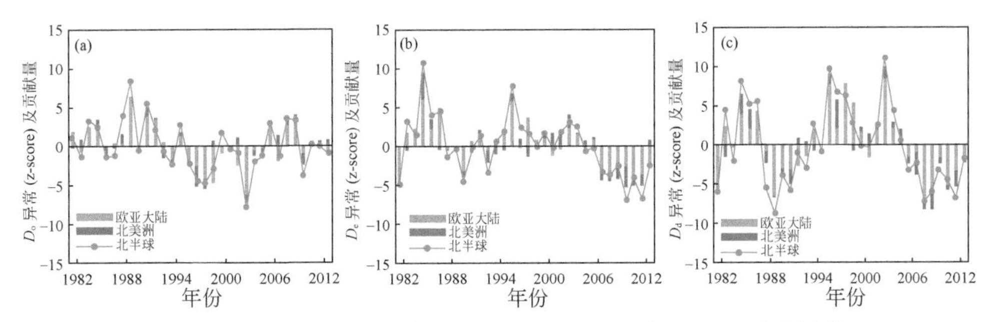

图 5.9 1982 ~ 2013 年北半球 D_o（a）、D_e（b）和 D_d（c）年际变化以及欧洲和北美 D_o、D_e 和 D_d 的变化对其贡献量

D_o、D_e 和 D_d 的相关关系分析表明，1982 ~ 2013 年北半球、欧亚大陆和北美洲地区 D_e 和 D_d 在 95% 的水平上显著相关（r=0.78、0.70、0.79）。同时，D_o 和 D_d 在 95% 的水平上也显著相关（r=0.69、0.73、0.63）。考虑到 1982 ~ 2013 年北半球 D_o 的变化比较平缓，北半球 D_d 的变化很大程度上是由 D_e 的变化决定的。而北半球 D_e 的变化则进一步是由欧亚大陆积雪物候的变化决定的。

综上，与初雪日 D_o 的变化相比，终雪日 D_e 的变化决定了 1982 ~ 2013 年北半球积雪物候的整体变化，其变化速度为-1.91d/10a（95% 的显著水平）。进一步的贡献分析表明，欧亚大陆 D_e 的变化对整个北半球 D_e 变化的贡献率为 73%。与欧亚大陆 D_e 变化相比，北美洲 D_e 变化在统计上并不显著，这主要是北美洲中高纬度 D_e 变化的不一致造成的。D_o 和 D_e 的时空变化导致 1982 ~ 2013 年积雪期 D_e 整体上缩短的趋势，其速度为-1.04d/10a。但是 D_o 的提前依然造成北美洲中部、欧洲西部和亚洲东部地区 D_d 的增长。随着北半球高纬度地区海冰和积雪的消融，北半球中纬度和高纬度之间的温度梯度将进一步发生变化。考虑到积雪物候对气温变化的高度敏感性，气候变化背景下，北半球积雪物候的研究还需要进一步推进。

5.3.4 北半球典型区域——青藏高原积雪物候

已有的关于北半球积雪物候的研究（Chen et al., 2015；Choi et al., 2010）和基于站点的青藏高原积雪研究（Xu et al., 2017a）为青藏高原积雪物候研究提供了粗略的基础。但是，低时空分辨率的积雪数据无法捕准确捉到积雪物候的基本特征及其变化，而基于站点的研究空间代表性受站点分布位置的影响，难以准确反映面状信息。因此，青藏高原积雪物候的变化仍需要深入研究。基于此，本节主要介绍基于遥感观测数据的青藏高原积雪物候变化。为了达到这个目的，我们首先利用 MCD10A1-TP 和 IMS 积雪遥感数据提取青藏高原 2001 ~ 2014 年初雪日、终雪日、积雪持续时间等信息。随后，我们分析了 2001 ~ 2014 年青藏高原积雪物候变化的原因。

1. 概述

本节用到的积雪数据集为 2001 ~ 2014 年 500m 空间分辨率的 MCD10A1-TP 数据（Huang et al., 2014）和 24km 空间分辨率的 IMS 数据（Helfrich et al., 2007）。考虑到季节性积雪在不同年份之间的差异，本节将研究区限定在青藏高原的稳定积雪区。冰川和永久性积雪不在本章的讨论范围内。另外，为了提取积雪物候特征和探索积雪物候变化的驱动因素，依据 Pu 等（2007）对海拔 2000m 以上积雪的调研结果，本节利用积雪水文年（9 月至次年 8 月）来进行研究，并进一步将积雪累积期定义为 9 月至次年 2 月，积雪消融期为 3 ~ 8 月。为了减少临时性积雪对物候信息提取的影响，本节将 D_o 定义为水文年内累积期连续 5 天有积雪覆盖的日期，D_e 定义为消融期连续 5 天没有积雪覆盖的日期。D_d 则为 D_o 和 D_e 之间的时间长度。

2. 青藏高原积雪物候的时空分布特征

利用 MCD10A1-TP 和 IMS 两种数据提取得到的青藏高原 2001 ~ 2014 年平均 D_o、D_e、D_d 的空间分布如图 5.10 所示。类似的空间分布图在之前的研究中（Chen et al., 2015; Choi et al., 2010）有粗略地出现，本节提供了具有更多区域细节的积雪物候分布信息，在气候变化和积雪水文学研究中具有重要价值。

利用 MCD10A1-TP 数据反演得到的青藏高原稳定积雪区 2001 ~ 2014 年年平均积雪初雪日、积雪终雪日、积雪持续时间分别为第 4.9（±7.7）天、第 108.1（±5.9）天、103.2（±13.4）天。如图 5.10（a）所示，青藏高原积雪较早出现在塔里木河上游、雅鲁藏布江东部、湄公河上游区域，而较晚出现在内陆河流域和柴达木盆地流域。终雪日［图 5.10（b）］与初雪日出现的区域相反，如较早的初雪日对应较晚的终雪日。在初雪日和终雪日的共同作用下，青藏高原东南部和西北部的帕米尔地区积雪持续时间较长，而内陆河流域、柴达木盆地流域、青藏高原内黄河流域下游等地区积雪持续时间较短。

利用 IMS 数据反演得到的青藏高原稳定积雪区 2001 ~ 2014 年年平均积雪初

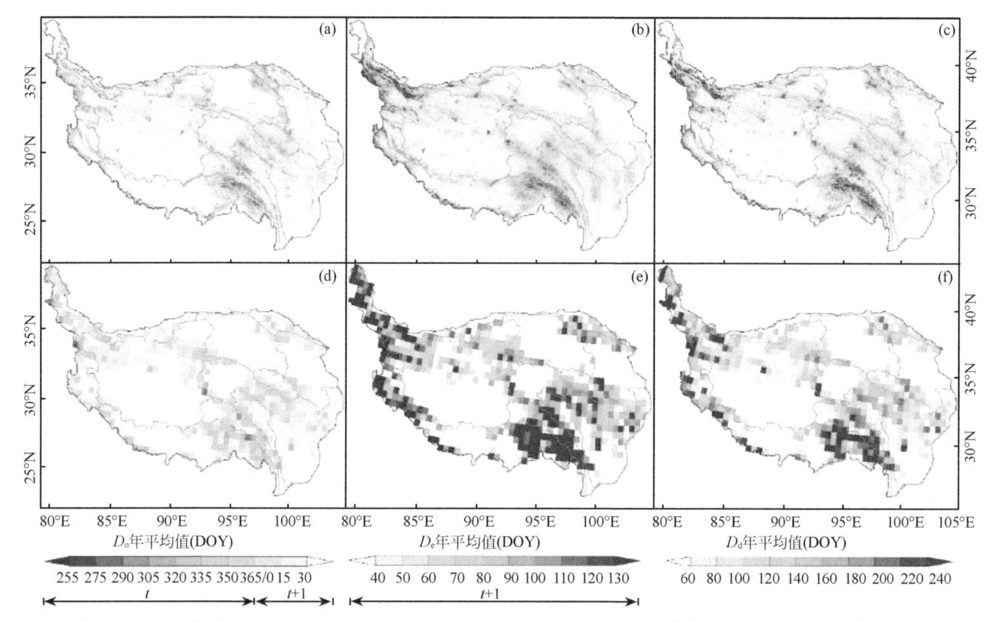

图 5.10　利用 MCD10A1-TP（a ~ c）和 IMS（d ~ f）两种数据提取得到的青藏高原 2001 ~ 2014 年年平均积雪初雪日（a、d）、积雪终雪日（b、e）、积雪持续时间（c、f）

雪日、积雪终雪日、积雪持续时间分别为第 343.1（±10.8）天、第 95.5（±23.0）天、116.9（±33.4）天。利用两种积雪数据得到的青藏高原积雪物候数据在高海拔地区存在较大的差异，其中利用 IMS 数据提取得到的 D_o 和 D_e 比利用 MCD10A1-TP 数据得到的 D_o 和 D_e 要早。同时，利用 IMS 数据提取得到的 D_d 比利用 MCD10A1-TP 数据得到的 D_d 更长。

3. 青藏高原积雪物候的变化特征

利用 MCD10A1-TP 数据和 IMS 数据计算得到 2001 ~ 2014 年青藏高原 D_o、D_e、D_d 的空间变化如图 5.11 所示。本章节中变化可以利用线性变化的趋势乘时间长度得到。如图 5.11（a）和 5.11（d）所示，积雪初雪日 D_o 在青藏高原北部推迟（塔里木盆地流域、柴达木盆地流域、内陆河流域的北部边缘），而在中部地区提前，尤其是在长江、怒江、湄公河流域的上游地区。与 D_o 的变化相反，积雪终雪日 D_e 在青藏高原中部推迟，而在其他的区域提前，尤其是青藏高原内陆河流域、柴达木流域、河西地区和雅鲁藏布江流域［图 5.11（b）和 5.11（e）］。D_o 和 D_e 的变化导致积雪持续时间 D_d 在青藏高原中部地区延长，而在塔里木、内陆河流域和雅鲁藏布江上游地区减短。与之前研究中 2001 ~ 2014 年北半球中纬度地区 D_o 提前、D_e 推迟、D_d 延长（Chen et al., 2015）相比，青藏高原积雪物候在这一阶段呈现出不同的变化趋势。

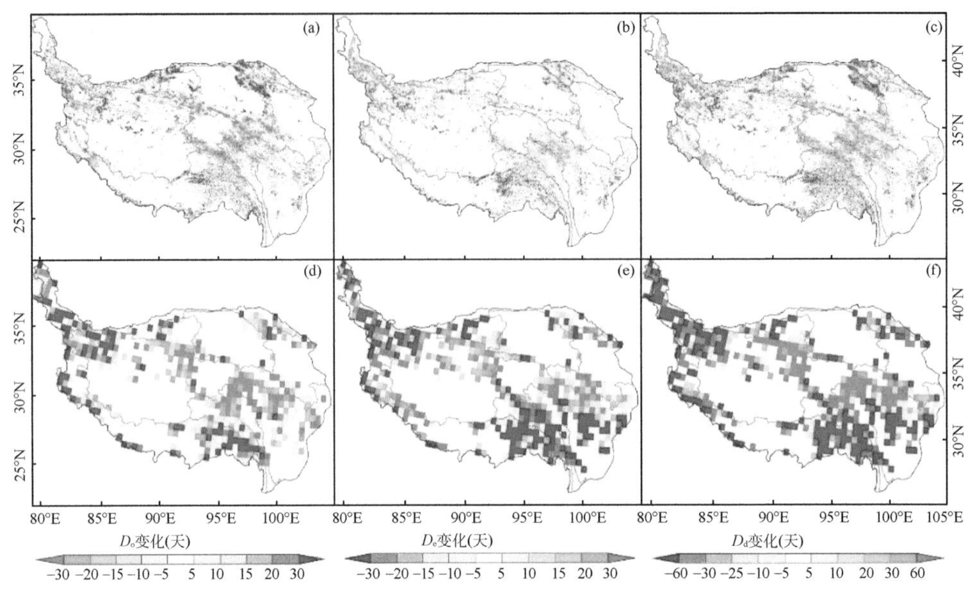

图 5.11 利用 MCD10A1-TP（a～c）和 IMS（d～f）两种数据计算得到的青藏高原 2001～2014 年年平均积雪初雪日（a、d）、积雪终雪日（b、e）、积雪持续时间（c、f）的变化

（a）～（f）中的黑点代表在 95% 的水平上显著反向变化代表 D_o 和 D_e 的提前、D_d 减短；正向变化代表 D_o 和 D_e 的推迟、D_d 延长

为了进一步探索 2001～2014 年青藏高原积雪物候变化的原因，本章进一步分析了 D_o 和 D_e 变化对 D_d 的贡献。2001～2014 年青藏高原积雪初雪日 D_o、积雪终雪日 D_e、积雪持续时间 D_d 的年际变化以及 D_o 和 D_e 对 D_d 变化的贡献，见图 5.12。如图 5.12（b）所示，2001～2014 年青藏高原 D_o 的变化解释了 D_d 变化的 67.7%。另外，D_o 和 D_e 与 D_d 之间的相关分析表明，D_o 和 D_d 显著相关（$R^2 = 0.85$，$p<0.01$）。虽然 D_e 和 D_d 也相关（$R^2 = 0.67$，$p<0.05$），其相关系数却较小。考虑到 D_o 和 D_e 在 2001～2014 年均未呈现显著趋势性变化，2001～2014 年青藏高原 D_d 的变化主要受 D_o 变化的主导。

为了与遥感观测得到的 D_d 进行对比分析和交叉验证，本章利用气象站点实测数据分析了 2001～2014 年青藏高原零度以下气温的变化，见图 5.13。如图 5.13（a）所示，长江、黄河流域上游和雅鲁藏布江流域北部边缘的年平均零度以下的气温天数都大于 180 天；其空间分布与图 5.10（c）中 D_d 分布相似。另外，在怒江、湄公河、长江和黄河流域上游地区年平均零度以下气温的天数呈现增加趋势（>5 天），而在柴达木盆地流域和长江和雅鲁藏布江流域下游呈现减少

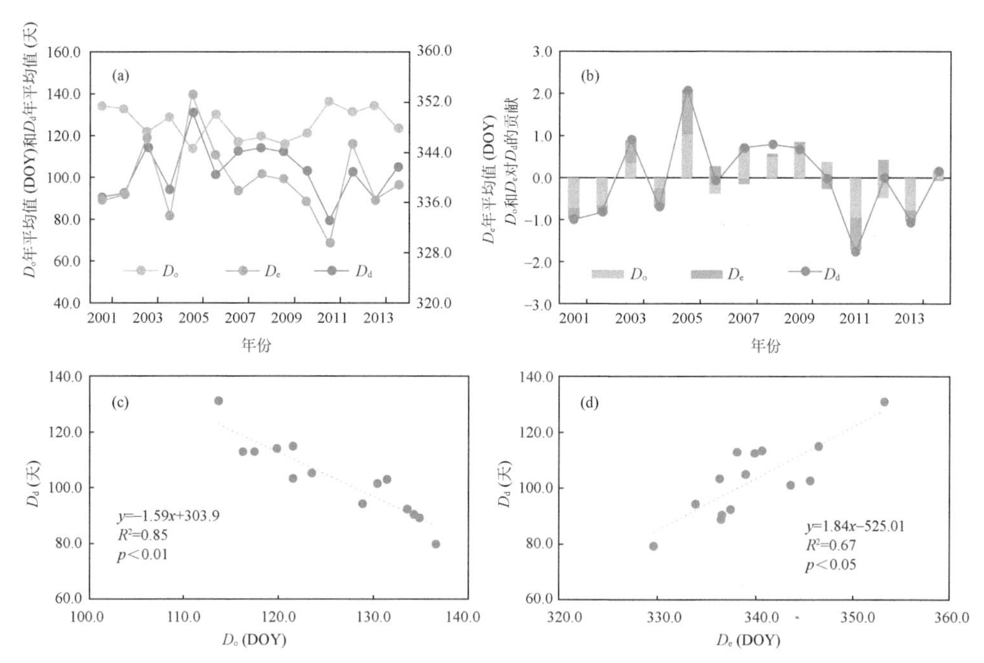

图 5.12　2001 ~ 2014 年青藏高原（a）积雪初雪日 D_o、积雪终雪日 D_e、积雪持续时间 D_d 的年际变化；（b）D_o 和 D_e 对 D_d 变化的贡献；2001 ~ 2014 年青藏高原（c）D_o 和 D_d 的线性相关关系；（d）D_e 和 D_d 的线性相关关系

趋势（<5 天），该变化与遥感数据反演得到的 D_d 变化趋势一致。

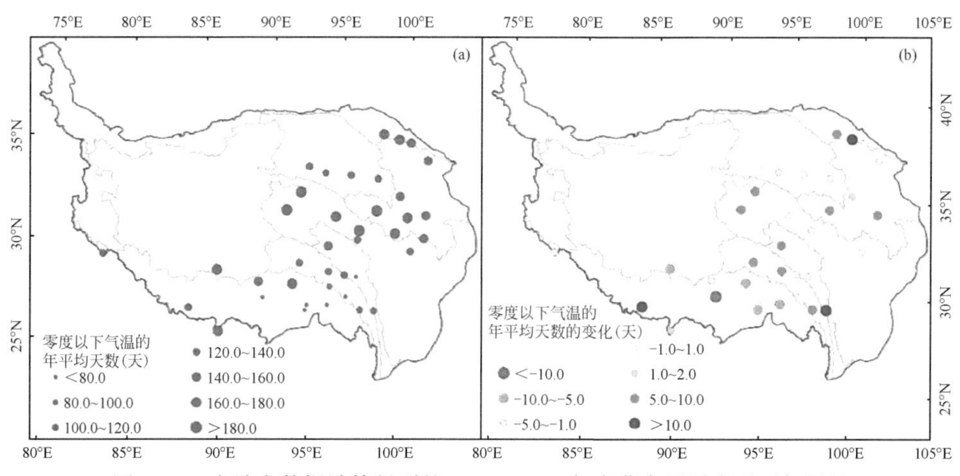

图 5.13　由站点数据计算得到的 2001 ~ 2014 年青藏高原零度以下气温的年平均天数（a）和变化（b）

4. 小结

基于 MCD10A1-TP 积雪遥感数据和其他辅助数据，本节量化了 2001 ~ 2014 年青藏高原积雪物候的变化，并分析了变化的原因。与广为人知的利用粗分辨率积雪遥感数据研究得到的气候变化背景下北半球积雪物候变化相反，2001 ~ 2014 年青藏高原积雪物候呈现独有的变化特征，尤其是在长江、怒江和湄公河流域上游地区。随着 2001 ~ 2014 年青藏高原中部集水区的 D_o 提前，该地区 D_e 呈现推迟趋势；而且，与之前研究发现的 D_e 主导北半球雪季长度（Chen et al.，2015；Choi et al.，2010；Peng et al.，2013）的研究结论相反，青藏高原积雪物候主要受 D_o 变化的影响。与北半球中纬度其他地区相似，2001 ~ 2014 年青藏高原积雪累积期气温 T_a 降低。受 T_a 降低和 P_a 增加的影响，青藏高原中部地区（尤其在长江、怒江、湄公河等流域上游）呈现初雪日 D_o 提前和积雪持续时间 D_d 增长的趋势。

与之前的研究不同，本节使用了改进的 500m 分辨率的 MODIS 积雪产品来进行青藏高原积雪物候研究，从而得到青藏高原较为准确的积雪物候分布信息。与利用站点数据得到的积雪物候时空变化相比，基于遥感数据得到的结果更具有空间代表性。尽管本章提供了青藏高原高分辨率的积雪物候信息，2001 ~ 2014 年的时间尺度对于气候变化背景下青藏高原的积雪物候研究来说还是太短。因此，高分辨率、长时间尺度的积雪遥感数据在未来的积雪物候研究中迫切需要。

5.4 基于多源积雪数据融合的北半球积雪物候研究

但是，到目前为止，北半球积雪物候变化的原因和北半球积雪物候变化的影响依然值得进一步研究，因为上述研究结果多是基于单一遥感观测数据、站点数据或者模型估算结果。而站点观测数据高度依赖于其地理位置特征，如站点所处的高程、坡度和坡向等，在空间代表性上也有一定的不足。而单一遥感数据得到的积雪信息往往存在较大的不确定性。例如，依据对半球尺度上积雪产品相对精度的评估（Hall et al.，2002），基于可见光和近红外影像的积雪遥感影像很大程度上受到云的影响，而基于微波影像得到的积雪分类图又存在湿、薄积雪很难识别的局限。另外，已发布的关于积雪物候的研究多集中在北半球高纬度地区，中低纬度地区的积雪物候变化则很少被关注到。因此，基于多源积雪数据，研究北半球积雪物候的变化特征、探讨积雪物候变化的原因并定量评估其影响在全球气温变暖的背景下尤其必要。受积雪遥感数据质量、时间尺度、空间范围等因素的影响，积雪遥感数据处理工作量大，已有北半球积雪面积和积雪物候研究多集中在局部尺度，且多以低分辨率的数据获得，尚未融合多源积雪数据进行长时序的变化分析。

5.4.1 概述

为了对北半球积雪物候进行准确量化，本章利用 5 种半球尺度的积雪遥感数据来进行北半球积雪物候的变化研究，分别是 MODIS、IMS、NHSCE、NISE 和 CMC 数据。这 5 种积雪数据的具体信息见第 3 章。

对 8 天合成的 MOD10C2 积雪丰度值影像来说，我们首先识别积雪丰度值大于 0 和等于 0 时候影像的日期范围（i，$i+7$）和（j，$j+7$），然后分别定义 D_o和 D_e为第一景积雪丰度值大于 0 时候对应的影像日期 $i+3.5$ 和最后一景积雪丰度值等于 0 时候对应的影像日期 $j+3.5$。

对于 CMC 来说，在给定年份 t，D_o被定义为积雪累积期第一次连续 5 天积雪深度大于 1cm 的日期，D_e被定义为积雪消融期最后一次连续 5 天积雪深度大于 1cm 的日期。

对于 IMS 来说，在给定年份 t，D_o和 D_e分别被定义为积雪累积期第一次和积雪消融期最后一次连续 5 幅影像被标示为 1 的日期。

对于 NISE 数据来说，D_o和 D_e分别被定义为积雪累积期第一次和积雪消融期最后一次连续 5 幅影像积雪深度大于 2.5cm 的日期。

对 NHSCE 数据来说，我们首先寻找积雪累积期第一次影像的日期范围（i，$i+6$）和积雪消融期最后一次有积雪出现的影像的日期范围（j，$j+6$），在给定水文年 t，对第一景积雪出现的影像日期（i，$i+6$），D_o就被定义为 $i+3$；对最后一景积雪出现的影像日期（j，$j+6$），D_e就被定义为 $j+3$。

为了尽可能地保留 5 种积雪数据所提取的积雪物候信息，并进行 5 种积雪物候信息之间的对比，我们首先按照原始影像格式从各个数据集中提取 D_o、D_e和 D_d，然后利用 gdalwarp（http://www.gdal.org/gdalwarp.html）中“平均”算法将 D_o、D_e和 D_d重采样到 0.50°的空间分辨率。在 GDAL 中，“平均”算法依据空间分辨率求取参与运算的非零像元的平均值。

5.4.2 多源积雪物候信息提取与不确定性分析

由于空间分辨率、积雪识别算法和积雪格网定义的不同，不同积雪数据提取得到的物候信息也各不一样。为了将各个积雪数据提取得到的积雪物候信息整合起来以减少积雪物候量化过程中的不确定性，本研究采用了 Brown 等（2010）提出的多源数据分析方法。

1. 利用 5 种积雪数据得到的北半球积雪物候

由 5 种积雪数据提取得到的 2001 ~ 2014 年北半球 32 ~ 75°N 的积雪物候信息见表 5.5 和表 5.6，其中 2001 ~ 2014 年北半球年平均 D_e 为第 127.86 天，方差为 5.61 天。由 NISE 数据提取得到的 2001 ~ 2014 年北半球年平均 D_e 最早，为第 104.62 天；由 MODIS 数据提取得到的 2001 ~ 2014 年北半球年平均 D_e 最晚，为第 135.67 天。2001 ~ 2014 年北半球积雪物候的变化见表 5.6，其中 NHSCE、MODIS 和 IMS 数据得到的 D_e 呈现显著提前的趋势，而 CMC 和 NISE 提取得到的 D_e 则没有明显变化（统计上不显著）。

表 5.5　北半球 2001 ~ 2014 年年平均 D_o、D_e 和 D_d

数据	CMC	IMS	NHSCE	MODIS	NISE	平均
D_o	291.32（2.53）	294.72（2.29）	301.59（3.10）	279.49（1.39）	289.53（1.39）	290.53（8.58）
D_e	130.71（2.92）	122.79（2.86）	122.28（2.43）	135.67（1.89）	104.62（1.62）	127.86（5.61）
D_d	196.57（3.76）	176.88（4.05）	174.34（3.14）	217.91（1.87）	164.80（3.68）	186.10（18.97）

注：括号中的值代表 2001 ~ 2014 年各数据的标准差

表 5.6　北半球 2001 ~ 2014 年 D_o、D_e 和 D_d 变化量

数据	CMC	IMS	NHSCE	MODIS	NISE
D_o	4.42（0.06）	-0.20（0.93）	-6.30（0.04）	1.09（0.43）	2.58（0.05）
D_e	0（0.99）	-6.26（0）	-3.89（0.01）	-1.47（0.03）	-3.20（0.37）
D_d	-0.86（0.82）	-5.66（0.15）	2.38（0.45）	-2.44（0.08）	-5.58（0.12）

注：括号中的值代表变化的显著性水平

为了使 5 种积雪数据提取得到的积雪物候信息之间具有可比性，本研究利用平均值和标准差将各数据集提取得到的积雪物候（D_o、D_e 和 D_d）时间序列进行 z-score 标准化处理。处理前和处理后的时间序列见图 5.14。z-score 标准化处理后，各数据集提取得到的积雪物候信息与其他数据提取得到的积雪物候信息之间的一致性便可通过计算该数据集提取得到的积雪物候信息与其他四种数据提取得到的积雪物候信息的平均值之间的相关性和 RMSE 来评估。统计得到的各数据集提取得到的积雪物候信息与其他数据提取得到的积雪物候信息之间的一致性的相关性见表 5.7，其对应均方根误差见表 5.8。

依据 Brown 等（2010）的多源数据融合方法，较差的积雪物候信息会通过与

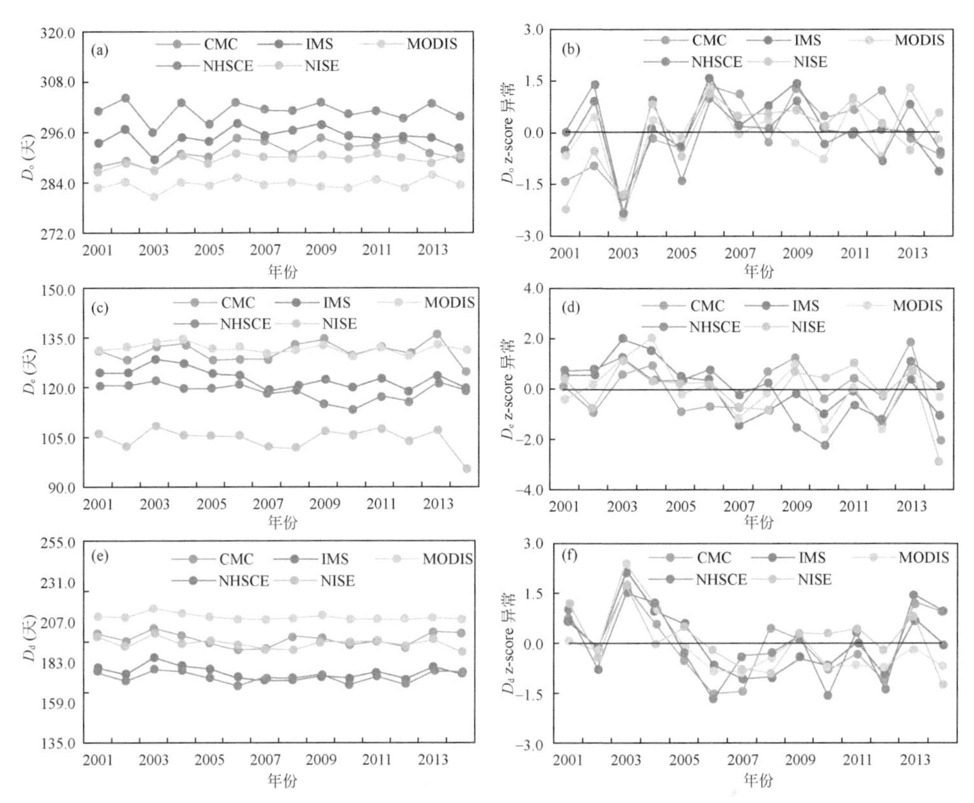

图 5.14 基于 5 种积雪数据提取得到的 2001 ~ 2014 年北半球（a）D_o、（c）D_e和（e）D_d和相应的标准化时间序列（b），（d）和（f）

其他四种数据的平均值之间的相关性和 RMSE 的对比被移除。为此，本节计算了标准化处理后，各积雪物候序列与其他四种数据之间的相关性和 RMSE，见表 5.7和表 5.8。

表 5.7 由单一数据集提取得到的北半球 2001 ~ 2014 年 D_o、D_e和 D_d标准化时间序列与其他四种数据提取得到的标准化时间序列的平均值之间的相关系数

数据	MODIS	CMC	NHSCE	IMS	NISE
D_o	0.71	0.65（0.40）	0.67（0.75）	0.81（0.59）	0.73（0.54）
D_e	0.93	0.61（0.78）	0.65（0.68）	0.80（0.82）	0.71（0.76）
D_d	0.80	0.79（0.67）	0.79（0.63）	0.91（0.85）	0.68（0.64）

注：括号中的值代表变化的显著性水平

表 5.8 由单一数据集提取得到的北半球 2001 ~ 2014 年 D_o、D_e和 D_d标准化时间序列与其他四种数据提取得到的标准化时间序列的平均值之间的 RMSE

数据	MODIS	CMC	NHSCE	IMS	NISE
D_o	0.45	0.58 (1.09)	0.51 (0.44)	0.28 (0.62)	0.50 (0.79)
D_e	0.37	0.84 (0.67)	0.79 (0.80)	0.60 (0.77)	0.72 (0.68)
D_d	0.30	0.34 (0.57)	0.43 (0.73)	0.14 (0.25)	0.56 (0.54)

注：括号中的值代表变化的显著性水平

2. 基于多源数据的积雪物候数据融合方法

以 D_e为例来阐述多源积雪物候信息的合成方法。按照上文所述的积雪物候信息提取方法，由 5 种积雪数据提取得到的 2001 ~ 2014 年北半球 D_e的空间分布信息图见图 5.15，其差异见图 5.16。对比图 5.15 和图 5.16 可以发现，由 5 种积雪数据提取得到的 D_e的差异主要分布在中纬度的高海拔地区，尤其是在青藏高原和落基山地区。其中，通过 CMC 日积雪深度数据提取得到的 D_e比由其他四种

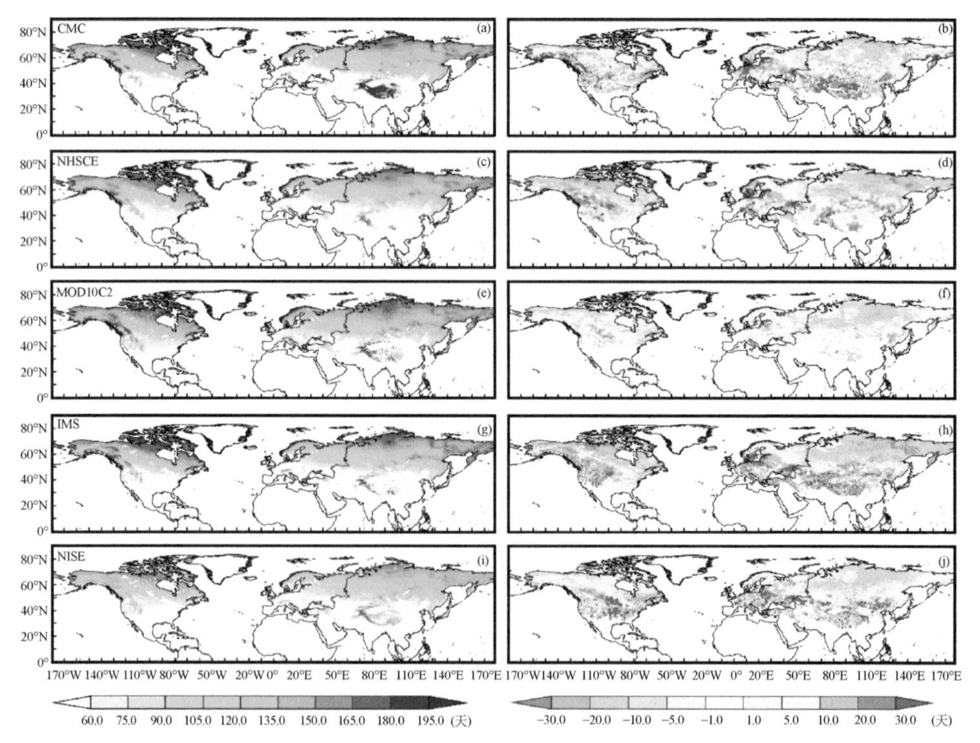

图 5.15 基于 CMC (a)、NHSCE (c)、MOD10C2 (e)、IMS (g) 和 NISE (i) 5 种积雪数据提取得到的 2001 ~ 2014 年北半球年平均 D_e分布图及相应变化量 (b、d、f、h 和 j)

积雪数据提取得到的 D_e 要晚，尤其是 NHSCE。同时，通过 NISE 数据提取得到的 D_e 比由其他四种积雪数据提取得到的 D_e 要早得多。出现这种现象的原因主要是上文对积雪的定义表述不同。

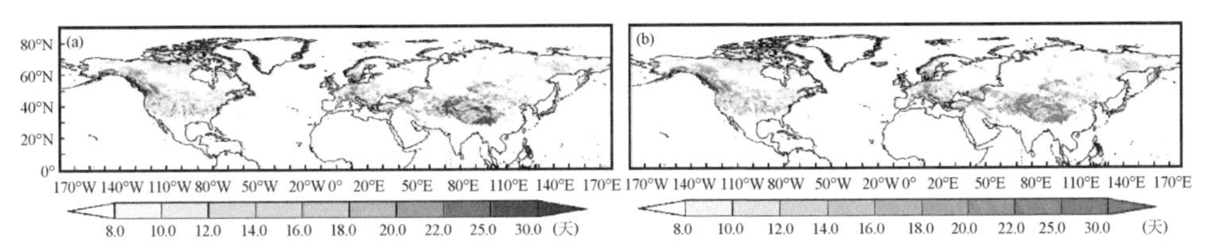

图 5.16　由 5 种积雪数据提取得到的 2001 ~ 2014 年北半球年平均 D_e（a）及其变化量（b）之间的差异

由单一数据集提取得到的北半球 2001 ~ 2014 年 D_o、D_e 和 D_d 标准化时间序列与其他四种数据提取得到的标准化时间序列的平均值之间的相关系数可知（表 5.7），5 种积雪数据提取得到的 D_e 信息基本一致。在大多数情况下，单一积雪数据提取得到的 D_e 序列与其他四种积雪数据提取得到的 D_e 序列的平均值之间的相关系数大于 0.6，均方根误差小于 0.84。然而，CMC 日积雪深度数据和 NHSCE 数据提取得到的 D_e 序列与多个数据集的平均值差异相对明显。由 MODIS 积雪遥感数据提取得到的 D_e 序列与多个数据集的平均 D_e 序列一致性最高，其相关系数为 0.93，均方根误差为 0.37。由 NISE 数据提取得到的 D_e 序列优于 CMC 和 NHSCE 数据提取得到的 D_e 序列，其与多个数据集的平均 D_e 序列值之间的相关系数为 0.71，均方根误差为 0.72，这意味着加入 PM 积雪数据有助于从不同角度量化北半球积雪物候的时空变化。

因为本研究中每个数据序列都与其他数据提取得到的时间序列高度相关，本研究中没有 D_e 序列被移除。最终整合得到的基于多源积雪数据的 D_e 是通过计算参与最终运算的各数据的均值得到，最终的 D_e 时间序列通过 MODIS 数据获取得到的平均值和方差返回到具体的 D_e 值（day of year，DOY）。本研究采用 MODIS 作为参考值，因为与其他数据相比，MODIS 代表空间分辨率高、时间连续性强的可见光遥感影像。该方法同样可运用于像元尺度上多源积雪物候信息的处理，以消除各像元上数据质量差的 D_e 序列值。像元尺度上各积雪数据提取得到的 D_e 与其他四种积雪数据提取得到的 D_e 平均值之间的相关性和均方根误差见图 5.17。

3. 不确定性量化方法

对最终得到的 D_e 数据的不确定性评估可利用式（5.1）中的标准误差（standard error，SE）得到：

$$SE = s / \sqrt{n-1} \tag{5.1}$$

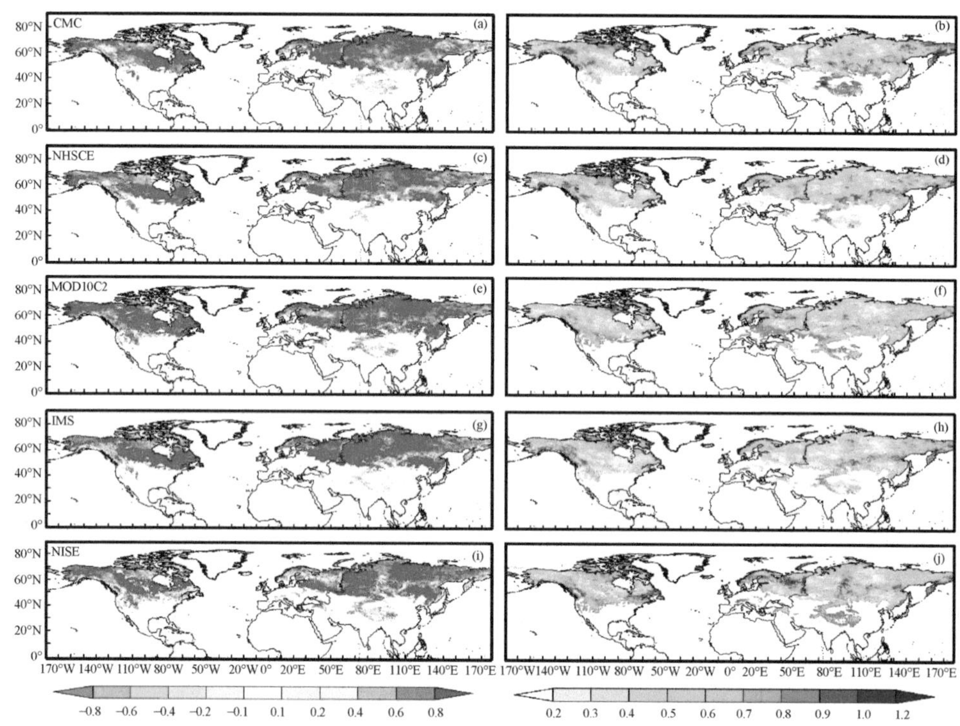

图 5.17　各积雪数据提取得到的 2001 ~ 2014 年北半球 D_e标准异常时间序列与其他四种积雪数据提取得到的 D_e 平均值之间的相关性和均方根误差

左侧是相关性，右侧是对应的均方根误差

标准误差 SE 的大小取决于参与多源 D_e序列运算的 D_e序列数 n 和它们之间的标准差。对于 D_o、D_e和 D_d的年际和时空变化趋势，我们首先计算出由单个数据提取得到的积雪物候序列本身的年际和时空变化。然后，将显著性水平大于 90% 的各数据进行平均以获得最终的时空变化趋势。最终的多源积雪数据的变化量的不确定性通过式（5.1）获得。同时，本研究在计算最终变化的时间序列上还采用了 2S 控制标准（-2 ~ +2 倍标准差）。超过该标准的变化值将作为极端值被排除在外。

4. 多源积雪物候特征与站点数据对比分析

GHCN 和 ECA&D 站点积雪深度数据提取得到的积雪物候信息被用来验证多源积雪数据分析得到的积雪物候信息的准确性和误差分布特征。为了与遥感所获信息的匹配分析，并避免临时性积雪对积雪物候提取的影响，对于 GHCN 和 ECA&D 雪深站点来说，D_o被定义为积雪累积期连续 5 天积雪深度大于 0cm 的日期；D_e被定义为融雪期连续5天积雪深度大于0cm的日期；D_d被定义为从累积期积雪初雪日D_o到消融期积雪终雪日D_e之间的天数。因为大部分站点2013年和2014年存在数据缺失，本研究选用2001～2012年的站点数据进行分析。

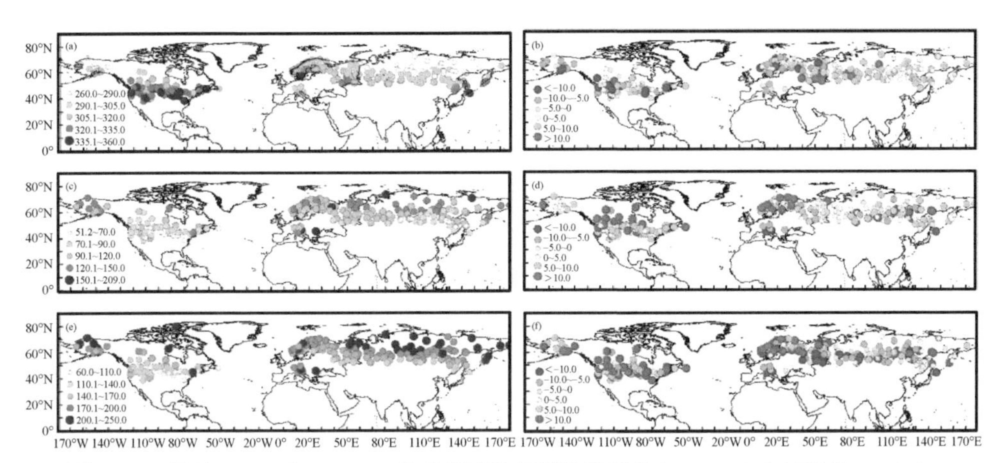

图 5.18　基于 GHCN 和 ECA&D 站点雪深数据提取得到的 2001～2012 年平均 D_o（a）、D_e（c）和 D_d（e）及其与多源积雪数据整合得到的北半球 D_o、D_e和 D_d差值（b、d 和 f）

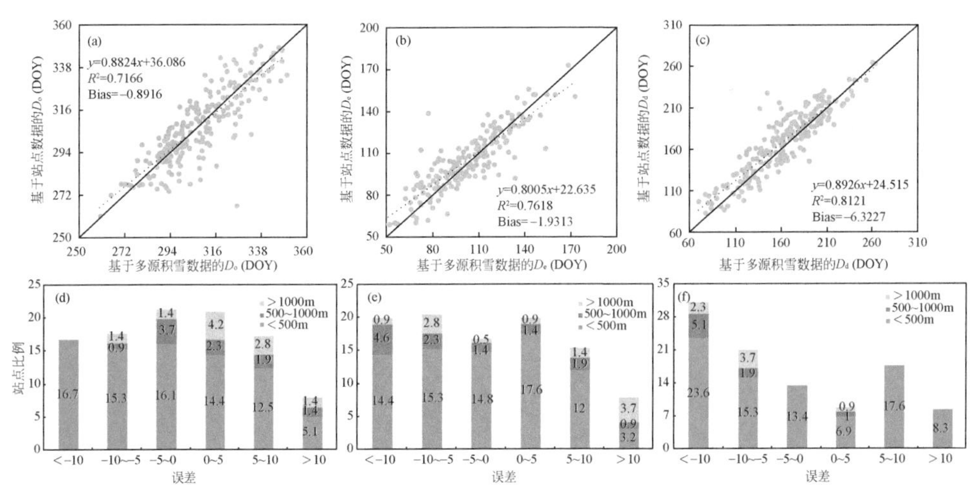

图 5.19　2001～2012 年站点数据与多源积雪数据整合得到的 D_o（a）、D_e（b）和 D_d（c）散点图以及相应误差分布直方图（d、e 和 f）

图 5.18 展示了 2001～2012 年 GHCN 和 ECA&D 站点平均的 D_o、D_e和 D_d空间分布情况。图 5.18（a）、图 5.18（c）和图 5.18（e）分别反映了 2001～2012 年北半球 D_o、D_e和 D_d的分布特征。从图中可以看到，从中纬度到高纬度 D_o、D_e

和 D_d有着明显的分布梯度。在大部分站点，站点观测得到的 D_o、D_e和 D_d和多源积雪数据提取得到的结果一致性较好，在 95% 的置信水平上，两者之间的相关性分别为 0.7166、0.7618 和 0.8121 [图 5.19（a）、图 5.19（b）和图 5.19（c）]。然而，与 D_o、D_e的偏差相比，D_d的偏差比较大。这主要是因为 D_d的偏差是 D_o和 D_e的偏差共同作用的结果。另外，如图 5.19（a）、图 5.19（b）和图 5.19（c）所示，在 D_o、D_e和 D_d数值比较低的区域，遥感提取得到的结果比实测结果高，而在 D_o、D_e和 D_d数值比较高的区域，遥感提取得到的结果比实测结果低。该现象主要是由多源积雪数据的低空间分辨率导致的，低空间分辨率导致遥感提取得到的结果平均了像元空间范围内的所有数据，而对最大值、最小值等信息不敏感。

站点 D_o、D_e、D_d和多源积雪数据提取得到的 D_o、D_e和 D_d之间的误差分布（站点结果-遥感提取结果）分别见图 5.19（d）、图 5.19（e）和图 5.19（f）。对比可知，低海拔区域遥感提取得到的结果较好，而高海拔区域遥感提取得到的结果较差。研究区共有站点 216 个，高程小于 500m、500 ~ 1000m 和大于1000m 的站点分别占站点数的 77.3%、12.5% 和 10.2%。在高程大于 1000m 和500 ~ 1000m 的站点中，误差值在-5 ~ 5 天之外的站点分别占了 86% 和 69%。

之前的研究已经证明，依靠原始站点数据提取得到的结果高度依赖于站点的特殊位置，如纬度和海拔，并且只能反映特定时间内的状态。这样的观测结果仅能反映特定的气象环境而很难获得有意义的气候信息（Hansen et al.，2010）。然而，如图 5.19（a）、图 5.19（b）和图 5.19（c）所示，多源积雪数据整合得到的 D_o、D_e和 D_d数值依然能够较好地反映实测数据的观测结果，这说明我们研究中使用的多源积雪数据分析方法是可靠的。

5.4.3 2001 ~ 2014 年北半球积雪物候变化分析

1. 时空变化特征

基于多源积雪数据分析结果，我们发现 2001 ~ 2014 年北半球中纬度和高纬度之间积雪物候存在不同的变化趋势。例如，初雪日 D_o [图 5.20（a）和图 5.20（d）] 在北半球的大部分地区（40 ~ 70°N）缩短了 2.19（±1.63）天，而在纬度低于 40°N 的地区提前了 2.70（±1.97）天。北半球 D_o推迟最显著的地区是东欧和亚洲西部 [图 5.20（a）中方框区域]。与 D_o的变化不一样，终雪日 D_e [图 5.20（b）和图 5.20（e）] 在高纬度的欧亚大陆、加拿大以及高海拔的青藏高原地区提前了 9.66（±2.35）天，但是却在中纬度的亚洲东部和北美中部推迟了10.67（±2.35）天。D_o和D_e的时空变化导致了2001～2014年研究区40°N以下地区的D_d延长了10天左右；相反，在40°N以上的地区D_d则以0.7d/10a的速度在缩短。

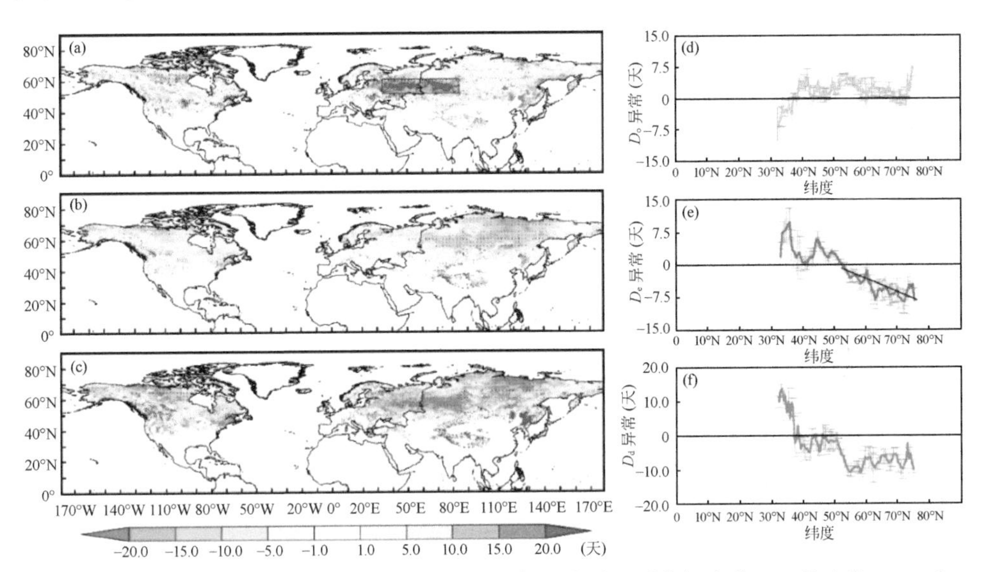

图5.20　基于多源数据分析得到的2001～2014年北半球积雪物候变化。D_o的变化（a）和（d）、D_e的变化（b）和（e）和D_d的变化（c和f）；变化量是线性斜率乘以时间区间得到的；图a、b和c上面的黑点代表变化的显著性水平在90%以上；纬度带上的变化以0.50°为单位统计得到；d、e和f中的误差线通过式（5.1）计算得到

2. 主导积雪物候特征

皮尔森相关分析表明，D_e和D_d在95%的置信水平上显著相关（$R^2=0.79$）。同时，D_o和D_d在95%的置信水平上也显著相关（$r=0.64$），见图5.21。考虑到2001～2014年北半球D_o的变化较小，近些年来北半球D_d的变化主要取决于D_e的变化。另外，2001～2014年D_e总体上显著提前的同时，北半球中高纬度之间D_e的变化存在显著的不一致性（图5.20e），其中在北半球52°N以下的中低纬度地区D_e平均延迟了3.28（±2.59）天，其中延迟最显著的是在35.5°N（9.78±3.49天）；在北半球52°N以上的中高纬度（52°N ～75°N）D_e平均提前了5.11（±2.20）天，其中提前最显著的是在72 °N（−8.59±2.78天）。如图5.20e所示，北纬52°N以上，D_e随纬度升高呈线性提前的趋势。

图5.20（b）所示的北半球中高纬度之间D_e的相反变化趋势与2001～2014年北半球融雪期a_s的时空变化高度相似，见图5.22。对2001～2014年D_e和融雪

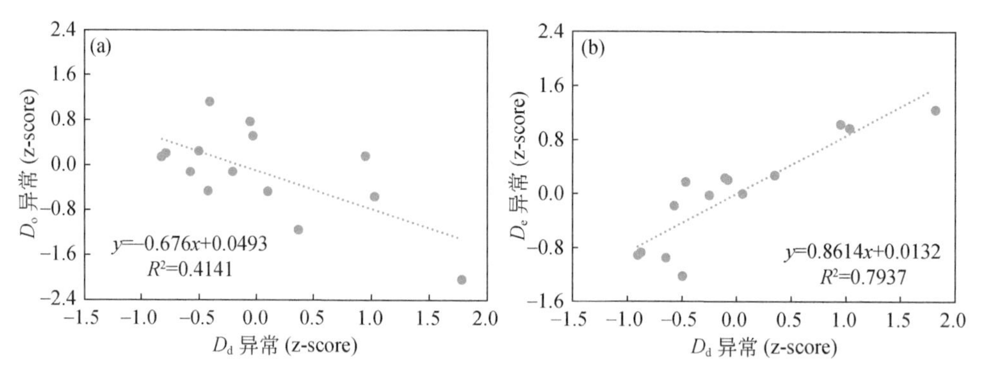

图 5.21　基于多源积雪数据分析得到的 2001 ~ 2014 年北半球年平均 D_o 和 D_d 之间的相关性（a）和 D_e 和 D_d 之间的相关性（b）

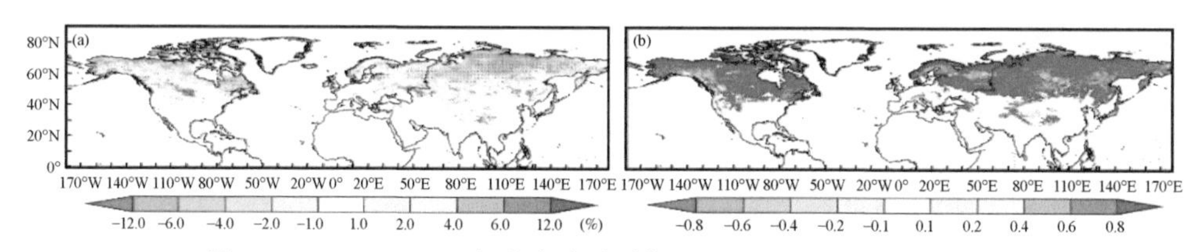

图 5.22　2001 ~ 2014 年北半球融雪期（3 ~ 6 月）地表反照率 a_s 变化量（%）（a）及其与终雪日 D_e 之间的线性相关性（b）

b 中的黑点代表相关关系在 90% 的水平上显著

期 a_s 的相关性分析表明，D_e 和 a_s 的相关性在 0.8 以上的像元占研究区的 91% 以上。按照之前分析的 SAF 反馈机制，高纬度地区 D_e 的显著提前导致了 a_s 的降低和积雪辐射冷却效应的减弱。相反，中纬度地区 D_e 的推迟则提高了该地区的 a_s，从而造成了中纬度地区积雪辐射冷却效应的增强。

3. 小结

受数据源、研究时间段、研究区域的限制，上述研究多存在空间代表性不足、时间尺度短、研究区偏小、时间分辨率不高等普遍问题。尤其是，半球尺度的积雪物候研究，其时间分辨率依然停留在周尺度上，严重影响北半球积雪变化研究在积雪灾害防治、融雪径流模拟中的应用。基于多源积雪数据的综合分析结果，我们发现 2001 ~ 2014 年北半球中纬度和高纬度的积雪物候呈现相反的变化趋势。该结果可以帮助我们更好地理解近期气候变化背景下，半球尺度上积雪物候的时间和空间变化特征。积雪物候是气候变化的结果，但同时也促进气候的进一步变化。因此，半球尺度上的气候模型应该将北半球中纬度和高纬度相反的积雪物候变化特征考虑进来以减少气候模拟和预测的不确定性。但是，受观测数据限制，我们现有的积雪物候变化结果的空间分辨率较低。因此，未来的积雪物候研究迫切需要长时间序列、高分辨率的积雪观测数据集。

随着大气中温室气体的累积以及冰冻圈积雪和海冰减少所导致的北极圈气温放大效应的增强，北半球气温升高的总体趋势以及北半球中高纬度之间气温变化的不一致性也将持续。相应的，受气温和降水的影响，北半球中高纬度之间积雪物候变化的不一致性也非常有可能持续下去。考虑到融雪期积雪物候变化、该变化所产生的辐射胁迫以及观测得到的大气顶端短波辐射异常的空间相似性，有必要进一步理解积雪物候的变化如何通过对能量收支的影响进一步作用于气候变化。

参考文献

陈春艳，李毅，李奇航 . 2015. 新疆乌鲁木齐地区积雪深度演变规律及对气候变化的响应 [J]. 冰川冻土，37：587-594.

胡列群，李帅，梁凤超 . 2013. 新疆区域近 50a 积雪变化特征分析 [J]. 冰川冻土，35：793-800.

秦大河 . 2017. 冰冻圈科学概论 [M]. 北京：科学出版社 .

孙燕华，黄晓东，王玮，等 . 2014. 2003—2010 年青藏高原积雪及雪水当量的时空变化 [J]. 冰川冻土，36，1337-1344.

唐小萍，闫小利，尼玛吉，等 . 2012. 西藏高原近 40 年积雪日数变化特征分析 [J]. 地理学报，67：951-959.

王春学，李栋梁 . 2012. 中国近 50a 积雪日数与最大积雪深度的时空变化规律 [J]. 冰川冻土，34：247-256.

王国亚，毛炜峄，贺斌，等 . 2012. 新疆阿勒泰地区积雪变化特征及其对冻土的影响 [J]. 冰川冻土，34：1293-1300.

杨倩，陈圣波，路鹏，等 . 2012. 2000—2010 年吉林省积雪时空变化特征及其与气候的关系 [J]. 遥感技术与应用，27：413-419.

Andreadis K，Lettenmaier D. 2006. Assimilating remotely sensed snow observations into a macroscale hydrology model [J]. Advances in Water Resources，29：872-886.

Beniston M. 1997. Variations of snow depth and duration in the swiss alps over the last 50 years：Links to changes in large-scale climate forcing [J]. Climatic Change，36：281-300.

Bokhorst S，Bjerke J，Tømmervik H，et al. 2009. Winter warming events damage sub- Arctic vegetation：consistent evidence from an experimental manipulation and a natural event [J]. Journal of Ecology，97：1408-1415.

Brown R，Derksen C，Wang L. 2010. A multi- data set analysis of variability and change in Arctic spring snow cover extent，1967—2008 [J]. Journal of Geophysical Research：Atmospheres，115：D16111.

Brown R, Robinson D. 2011. Northern Hemisphere spring snow cover variability and change over 1922-2010 including an assessment of uncertainty [J]. The Cryosphere, 5: 219-229.

Bulygina O, Groisman P, Razuvaev V, et al. 2011. Changes in snow cover characteristics over Northern Eurasia since 1966 [J]. Environmental Research Letters, 6: 045204.

Chen X, Liang S, Cao Y, et al. 2015. Observed contrast changes in snow cover phenology in northern middle and high latitudes from 2001-2014 [J]. Scientific Reports, 5: 16820.

Choi G, Robinson D, Kang S. 2010. Changing Northern Hemisphere snow seasons [J]. Journal of Climate, 23: 5305-5310.

Derksen C, Brown R. 2012. Spring snow cover extent reductions in the 2008-2012 period exceeding climate model projections [J]. Geophysical Research Letters, 39: L19504.

Dong J, Zhang G, Zhang Y, et al. 2013. Reply to Wang et al.: Snow cover and air temperature affect the rate of changes in spring phenology in the Tibetan Plateau [J]. Proceedings of the National Academy of Sciences, 110: E2856-E2857.

Déry S, Brown R. 2007. Recent Northern Hemisphere snow cover extent trends and implications for the snow-albedo feedback [J]. Geophysical Research Letters, 34: L22504.

Flanner M, Shell K, Barlage M, et al. 2011. Radiative forcing and albedo feedback from the Northern Hemisphere cryosphere between 1979 and 2008 [J]. Nature Geosciences, 4: 151-155.

Frei A, Tedesco M, Lee S, et al. 2012. A review of global satellite-derived snow products [J]. Advances in Space Research, 50: 1007-1029.

Groisman P, Karl T, Knight R. 1994. Observed impact of snow cover on the heat balance and the rise of continental spring temperatures [J]. Science, 14: 198-200.

Hall D, Kelly R, Riggs G, et al. 2002. Assessment of the relative accuracy of hemispheric-scale snow-cover maps [J]. Annals of Glaciology, 34: 24-30.

Hall D, Riggs G. 2007. Accuracy assessment of the MODIS snow products [J]. Hydrological Processes, 21: 1534-1547.

Hansen J, Ruedy R, Sato M, et al. 2010. Global surface temperature change [J]. Reviews of Geophysics, 48: RG4004.

Helfrich S, McNamara D, Ramsay B, et al. 2007. Enhancements to, and forthcoming developments in the Interactive Multisensor Snow and Ice Mapping System IMS [J]. Hydrological Processes, 21: 1576-1586.

Henderson G, Leathers D. 2009. European snow cover extent variability and associations with atmospheric forcings [J]. International Journal of Climatology, 30: 1440-1451.

Huang X, Hao X, Feng Q, et al. 2014. A new MODIS daily cloud free snow cover mapping algorithm on the Tibetan Plateau [J]. Sciences in Cold and Arid Regions, 6: 0116-0123.

IPCC. 2013. Climate Change 2013: The Physical Science Basis. Contribution of Working Group I to the Fifth Assessment Report of the Intergovernmental Panel on Climate Change [M]. Cambridge: Cambridge University Press.

Ke C, Li X, Xie H, et al. 2016. Variability in snow cover phenology in China from 1952 to 2010 [J].

Hydrology and Earth System Sciences, 20: 755-770.

Keller F, Goyette S, Beniston M. 2005. Sensitivity analysis of snow cover to climate change ccenarios and their impact on plant habitats in Alpine terrain [J]. Climatic Change, 72: 299-319.

Ma N, Yu K, Zhang Y, et al. 2020. Ground observed climatology and trend in snow cover phenology across China with consideration of snow-free breaks [J]. Climate Dynamics, 55: 2867-2887.

Mioduszewski J, Rennermalm A, Robinson D, et al. 2014. Attribution of snowmelt onset in Northern Canada [J]. Journal of Geophysical Research: Atmospheres, 119: 9638-9653.

Mote T, Kutney E. 2012. Regions of autumn Eurasian snow cover and associations with North American winter temperatures [J]. International Journal of Climatology, 32: 1164-1177.

Peng S, Piao S, Ciais P, et al. 2013. Change in snow phenology and its potential feedback to temperature in the Northern Hemisphere over the last three dECA&Des [J]. Environmental Research Letters, 8: 014008.

Pu Z, Xu L, Salomonson V. 2007. MODIS/Terra observed seasonal variations of snow cover over the Tibetan Plateau [J]. Geophysical Research Letters, 34: L06706.

Pu Z, Xu L, Salomonson V. 2008. MODIS/Terra observed snow cover over the Tibet Plateau: distribution, variation and possible connection with the East Asian Summer Monsoon EASM [J]. Theoretical and Applied Climatology, 97: 265-278.

Qian Y, Flanner M, Leung L, et al. 2011. Sensitivity studies on the impacts of Tibetan Plateau snowpack pollution on the Asian hydrological cycle and monsoon climate [J]. Atmospheric Chemistry and Physics, 11: 1929-1948.

Qian Y, Zheng Y, Zhang Y, et al. 2003. Responses of China's summer monsoon climate to snow anomaly over the Tibetan Plateau [J]. International Journal of Climatology, 23: 593-613.

Qu X, Hall A. 2014. On the persistent spread in snow-albedo feedback [J]. Climate Dynamics, 42: 69-81.

Singh D, Flanner M, Perket J. 2015. The global land shortwave cryosphere radiative effect during the MODIS era [J]. The Cryosphere, 9: 2057-2070.

Takala M, Pulliainen J, Metsämäki S, et al. 2009. Detection of snowmelt using spaceborne microwave radiometer data in eurasia from 1979 to 2007 [J]. IEEE Transactions on Geoscience and Remote Sensing, 47: 2996-3007.

Trishchenko A, Wang S. 2017. Variations of climate, surface energy budget and minimum snow/ice extent over Canadian Arctic landmass for 2000—2016 [J]. Journal of Climate, 31: 1155-1172.

Wang L, Derksen C, Brown R, et al. 2013. Recent changes in pan-Arctic melt onset from satellite passive microwave measurements [J]. Geophysical Research Letters, 40: 522-528.

Wegmann M, Orsolini Y, Vázquez M, et al. 2015. Arctic moisture source for Eurasian snow cover variations in autumn [J]. Environmental Research Letters, 10: 054015.

Whetton R, Haylock M, Galloway R. 1996. Climate change and snow-cover duration in the Australian Alps [J]. Climatic Change, 32: 447-479.

Wu Z, Jiang Z, Li J, et al. 2012. Possible association of the western Tibetan Plateau snow cover with the dECA&Dal to interdECA&Dal variations of northern China heatwave frequency [J]. Climate Dynamics, 39: 2393-2402.

Xu W, Ma H, Wu D, et al. 2017a. Assessment of the daily cloud-free MODIS snow-cover product for monitoring the snow-cover phenology over the Qinghai-Tibetan Plateau [J]. Remote Sensing, 9: 585.

Xu W, Ma L, Ma M, et al. 2017b. Spatial-temporal variability of snow cover and depth in the Qinghai-Tibetan Plateau [J]. Journal of Climate, 30: 1521-1533.

第 6 章　北半球积雪变化的归因分析

本章对北半球积雪变化的驱动因素进行简要归纳和总结，共 5 个小节。6.1 节，概述；6.2 节，介绍积雪变化研究中常用的分析方法；6.3 节，对北半球积雪变化的关键驱动因素进行分析；6.4 节，聚焦中国区域积雪变化的驱动因子；6.5 节，分析北半球典型区域——青藏高原的积雪变化的驱动因素。

6.1　概　　述

在北半球积雪面积和积雪物候发生巨大变化的同时，北半球积雪变化的原因也引起了学者的广泛讨论。大量研究结果表明，北半球积雪的变化与近地表气温 T_s 和降水量 P_s 的波动密切相关，并呈现显著的区域和季节性差异。在半球尺度上，Brown 等（2010）研究发现，1967 ~ 2008 年北半球融雪期积雪面积对 T_s 高度敏感，为 -0.76×10^6 km²/℃。其中，欧亚大陆积雪面积对气温的敏感性为 -0.54×10^6 km²/℃，而北美洲积雪面积对气温的敏感性为 -0.22×10^6 km²/℃。Derksen 和 Brown（2012）进一步研究表明，欧亚大陆 5 月积雪面积对 T_s 的敏感性最高，而北美洲 6 月积雪面积对 T_s 的敏感性最高。

北半球积雪变化的驱动因子还呈现显著的区域和季节差异性。例如，汪方和丁一汇（2011）、于灵雪等（2014）研究发现，T_s 和 P_s 在东亚与黑龙江流域积雪面积变化中起主要作用；Peng 等（2013）和 Wang 等（2013）研究表明，与大气环流相比，北半球积雪物候变化与地表气温 T_s 的相关性更高；张丽旭和魏文寿（2002）则认为，与气温相比，积雪累积期降水量 P_s 的增加是天山西部中山带积雪增加的主要原因。此外，与张丽旭和魏文寿（2002）的研究结论不同，Chen 等（2018）发现，与降水量相比，累积期气温的波动才是青藏高原积雪变化的关键驱动因子。颜伟等（2014）认为在低山区 T_s 是影响春、夏季积雪面积变化的主因，T_s 和 P_s 对秋季积雪面积变化的影响相当，而冬季积雪面积变化对 P_s 更加敏感；在高山区，夏季积雪面积对 T_s 更敏感，而冬、春季积雪面积主要受 P_s 影响。可见，近地表气温和降水被认为是北半球积雪变化最根本的驱动因子。

研究表明，积雪变化还与大尺度的大气环流，如 ENSO（El Nino-Southern

Oscillation）（陶亦为等，2011）、AO（Cohen et al.，2012）、西风环流（westerly jet streams）（Mölg et al.，2013），以及研究区域的辐射强度（张伟等，2014）、海拔、坡向、坡度、植被、纬度、经度等（王宏伟等，2014）因素密切相关。此外，除自然因素外，人类活动也在一定程度上影响了北半球积雪的时空变化（Najafi et al.，2016）。上述因素通过对气温和降水的影响，最终影响积雪的时空分布格局。

近期的气候变化研究表明，在北极增温放大效应的作用下，北半球高纬度的增温速度几乎是低纬度增温速度的两倍（Cohen et al.，2014；Francis and Vavrus，2012；Screen，2014；Tang et al.，2013），该现象使得北半球中-高纬度之间的温度梯度不断减小，造成北半球西风带的减弱，进而导致北半球降水分布的异常。与此同时，近年来太平洋表层气温的降低（Kosaka and Xie，2013）、大气环流异常（Mölg et al.，2013）等因素也在一定程度上加剧了北半球气温和降水格局的变化。在此背景下，有必要进一步研究气候变化背景下，北半球积雪对气温和降水新格局的响应。

6.2 常用的积雪变化归因分析方法

近地表气温 T_s 和降水量 P_s 是积雪变化最根本的驱动因子，然而如何解析 T_s 和 P_s 深层次的变化原因，对探索北半球积雪变化的现状及估测未来变化趋势至关重要。回归分析、相关分析、偏相关分析、敏感性分析等常用来进行积雪变化的归因研究。

6.2.1 数据预处理

我们得到的数据会存在缺失值、重复值等，在使用之前需要进行数据预处理。一般来说，积雪变化研究中的数据预处理包括缺失值处理、标准化处理、去趋势处理等。

1. 处理缺失值

受传感器故障、轨道覆盖不完整、云遮掩等因素的影响，我们得到的积雪数据通常有缺失值存在。常见的缺失值补全方法有均值插补、同类均值插补、建模预测、高维映射、多重插补、极大似然估计等。

（1）均值插补：如果样本属性的距离是可度量的，则使用该属性有效值的平均值来插补缺失的值。

（2）同类均值插补：首先将样本进行分类，然后以该类中样本的均值来插补缺失值。

（3）建模预测：将缺失的属性作为预测目标来预测，将数据集按照是否含有特定属性的缺失值分为两类，利用现有的机器学习算法对待预测数据集的缺失值进行预测。

（4）手动插补：插补处理只是将未知值补以我们的主观估计值，不一定完全符合客观事实。在许多情况下，根据对所在领域的理解，手动对缺失值进行插补的效果会更好。

2. 标准化

为了对不同变量进行对比分析，最常见的方法就是标准化转换。数据标准化是将变量的属性缩放到某个指定的范围，其目的是消除不同变量属性和量级带来的影响，以解决以下问题：①数量级的差异导致量级较大的属性占据主导地位；②数量级的差异将导致迭代收敛速度减慢；③依赖于样本距离的算法对于数据的数量级非常敏感。最小值–最大值和 z-score 是实现标准化的常用方法。

最小值–最大值标准化：对于原始值 x，设 $x_{\min}$ 和 $x_{\max}$ 分别为原始值 x 时间序列内的最小值和最大值，则其标准化序列 Z_x 计算如下：

$$Z_x = \frac{x - x_{\min}}{x_{\max} - x_{\min}} \tag{6.1}$$

z-score 标准化：基于原始数据的均值（μ_x）和标准差（δ_x）进行数据的标准化，其目的是将不同量级的数据统一转化为同一个量级，统一用计算出的z-score 值衡量，以保证数据之间的可比性，计算公式如下：

$$Z_x = \frac{x - \mu_x}{\delta_x} \tag{6.2}$$

$$\delta_x = \sqrt{\frac{1}{n}\sum_{i=1}^{n}(x_i - \mu)^2} \tag{6.3}$$

z-score 能够应用于数值型的数据，并且不受数据量级的影响，因为它本身的作用就是消除量级给分析带来的不便。但是，z-score 应用也有风险。首先，估算 z-score 需要总体的平均值与方差，但是该值在真实的分析与挖掘中很难得到，大多数情况下是用样本的均值与标准差替代。其次，z-score 对于数据的分布有一定的要求，正态分布是最有利于 z-score 计算的。最后，z-score 消除了数据具有的实际意义，A 的 z-score 与 B 的 z-score 与它们各自的分数不再有关系，因此 z-score 的结果只能用于比较数据间的结果，数据的真实意义还需要还原原值。

3. 去趋势分析

去趋势法常在处理一个数据列中用到，目的就是消除趋势的影响，如温度的多年变化趋势，但有时候我们想看看如果温度多年趋势不变化，只看其年际波动（Cuo et al.，2013），这时就用到去趋势法。差分法和拟合模拟法是实现去趋势目的的常用方法。

1）差分法去趋势

时间序列去趋势最简单的方法就是差分。具体而言，在等时间步长的基础上，计算前一观测值 S_{t-1} 和观测值 S_t 之差构造出新的序列，见式（6.4）：

$$T_d = S_t - S_{t-1} \tag{6.4}$$

2）拟合模型去趋势

线性趋势可以用线性模型总结，非线性趋势可以用多项式或其他曲线拟合方法概括。这个模型的预测将形成一条直线，可以作为该数据集的趋势线。将拟合计算得到的预值 P_t 从原始时间序列中 S_t 减去，即数据集的去趋势序列 T_d。

$$T_d = S_t - P_t \tag{6.5}$$

上述数据预处理方法在不同的时间序列和空间尺度的积雪变化分析中经常用到，具体的应用中还需根据研究目的进一步选择和细化。

6.2.2 常用的归因分析方法

积雪变化研究中的归因分析指的是各气候变量对积雪变化的影响程度，最基本的方法有相关分析、偏相关分析和敏感性分析等。

1. 皮尔逊相关性分析

相关系数是用以反映变量之间相关关系密切程度的统计指标。在统计学中，皮尔逊相关系数 $r(x, y)$，用于度量给定时间区间内两个变量 x 和 y 之间的线性相关性，其值介于-1 与 1 之间。

$$r(x, y) = \frac{\cos(x, y)}{\sigma x \sigma y} = \frac{\sum_{i=1}^{n}(x_i - \bar{x})(y_i - \bar{y})}{\sqrt{\sum_{i=1}^{n}(x_i - \bar{x})^2}\sqrt{\sum_{i=1}^{n}(y_i - \bar{y})^2}} \tag{6.6}$$

其中，$\bar{x}$ 和 $\bar{y}$ 分别为变量 x 和 y 的平均值，计算如下：

$$\bar{x} = \frac{\sum_{i=1}^{n} x_i}{n}, \quad \bar{y} = \frac{\sum_{i=1}^{n} y_i}{n}, \tag{6.7}$$

2. 偏相关分析

偏相关分析是指当两个变量同时与第三个变量相关时，将第三个变量的影响剔除，只分析另外两个变量之间相关程度的过程。在多元回归中，简单相关系数只是两变量局部的相关性质，而不是整体的性质。在多元回归中并不看重简单相关系数，而是看重偏相关系数。根据偏相关系数，可以判断自变量对因变量的影响程度；对那些对因变量影响较小的自变量，则可以认为对因变量贡献不大。

假设存在 y 和 z 两个变量同时与变量 x 相关，在控制了变量 z 的线性作用后，变量 y 与变量 x 之间的偏相关系数计算如下（王海燕等，2006）：

$$r_{xy(z)}=\frac{r_{xy}-r_{xz}r_{yz}}{\sqrt{1-r_{xz}^{2}}\sqrt{1-r_{yz}^{2}}} \tag{6.8}$$

式中，r_{xy}、r_{xz}、r_{yz}分别代表变量 x 和 y、变量 x 和 z，以及变量 y 和 z 之间的相关系数。

3. 敏感性分析

敏感性分析是指从定量分析的角度研究有关因素发生某种变化对某一个或一组关键指标影响程度的一种不确定分析技术，其实质是通过逐一改变相关变量数值的方法来解释关键指标受这些因素变动影响大小的规律。敏感性因素一般可选择主要参数进行分析。若某参数的小幅度变化能导致经济效果指标的较大变化，则称此参数为敏感性因素，反之则称其为非敏感性因素。

敏感性分析分为单因素敏感性和多因素敏感性分析。具体的应用中，单因素方法很少被用到。多因素敏感性分析法是指在假定其他不确定性因素不变条件下，计算分析两种或两种以上不确定性因素同时发生变动，对因变量的影响程度。值得注意的是，多因素敏感性分析须进一步假定同时变动的几个因素都是相互独立的，且各因素发生变化的概率相同。

接下来，本节以 Pederson 等（2013）中落基山脉地区的积雪减少分析为例，来介绍敏感性分析的具体应用。落基山脉地区积雪变化与气温和降水的季节性波动密切相关。为了定量分析冬季（11 月至次年 1 月）和春季（2～3 月）气候变化对区域积雪变化的影响，首先需要将冬季和春季气温和降水进行归一化处理；其次以积雪水当量为因变量，气温和降水为自变量，建立回归方程；最后利用回归系数乘以各自的标准化时间序列，即可得到各变量对积雪水当量的影响程度（图 6.1）。

值得注意的是，敏感性分析法是一种动态不确定性分析法，是气候变化研究中不可或缺的组成部分。它用以分析因变量（通常为积雪）对各不确定性气候

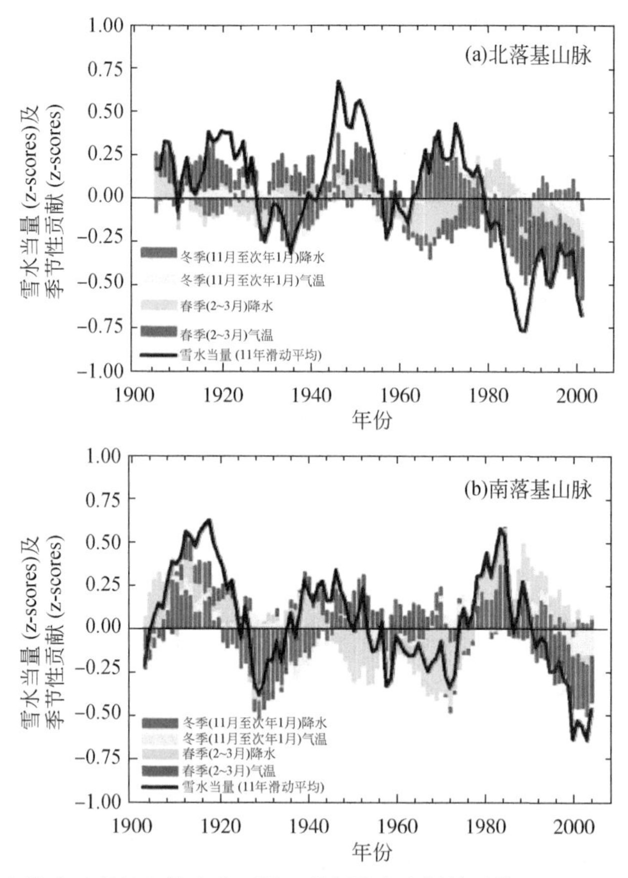

图 6.1　气温和降水对落基山脉南北两侧 4 月积雪水当量的贡献（Pederson et al.，2013）

因素的敏感程度，找出敏感性因素及其最大变动幅度，据此判断因变量的潜在风险。但是，敏感性分析尚不能确定各种不确定性因素发生的概率，因而其结论的准确性就会受到一定的影响。

6.3　北半球积雪变化的驱动因子分析

本节首先概述北半球积雪变化的驱动因子，其次以北半球积雪物候变化为例，探讨初雪日 D_o、终雪日 D_e和积雪持续时间 D_d的具体变化及关键驱动因子。

6.3.1　北半球积雪变化的驱动因子概述

积雪是气候系统的产物，积雪的变化离不开气候系统的驱动。基于已有研究成果，本节总结了北半球积雪变化的常见驱动因子，见图 6. 2。

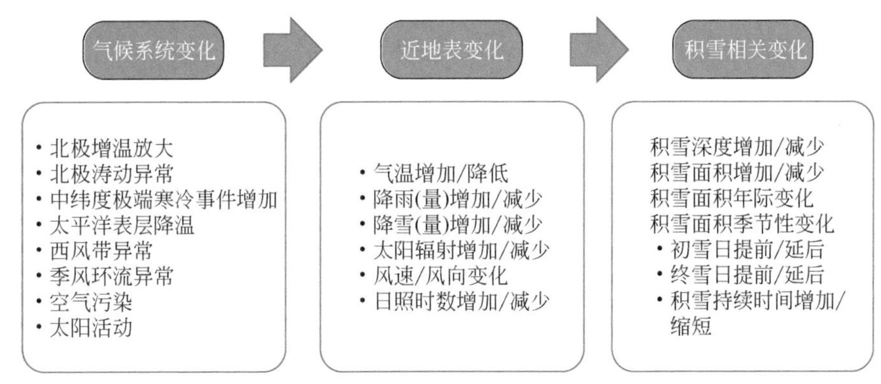

图 6. 2　北半球积雪变化的常见驱动因子

一般来说，北半球积雪变化的原因可以归纳为气候系统变化→近地表变化→积雪相关变化。气候系统变化包括北极增温放大、北极涛动异常、西风带异常、中纬度极端寒冷事件增加、太平洋表层降温、季风环流异常、空气污染、太阳活动等。大尺度环流异常驱动下的近地表变化则包括近地表气温、降雨量、降雪量、太阳辐射、风速、日照时数的增加或者减少。在近地表变化异常的驱动下，积雪变化通常包括积雪面积和积雪深度的增加/减少、初雪日和终雪日的提前/延后，以及积雪持续时间的缩短/延长等。

6. 3. 2　北半球积雪物候变化的驱动因子分析

本小节以 2001 ~2014 年北半球积雪物候变化为例，通过敏感性分析和贡献分析，探讨关键驱动因子及其对初雪日、终雪日和积雪持续时间变化的贡献。

1. 北半球初雪日变化的驱动因子

为了计算初雪日 D_o对积雪累积期气温（snow accumulation season temperature，T_a）和积雪累积期降水量（snow accumulation season precipitation，P_a）的敏感性，我们将 D_o作为自变量，而将 T_a和 P_a作为因变量，如下：

$$D_o=\beta_1\times T_a+\beta_2\times P_a+\alpha_1 \tag{6.9}$$

我们假设，D_o的年际变化是由 T_a和 P_a驱动的，分别由 $\beta_1\times T_a$和 $\beta_2\times P_a$表示。然后，我们将回归系数 β_1定义为排除了 P_a对 D_o的影响后，D_o对 T_a的敏感性；将回归系数 β_2定义为排除了 T_a对 D_o的影响后，D_o对 P_a的敏感性。融雪期 T_a和 P_a对 D_o的贡献通过建立 D_o的 z-score 时间序列与 T_a和 P_a的 z-score 时间序列之间在年际和纬度带上的回归关系进行计算。计算得到的回归系数乘以 T_a 和 P_a 的 z-score 时间序列即可得到 T_a 和 P_a 对 D_o z-score 时间序列的贡献。

利用 CRU TS 数据集（Harris et al., 2013）得到的 2001 ~ 2013 年北半球 T_a、消融期气温（snow melting season temperature, T_m）、积雪期平均气温（snow season temperature, T_s）和 P_a 的年际与纬向变化见图 6.3。D_o 与 T_a 和 P_a 的线性相关关系分析表明，D_o 很大程度上受 T_a 影响，而与 P_a 关系不大。利用式（6.9）计算得到的 D_o 对 T_a 和 P_a 的敏感性见图 6.4。研究发现，D_o 与 T_a 正相关，而与 P_a 负相关。D_o 对 T_a 的敏感性分析表明，T_a 每升高 1℃，D_o 推迟约 0.28 天。

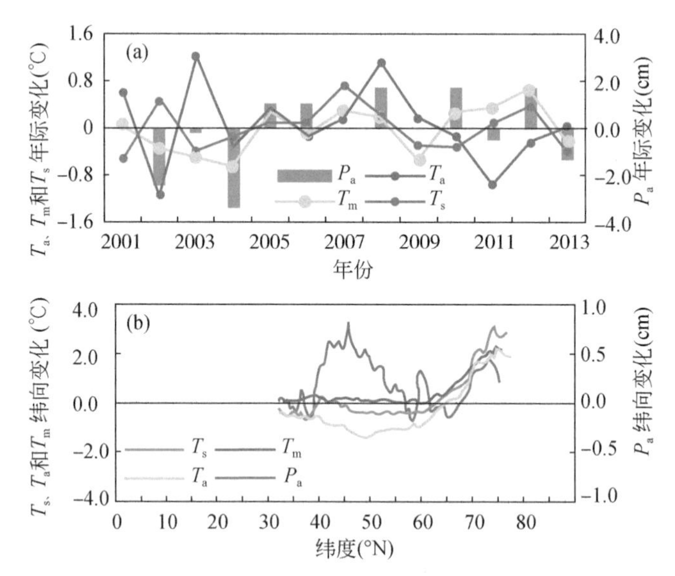

图 6.3　2001 ~ 2013 年北半球 T_a、T_m、T_s 与 P_a 的年际（a）与纬向（b）变化

受欧洲东部和亚洲西部 T_a 显著降低的影响，D_o 在 40°N 左右对 T_a 的敏感性最为显著（图 6.4a）。该空间分布特征与观测到的中纬度地区大范围的、长时间的冬季地表低温的显著降低基本一致（Cohen et al., 2014; Kosaka and Xie, 2013）。中纬度冬季气温的降低主要与北极地区的异常相关，包括风暴路径、喷射气流、行星波和它们相关的能量传播的异常（Cohen et al., 2014）。同时，近年来太平洋表面气温的降低也对中纬度地区冬季气温的降低有促进作用，因为热带对亚热带的降温作用主要发生在冬季（Kosaka and Xie, 2013）。

2. 北半球终雪日变化的驱动因子

终雪日 D_e 很大程度上由融雪期气温（snow melting season temperature, T_m）和积雪消融期的最大积雪深度决定，而融雪期积雪深度进一步由 T_a 和 P_a 决定

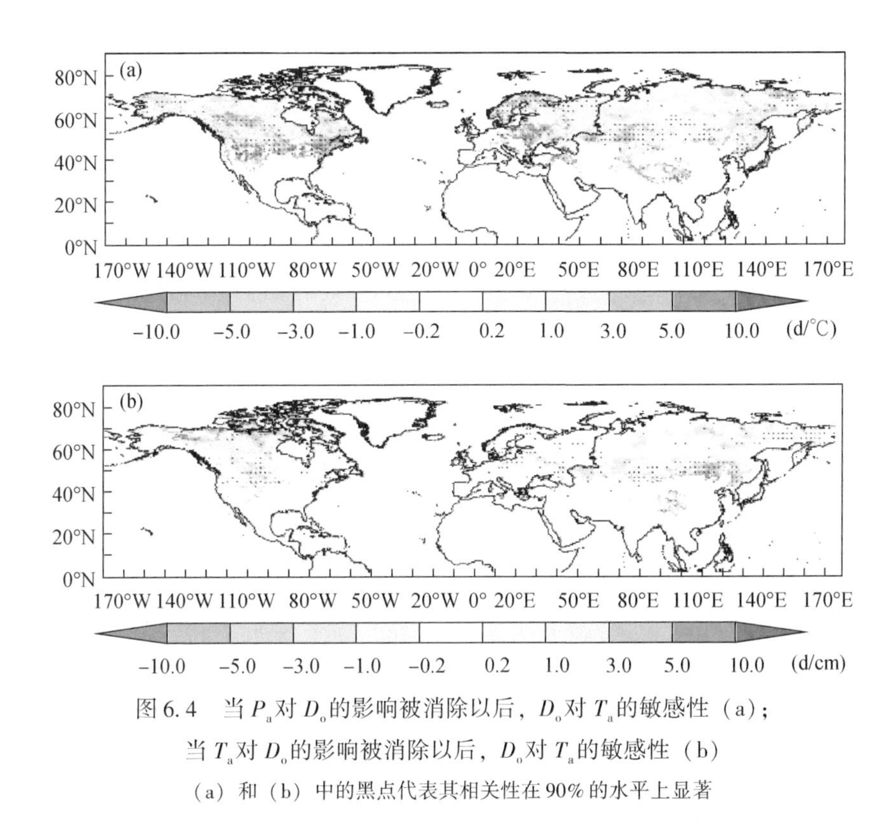

图 6.4　当 P_a 对 D_o 的影响被消除以后，D_o 对 T_a 的敏感性（a）；
当 T_a 对 D_o 的影响被消除以后，D_o 对 T_a 的敏感性（b）
（a）和（b）中的黑点代表其相关性在 90% 的水平上显著

（Barnett et al.，2005；Peng et al.，2013）。为了计算 D_e 对 T_a、P_a 和 T_m 的敏感性，我们将 D_e 作为自变量，而将 T_a、P_a 和 T_m 作为因变量，如下：

$$D_e = \beta_3 \times T_a + \beta_4 \times P_a + \beta_5 \times T_m + \alpha_2 \tag{6.10}$$

我们假设，D_e 的年际变化是由 T_a、P_a 和 T_m 驱动的，分别由 $\beta_3 \times T_a$、$\beta_4 \times P_a$ 和 $\beta_5 \times T_m$ 表示。然后，我们将回归系数 β_3 定义为排除了 P_a 和 T_m 对 D_e 的影响后，D_e 对 T_a 的敏感性；将回归系数 β_4 定义为排除了 T_a 和 T_m 对 D_e 的影响后，D_e 对 P_a 的敏感性；将回归系数 β_5 定义为排除了 T_a 和 P_a 对 D_e 的影响后，D_e 对 T_m 的敏感性。T_a、P_a 和 T_m 对 D_e 的贡献通过建立 D_e 的 z-score 时间序列与 T_a、P_a 和 T_m 的 z-score 时间序列之间在年际和纬度带上的回归关系进行计算。计算得到的回归系数乘以 T_a、P_a 和 T_m 的 z-score 时间序列即可得到 T_a、P_a 和 T_m 对 D_e z-score 时间序列的贡献。

2001～2013 年北半球气温和降水的变化及其对终雪日 D_e 的影响见图 6.5。利用式（6.10）计算得到的 D_e 对 T_a、T_m、P_a 的敏感性见图 6.6。

如图 6.5e 所示，终雪日 D_e 的变化与 T_a、T_m 和 P_a 在 95% 的显著性水平上相关，但是 T_m 起主导作用。D_e 随 T_a、T_m 和 P_a 变化的幅度分别为 -0.03d/℃、-0.31d/℃和 0.10d/cm（图 6.6）。

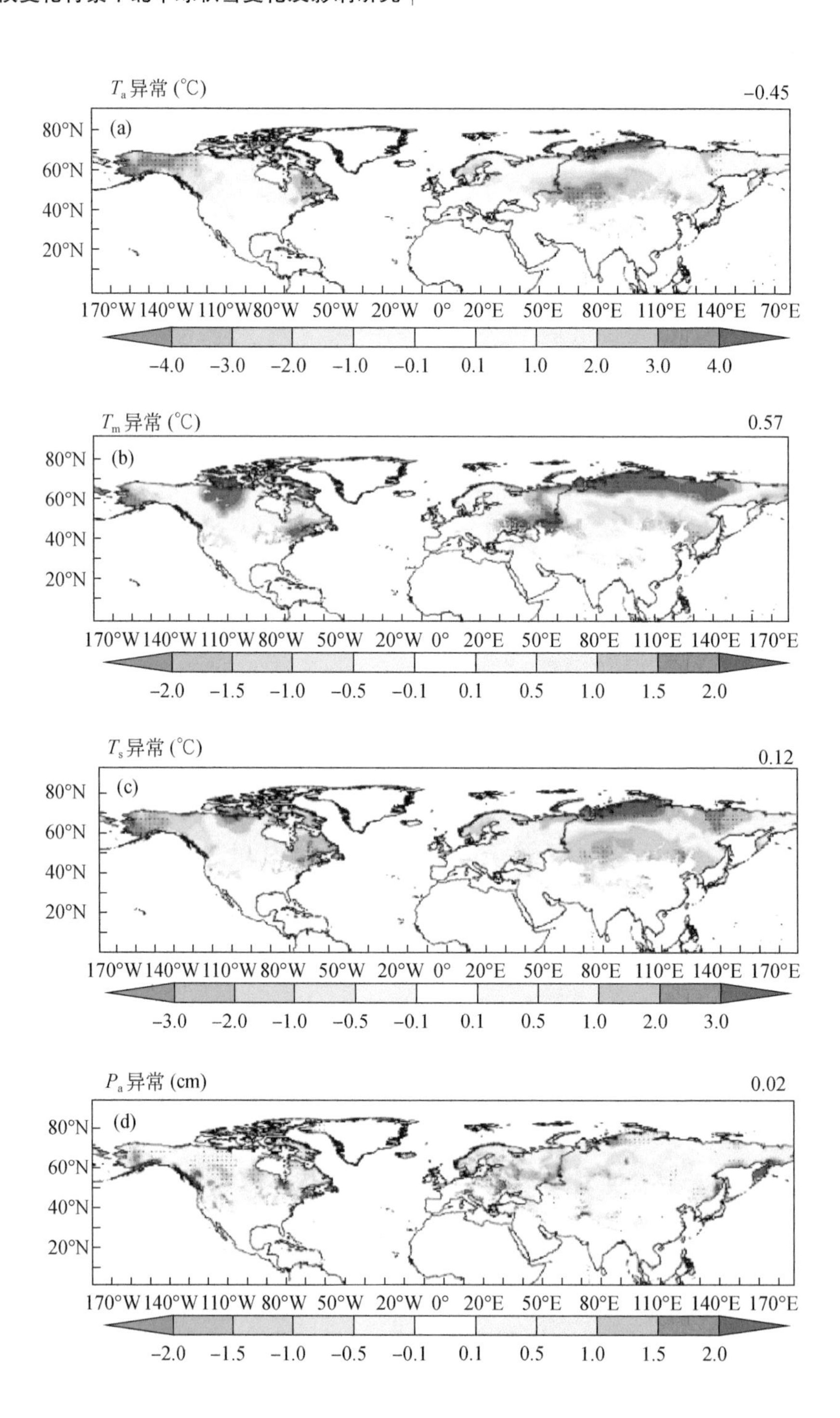
T_a 异常 (℃)
-0.45
(a)
80°N
60°N
40°N
20°N
170°W 140°W 110°W 80°W 50°W 20°W 0° 20°E 50°E 80°E 110°E 140°E 70°E
-4.0 -3.0 -2.0 -1.0 -0.1 0.1 1.0 2.0 3.0 4.0
T_m 异常 (℃)
0.57
(b)
170°W 140°W 110°W 80°W 50°W 20°W 0° 20°E 50°E 80°E 110°E 140°E 170°E
-2.0 -1.5 -1.0 -0.5 -0.1 0.1 0.5 1.0 1.5 2.0
T_s 异常 (℃)
0.12
(c)
-3.0 -2.0 -1.0 -0.5 -0.1 0.1 0.5 1.0 2.0 3.0
P_a 异常 (cm)
0.02
(d)
-2.0 -1.5 -1.0 -0.5 -0.1 0.1 0.5 1.0 1.5 2.0

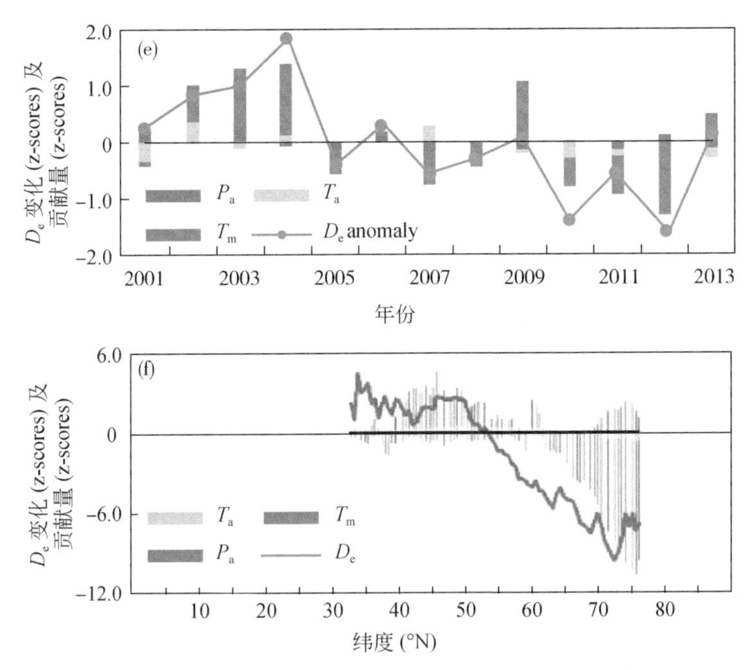

图 6.5　2001 ~ 2013 年北半球积雪物候变化的原因。2001 ~ 2013 年北半球 T_a（a）、T_m（b）、T_s（c）和 P_a（d）的变化量。2001 ~ 2013 年北半球 D_e 的变化量以及 T_a、T_m、P_a 贡献量（e）和（f）
图中黑点代表变化在 90% 的水平上显著

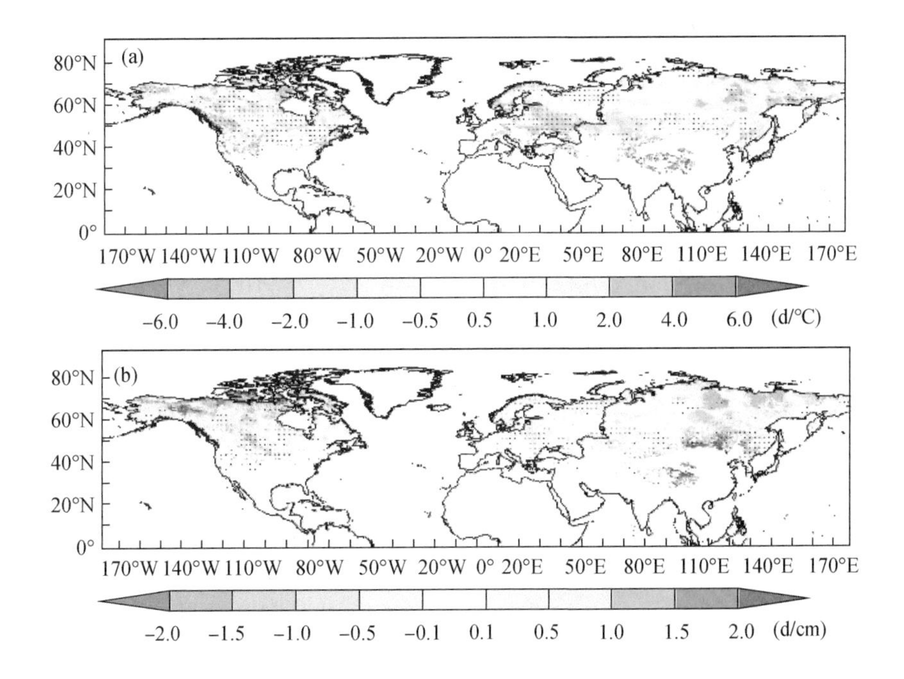

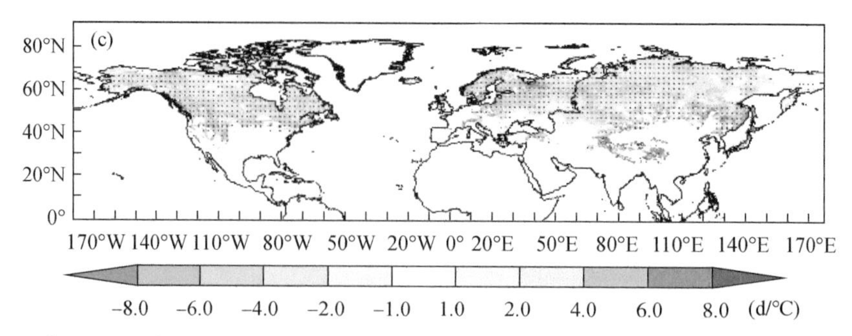

图 6.6 当 P_a、T_m对 D_e的影响被消除以后，D_e对 T_a的敏感性（a）；当 T_a、T_m对 D_e的影响被消除以后，D_e对 P_a的敏感性（b）；当 T_a、P_a对 D_e的影响被消除以后，D_e对 T_m的敏感性（c）

（a）~（c）中的黑点代表其相关性在 90% 的水平上显著

如图 6.5（b）所示，45°N 左右 D_e的延迟很大程度上受该地区 T_m降低和 P_a增加的影响，但 P_a的增加起主导作用。该空间模式与之前研究发现的美国、欧洲和亚洲东部地区的大范围寒流、强降雪和冰川的变化一致（Cohen et al., 2010, 2012；Yao et al., 2012）。中纬度地区降水的增加与西风带的增强（Mölg et al., 2013；Yao et al., 2012）和大范围的绿化造林有关（Swann et al., 2012）。另外，70°N 附近 D_e的显著提前很大程度上与融雪期气温 T_m的显著升高（图 6.5（f））相关。

3. 北半球积雪持续时间变化的驱动因子

积雪持续时间 D_d由该水文年内年平均气温 T_s和累积的积雪深度决定，进一步取决于 T_a、T_m和 P_a。为了计算 D_d对 T_s和 P_a的敏感性，我们将 D_d作为自变量，而将 T_s和 P_a作为因变量，如下：

$$D_d = \beta_6 \times T_s + \beta_7 \times P_a + \alpha_3 \tag{6.11}$$

我们假设，D_d的年际变化是由 T_s和 P_a驱动的，分别由 $\beta_6 \times T_s$和 $\beta_7 \times P_a$表示。然后，我们将回归系数 β_6定义为排除了 P_a对 D_d的影响后，D_d对 T_s的敏感性；将回归系数 β_7定义为排除了 T_s对 D_d的影响后，D_d对 P_a的敏感性。T_s和 P_a对 D_d的贡献通过建立 D_d的 z-score 时间序列与 T_s和 P_a的 z-score 时间序列之间在年际和纬度带上的回归关系进行计算。计算得到的回归系数乘以 T_s和 P_a的 z-score 时间序列即可得到 T_s和 P_a对 D_d z-score 时间序列的贡献。

积雪持续时间 D_d异常在空间上和时间上都与 T_s和累积期降水量 P_a显著相关（图 6.7）。T_s由 T_a和 T_m平均得到。而 T_a和 T_m均呈现出不同程度的中纬度地区降低和高纬度地区升高的特点。T_a和 T_m的变化造成 T_s在中高纬度之间不同的变化趋势。T_s在中高纬度之间相反的变化趋势在一定程度上与北极圈气温放大效应有

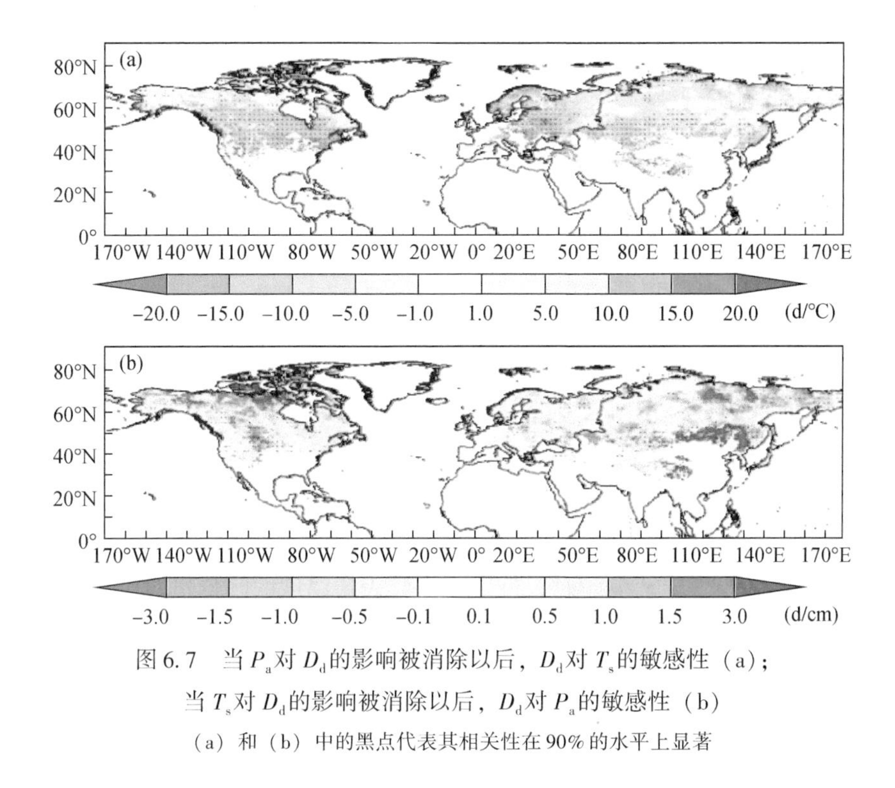

图 6.7　当 P_a对 D_d的影响被消除以后，D_d对 T_s的敏感性（a）；
当 T_s对 D_d的影响被消除以后，D_d对 P_a的敏感性（b）
（a）和（b）中的黑点代表其相关性在 90% 的水平上显著

关，而该效应的表现为近年来北半球高纬度地区增温的幅度是中低纬度增温幅度的两倍左右（Cohen et al., 2014；Screen, 2014）。北极地区的快速增温导致北极海冰和高纬度春季积雪的快速融化，该现象被证明与中纬度地区的极端气候事件紧密相关，包括极端寒冷的冬季（Cohen et al., 2014）。依据式（6.11），计算可得 D_d对 T_s和 P_a的敏感性分别为-0.85 d/℃和 0.14 d/cm。同时，空间分析的结果表明 D_d与 T_s显著负相关而与 P_a显著正相关。尽管 D_d与雪季平均气温 T_s显著相关，D_d与 T_a和 T_m之间却没有线性统计关系。

4. 小结

积雪的变化与 T_s和 P_s的变化紧密相关，而 T_s和 P_s的变化又由大尺度气候环流驱动。例如，雪季平均 T_s升高 3 ~ 5 K，将导致积雪持续时间 D_d平均减少一个月以上（Keller et al., 2005）。随着大气中温室气体的累积以及冰冻圈积雪和海冰减少所导致的北极圈气温放大效应的增强，北半球气温升高的总体趋势以及北半球中、高纬度之间气温变化的不一致性也将持续。相应的，分析积雪变化的原因才能进一步对加强对积雪变化的认识，加强积雪相关防治措施，提高模型对积雪的模拟和预估精度。

6.4 中国区域积雪覆盖变化的原因

本节利用 ERA-Interim，对 1982 ~ 2013 年中国区域积雪累积期和消融期的气温和降水量进行量化，并利用敏感性分析，探讨影响中国区域积雪变化的关键驱动因子，详见 Chen 等（2016）的研究。

6.4.1 中国区域气候变化特征

研究表明，1982 ~ 2013 年中国大部分地区的积雪累积期气温 T_a呈下降趋势，这为积雪的持续累积创造了条件。中国区域 T_a的降低与 1990 年开始的中纬度大范围冬季气温降低的趋势基本上一致（Cohen et al.，2014，2012）。Cohen 等（2014）认为北极地区的变化通过暴风雪、湍流、行星波及其相关的能量调整对中纬度冬季气温产生影响。同时，近期太平洋表层温度的降低也对中纬度地区 T_a的降低起到一定的促进作用，因为赤道到亚热带气温的冷却作用在冬天最明显（Kosaka and Xie，2013）。与 T_a的变化相反，1982 ~ 2013 年中国大部分地区的融雪期气温 T_m呈上升趋势，尤其是西北干旱区和东北湿润半湿润地区。

伴随着 T_a的降低，1982 ~ 2013 年中国北部地区以及青藏高原部分地区的 P_a也呈增加趋势，这将有利于累积期积雪深度的增加并延长融雪期积雪消融所需要的时间。该空间模式与之前发现的中纬度地区大范围寒潮、暴雪以及冰川的变化情况一致（Cohen et al.，2010，2012；Yao et al.，2012）。中纬度地区降水量 P_s的增加与植树造林（Swann et al.，2012）和中纬度西风带的增强密切相关。1982 ~ 2013 年 T_a的降低和 P_a的增加造成青藏高原积雪覆盖面积的增加，该变化与青藏高原以及周围的冰川变化情况一致（Yao et al.，2012）。但是 1982 ~ 2013 年融雪期降水量 P_m的变化与 P_a显著不同，其中青藏高原和西北干旱区降水量增加，而东北湿润半湿润地区呈现降水量减少的特征。青藏高原和西北干旱区 P_a和 P_m的增加与气候变化背景下中国西北地区的气候从干旱型气候向暖湿型气候转变的论断一致（Shen et al.，2013）。

与 1901 ~ 2009 年全球半干旱区域寒冷季节气温升高幅度的提升（Huang et al.，2012）相反，中国干旱半干旱的西北地区和青藏高原区域冬季呈现气温变低的趋势，其中部分地区冬季气温降低的趋势甚至在 95% 的水平上显著。除了干旱和半干旱地区冬季气温降低外，东北地区积雪累积期气温也呈现降低趋势，该趋势与北半球升温的论断相悖。随着北半球高纬度地区积雪和海冰的消融，极地寒潮爆发，并与中纬度极端寒冷时间紧密相关（Cohen et al.，2014）。但是，这些寒冷事件对中国积雪的影响还需要进一步研究。

6.4.2 中国区域积雪对气候变化的敏感性

为了探讨中国区域积雪面积变化的原因，我们计算了中国区域年平均积雪覆盖率 SCF 对 T_a、P_a以及 T_m、P_m变化的敏感性。以 SCF 为因变量，将 T_a、P_a、T_m和 P_m作为自变量，如式（6.12）所示：

$$SCF = a \times T_a + b \times P_a + c \times T_m + d \times P_m + e \tag{6.12}$$

假设 SCF 的年际变化是由 T_a、P_a、T_m和 P_m的变化所造成的，并且分别由 $a \times T_a$、$b \times P_a$、$c \times T_m$和 $d \times P_m$表示。那么，回归系数 a 为 SCF 对 T_a的敏感性，回归系数 b 为 SCF 对 P_a的敏感性，回归系数 c 为 SCF 对 T_m的敏感性，回归系数 d 为 SCF 对 P_m的敏感性。该方法也被 Peng 等（2013）用来计算终雪日 D_e对气温和积雪深度的敏感性。

计算可得，中国区域年平均积雪覆盖率 SCF 对 T_a、T_m、P_a和 P_m的敏感性分别为 -0.75%/℃、-0.12%/℃、0.34%/cm 和 0.07%/cm。可见，SCF 对累积期气温和降水的敏感性要比对消融期气温和降水的敏感性大。而且，SCF 和 T_a、P_a的相关性分析表明，SCF 整体上与 T_a显著相关（$R^2=0.79$），而与 P_a关系不大（$R^2=0.18$），除了东北湿润半湿润地区。可见，积雪累积期气温的波动是中国区域年平均积雪覆盖率变化的主要原因。

6.5 青藏高原积雪变化的驱动因素

如上文所述，与北半球其他地区相比，青藏高原因为高海拔和在固体水资源存储方面的独特作用，而受到研究者的广泛关注。本节首先对青藏高原的气候系统进行概述；其次结合青藏高原积雪物候变化，进一步对其驱动因子进行量化分析。

6.5.1 概述

青藏高原是中国最大、世界海拔最高的高原，被称为“世界屋脊”“第三极”，地理位置介于 26°~39°N、73°~104°E。青藏高原地形复杂，南起喜马拉雅山脉南缘，北至昆仑山、阿尔金山和祁连山北缘，西部为帕米尔高原和喀喇昆仑山脉，东及东北部与秦岭山脉西段和黄土高原相接，东西长约为 2800km，南北宽为 300~1500km，总面积约为 250 万 km^2。

由于与四周大气的热力差异，青藏高原受印度季风，东亚季风和西风带三种环流（印度季风、东亚季风和西风带）主导（Yao et al.，2012；You et al.，2020）。此外，青藏高原的气候变化与厄尔尼诺-南方涛动（El Niño-Southern Oscillation，ENSO）、太平洋涛动（Pacific Interd ECA&Dal Oscillation，PDO）、大西洋涛动（North Atlantic Oscillation，NAO）等气候模式的变化密切相关（You et al.，2020）。结合已有研究成果，影响青藏高原积雪变化的主导原因见图 6.8（You et al.，2020）。

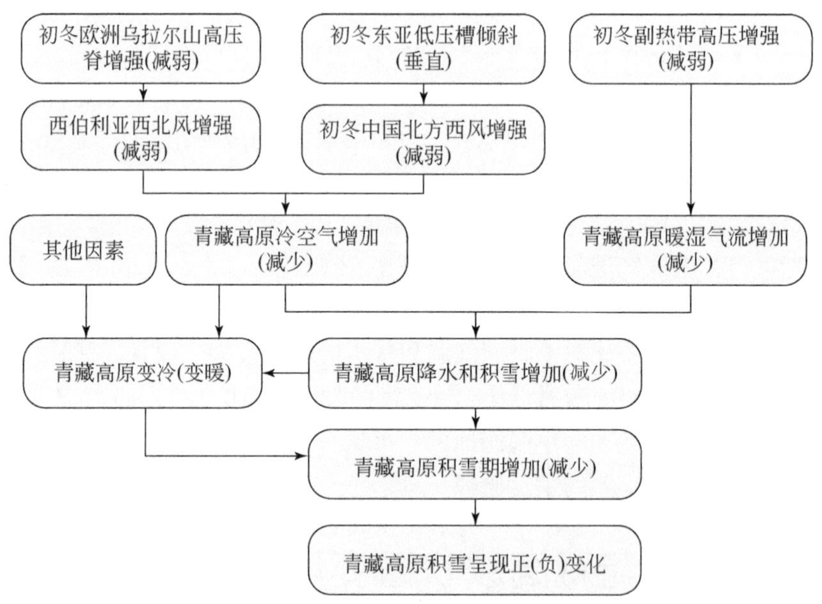

图 6.8　青藏高原积雪变化的影响因素示意图

资料来源：You et al.，2020

如上文所述，气温和降水是青藏高原积雪变化最关键的驱动因子。由于青藏高原地形复杂，气候多变，气温和降水对青藏高原积雪的影响与所处高程带有一定的关系。一般来说，在高海拔地区，近地表气温对积雪变化影响较大，在低海拔地区近地表气温的影响有所减弱。

6.5.2　积雪物候变化的驱动因子

1. 气温与降水变化

之前的研究表明，季节性积雪的变化与气温和降水的变化密切相关，气温和降水的变化进一步受大尺度气象环流的影响（Brown et al., 2010；Peng et al., 2013）。为了进一步分析2001～2014年青藏高原积雪物候变化的原因，基于ERA-Interim数据，本章分析了北半球和青藏高原地区累积期气温 T_a、累积期降水 P_a、消融期气温 T_m、消融期降水 P_m 的变化，如图6.9所示。

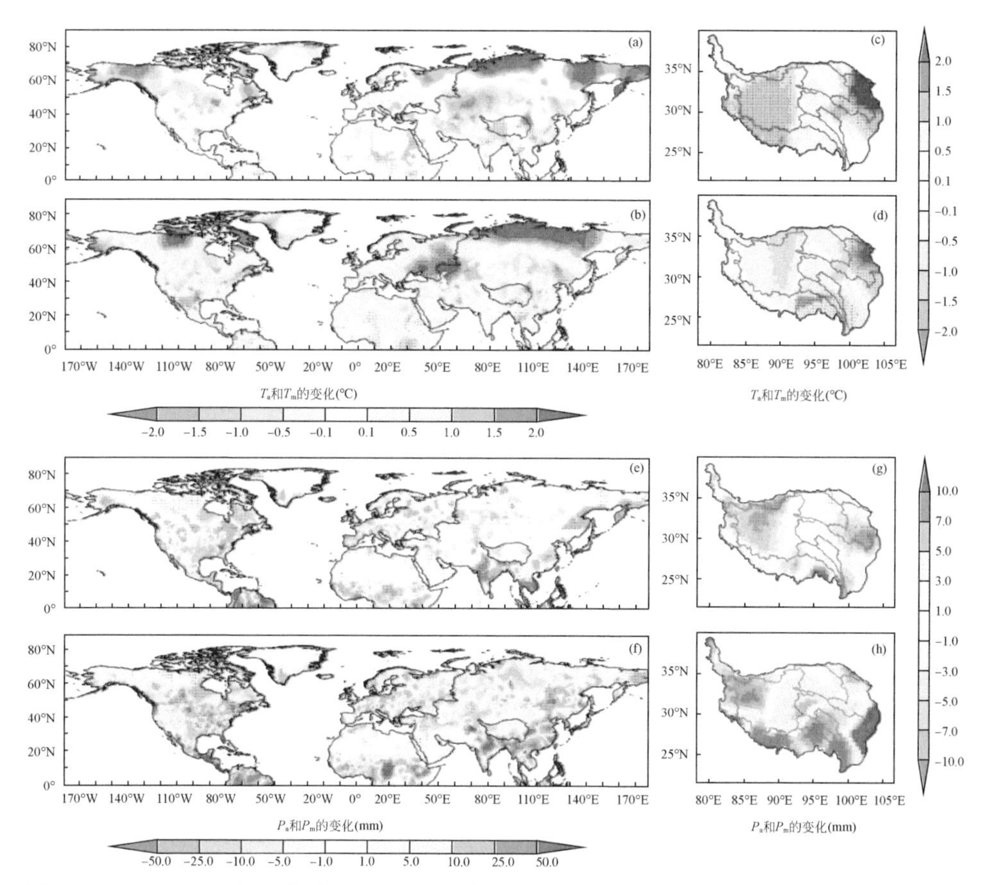

图6.9 2001～2014年北半球（a）累积期气温 T_a 的变化和（b）消融期气温 T_m 的变化；2001～2014年青藏高原（c）累积期气温 T_a 的变化和（d）消融期气温 T_m 的变化；2001～2014年北半球（e）累积期降水量 P_a 的变化和（f）消融期降水量 P_m 的变化；2001～2014年青藏高原（g）累积期降水量 P_a 的变化和（h）消融期降水量 P_m 的变化

（a）～（h）中的黑点代表相关性在95%的水平上显著

如图6.9所示，2001～2014年北半球中纬度的大部分地区（包括青藏高原）呈现出累积期气温 T_a 降低的趋势，该趋势有利于积雪的累积，从而造成 D_o 提前。2001～2014年青藏高原 T_a 的降低与之前研究发现的从20世纪90年代开始的北半球冬季地表大范围降温（Cohen et al., 2014, 2012）和2001～2014年北半球中纬度地区的降温（Chen et al., 2015）一致。北极增温放大效应（Cohen et al., 2014）和冬季太平洋表层降温（Kosaka and Xie, 2013）被认为是北半球中纬度地区累积期气温降低的驱动因素。

为了对 ERA-Interim 数据分析得到的青藏气温和降水变化结果进行对比分析，本章节进一步采用气象站点数据计算了累积期气温 T_a、累积期降水 P_a、消融期气温 T_m、消融期降水 P_m，如图 6.10 所示。

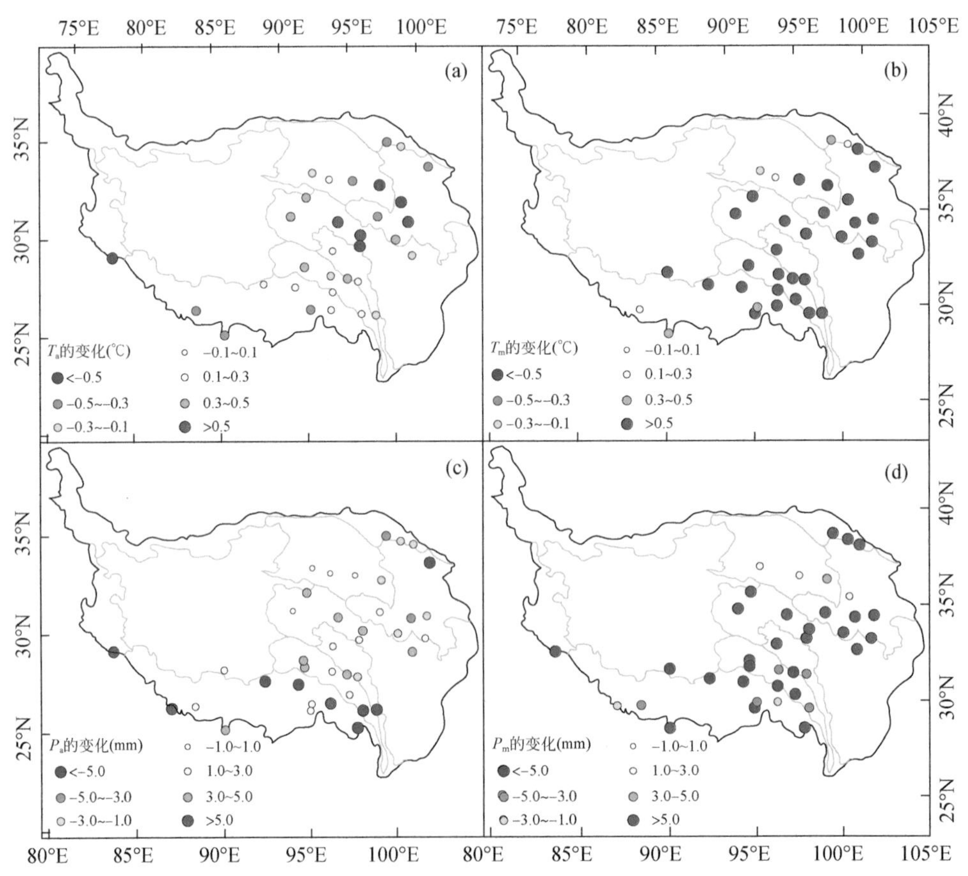

图 6.10　2001 ~ 2014 年青藏高原（a）积雪累积期气温 T_a 的变化、（b）积雪消融期气温 T_m 的变化、（c）积雪累积期降水量 P_a 的变化和（d）积雪消融期降水量 P_m 的变化

与积雪累积期气温的降低相伴，青藏高原中部地区累积期降水量呈现增加趋势［图 6.9（g）和图 6.10（c）］，该变化可能造成累积期积雪深度的增加，从而导致积雪持续时间 D_d 的增加。该时空变化情况部分与之前研究发现的北半球中纬度地区冬季大范围寒冷及暴雪事件（Cohen et al., 2012），以及青藏高原和周边地区的冰川变化（Yao et al., 2012）一致。研究发现，该纬度降水量的增加

与西风带增强（Mölg et al., 2013；Yao et al., 2012）和大范围造林运动（Swann et al., 2012）有关。而且，2001～2014 年青藏高原中部地区累积期气温的降低和降水量的增加所导致的 D_d增加与该地区 SCF 的变化一致（Chen et al., 2017）。

2. 积雪物候对气温和降水的敏感性

为了量化青藏高原积雪物候变化的驱动因子，本章还利用式（6.9）和式（6.10）分别计算了初雪日和终雪日对气温和降水变化的敏感性，如图 6.11 所示。

利用式（6.9）计算可得，2001～2014 年青藏高原 D_o对 T_a的敏感性为 0.62（±0.95）天/℃［图 6.11（a）］，即累积期气温 T_a每升高（降低）1℃，D_o将推迟（提前）0.62（±0.95）天。另外，该时间段内 D_o对 P_a的敏感性为 -0.48（±0.18）d/mm，即累积期降水量每增加（减少）1 dm，D_o将提前（推迟）0.48（±0.18）天（图 6.11b）。另外，从空间分布来看，D_o对 T_a的敏感性最大的区域分布在青藏高原东南部，尤其是在雅鲁藏布江流域和青藏高原内长江、黄河流域

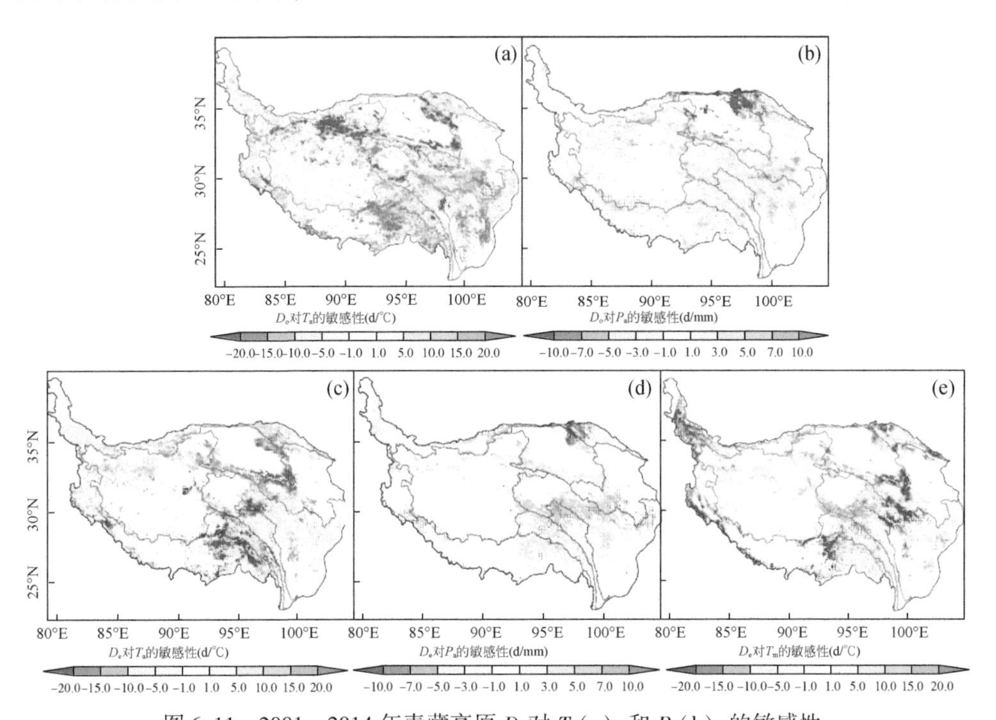

图 6.11　2001～2014 年青藏高原 D_o对 T_a(a) 和 P_a(b) 的敏感性；D_e对 T_a(c)、P_a(d) 和 T_m(e) 的敏感性

黑点代表相关性在 95% 的显著性水平上相关

的下游地区（图6.11a）；D_o对T_a的敏感性最小的区域分布在青藏高原北部，包括塔里木、柴达木和青藏高原内陆河流域地区。利用式（6.10）计算可得，2001～2014年青藏高原D_e对T_a的敏感性为（-0.78±0.67）天/℃，对P_a的敏感性为（0.26±0.12）d/mm、对T_m的敏感性为（-3.69±6.81）天/℃［图6.11（c）～图6.11（e）］。对比D_e对T_a和P_a的敏感性，D_e对T_m的变化更加敏感。

3. 小结

研究表明，受多种环流和气候模式的影响，青藏高原积雪的分布格局和变化趋势非常复杂，不受任何单一气候变量，如零度以下温度、平均气温或AO的控制，而是多变量的组合。与北半球中纬度其他地区相似，2001～2014年青藏高原积雪累积期气温T_a降低，同时降水量增加。受T_a降低和P_a增加的影响，青藏高原中部地区（尤其在长江、怒江、湄公河等流域上游）呈现初雪日D_o提前和积雪持续时间D_d增长的趋势。受数据源和对积雪复杂过程认知不足的限制，本节仅仅从近地表气温和降水入手对青藏高原积雪物候的变化进行分析，未来有望结合多源数据，更全面地对青藏高原积雪变化的驱动因子进行总结归纳。

参考文献

陶亦为，孙照渤，李维京，等.2011. ENSO与青藏高原积雪的关系及其对我国夏季降水异常的影响［J］. 气象，37：919-928.

汪方，丁一汇.2011. 不同排放情景下模拟的21世纪东亚积雪面积变化趋势［J］. 高原气象，30：869-877.

王海燕，杨方廷，刘鲁.2006. 标准化系数与偏相关系数的比较与应用［J］. 数量经济技术经济研究，9：150-155.

王宏伟，黄春林，郝晓华，等.2014. 北疆地区积雪时空变化的影响因素分析［J］. 冰川冻土，36：508-516.

颜伟，刘景时，罗光明，等.2014. 基于MODIS数据的2000-2013年西昆仑山玉龙喀什河流域积雪面积变化［J］. 地理科学进展，33：315-325.

于灵雪，张树文，贯丛，等.2014. 黑龙江流域积雪覆盖时空变化遥感监测［J］. 应用生态学报，25：2521-2528.

张丽旭，魏文寿.2002. 天山西部中山带积雪变化趋势与气温和降水的关系——以巩乃斯河谷为例［J］. 地理科学，22：67-71.

张伟，沈永平，贺建桥，等.2014. 额尔齐斯河源区森林对春季融雪过程的影响评估［J］. 冰川冻土，36：1260-1270.

Barnett T，Adam J，Lettenmaier D. 2005. Potential impacts of a warming climate on water availability in snow-dominated regions［J］. Nature，438：303-309.

Brown R，Derksen C，Wang L. 2010. A multi- data set analysis of variability and change in Arctic spring snow cover extent, 1967—2008 [J]. Journal of Geophysical Research: Atmospheres, 115: D16111.

Chen X, Liang S, Cao Y, et al. 2015. Observed contrast changes in snow cover phenology in northern middle and high latitudes from 2001—2014 [J]. Scientific Reports, 5: 16820.

Chen X, Liang S, Cao Y, et al. 2016. Distribution, attribution, and radiative forcing of snow cover changes over China from 1982 to 2013 [J]. Climatic Change, 137: 363-377.

Chen X, Long D, Hong Y, et al. 2017. Observed radiative cooling over the Tibetan Plateau for the past three dECA&Des driven by snow-cover-induced surface albedo anomaly [J]. Journal of Geophysical Research: Atmospheres, 122: 6170-6185.

Chen X, Long D, Hong Y, et al. 2018. Climatology of snow phenology over the Tibetan plateau for the period 2001—2014 using multisource data [J]. InternationalJournal of Climatology, 38: 2718-2729.

Cohen J, Foster J, Barlow M, et al. 2010. Winter 2009—2010: A case study of an extreme Arctic Oscillation event [J]. Geophysical Research Letters, 37: 2010GL044256.

Cohen J, Furtado J, Barlow M, et al. 2012. Arctic warming, increasing snow cover and widespread boreal winter cooling [J]. Environmental Research Letters, 7: 014007.

Cohen J, Screen J, Furtado J, et al. 2014. Recent Arctic amplification andextreme mid- latitude weather [J]. Nature Geoscience, 7: 627-637.

Cuo L, Zhang Y, Gao Y, et al. 2013. The impacts of climate change and land cover/use transition on the hydrology in the upper Yellow River Basin, China [J]. Journal of Hydrology, 502: 37-52.

Derksen C, Brown R. 2012. Spring snow cover extent reductions in the 2008-2012 period exceeding climate model projections [J]. Geophysical Research Letters, 39: L19504.

Francis J, Vavrus S. 2012. Evidence linking Arctic amplification to extreme weather in mid-latitudes [J]. Geophysical Research Letters, 39: L06801.

Harris I, Jones P, Osborn T, et al. 2013. Updated high- resolution grids of monthly climatic observations -the CRU TS3. 10 Dataset [J]. International Journal of Climatology, 34: 623-642.

Huang J, Guan X, Ji F. 2012. Enhanced cold-season warming in semi-arid regions [J]. Atmospheric Chemistry and Physics, 12: 5391-5398.

Keller F, Goyette S, Beniston M. 2005. Sensitivity analysis of snow cover to climate change ccenarios and their impact on plant habitats in Alpine terrain [J]. Climatic Change, 72: 299-319.

Kosaka Y, Xie S. 2013. Recent global-warming hiatus tied to equatorial Pacific surface cooling [J]. Nature, 501: 403-407.

Mölg T, Maussion F, Scherer D. 2013. Mid-latitude westerlies as a driver of glacier variability in monsoonal High Asia [J]. Nature Climate Change, 4: 68-73.

Pederson G, Betancourt J, McCabe G. 2013. Regional patterns and proximal causes of the recent snowpack decline in the Rocky Mountains, U. S [J]. Geophysical Research Letters, 40: 1811-1816.

Peng S, Piao S, Ciais P, et al. 2013. Change in snow phenology and its potential feedback to temperature in the Northern Hemisphere over the last three dECA&Des [J]. Environmental Research Letters, 8: 014008.

Screen J. 2014. Arctic amplification decreases temperature variance in northern mid-to high-latitudes [J]. Nature Climate Change, 4: 577-582.

Shen Y, Su H, Wang G, et al. 2013. The response of glaciers and snow cover to climate change in Xinjinang II: Hazards and effects [J]. Journal of glaciology and geocryology, 35: 1355-1370.

Swann A, Fung I, Chiang J. 2012. Mid-latitude afforestation shifts general circulation and tropical precipitation [J]. Proceedings of the National Academy of Sciences of the United States of America, 109: 712-716.

Tang Q, Zhang X, Francis J. 2013. Extreme summer weather in northern mid-latitudes linked to a vanishing cryosphere [J]. Nature Climate Change, 4: 45-50.

Wang L, Derksen C, Brown R, et al. 2013. Recent changes in pan-Arctic melt onset from satellite passive microwave measurements [J]. Geophysical Research Letters, 40: 522-528.

Yao T, Thompson L, Yang W, et al. 2012. Different glacier status with atmospheric circulations in Tibetan Plateau and surroundings [J]. Nature Climate Change, 2: 663-667.

You Q, Wu T, Shen L, et al. 2020. Review of snow cover variation over the Tibetan Plateau and its influence on the broad climate system [J]. Earth-Science Reviews, 201: 103043.

第7章 北半球积雪的辐射冷却效应分析

北半球积雪变化造成的辐射收支评估关系到全球气候预测的准确性，尤其在气温变化的幅度上。本章重点介绍北半球积雪的辐射冷却效应，共6个小节。7.1节，对积雪的辐射冷却效应进行概述；7.2节，介绍积雪-反照率反馈（snow-albedo-feedback，SCF）机制的量化方法；7.3节，估算北半球积雪变化的辐射强迫及时空变化；7.4节，介绍中国区域积雪变化的辐射胁迫研究；7.5节，对青藏高原积雪面积变化的辐射胁迫进行分析；7.6节，小结。

7.1 概　述

积雪具有较高的反射率，在可见光范围内，纯净新雪的表面反射率在0.8以上（冯学智等，2000）。因为积雪在可见光波段的高反射特征，到达地表的太阳辐射有一部分被反射回太空，因此积雪对地球-大气系统有一定的辐射降温效应。美国国家冰雪数据中心（NSIDC）研究表明，如果没有积雪覆盖，地球表层吸收的太阳辐射是有积雪覆盖状态下的4~6倍（NSIDC，2014）。因此，地表的积雪覆盖状况比任何一种其他地表覆盖特征都更能控制地球表层的冷热状况。随着地表气温的升高，积雪覆盖范围减小，这将降低地表反射太阳辐射的能力，从而造成地球-大气系统吸收额外的太阳辐射。这部分额外吸收的太阳辐射，会造成地表增温，尤其是在积雪覆盖区域（Flanner et al.，2011；Hall，2004；Qu and Hall，2014；车涛等，2019），见图7.1。

上述积雪与气温之间的正反馈过程被定义为SAF，积雪在单位面积上对辐射平衡的改变量被称为积雪辐射强迫（snow-induced radiative forcing，S_nRF）。积雪辐射强迫和SAF定量地反映积雪对地球-大气系统射入和逸出能量平衡的影响程度，反映了积雪在潜在气候变化机制中的重要性。目前，大量研究通过估算积雪变化对地表和大气顶端短波辐射收支的扰动来量化积雪对气候系统的反馈作用。例如，Flanner等（2011）估算了1979~2008年北半球的冰冻圈辐射强迫（cryosphere radiative forcing，C_rRF）并发现1979~2008年北半球C_rRF减少了0.45W/m^2，其中大概有一半的原因是积雪面积的减少；Fernandes等（2009）认为1982~1999年北半球SAF强度为（1.06±0.08）%/K，其中地表从有雪到无雪

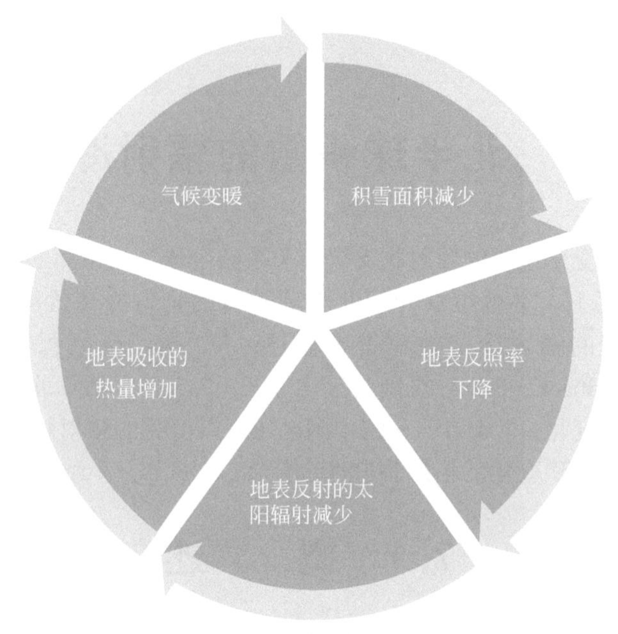

图 7.1 积雪-反照率反馈（SAF）机制

转化过程中 T_s对地表反照率 a_s的作用和积雪覆盖地表上的 T_s对地表反照率 a_s的作用基本相等；Chen 等（2015）和 Chen 等（2016a）分别量化了 2001 ~2014 年和 1982 ~2014 年北半球 SCP 变化对大气顶端短波辐射的胁迫。此外，通过 CESM 气候模型，Perket 等（2014）估测了未来情景下冰冻圈变化对大气顶端短波辐射的扰动，并通过 SAF 的计算，度量了其对气候系统的反馈强度；通过 CMIP5 和 CMIP3 模型，Qu 和 Hall（2014）对比了两者在度量 SAF 时存在的偏差。上述研究通过量化对短波辐射的影响，估算了北半球积雪变化对气候系统的反馈作用，为提高积雪对气候系统的贡献提供了重要理论与数据基础。

因为积雪的上述特征，积雪对地球表层水汽和能量收支有巨大的影响作用。积雪的存在造成了地表反照率在年际、年内和不同季节间的显著差异。例如，积雪覆盖地表可反射高达 80%~90% 的入射太阳辐射；而无积雪覆盖的地表（如土壤或植被）仅能够反射入射太阳辐射的 10%~20% 。已有的北半球积雪变化研究表明，在全球变暖背景下北半球积雪面积迅速减少（Brown et al., 2010；Brown and Robinson，2011），积雪面积的减少减弱了地球表面对太阳辐射的反射能力，使地球-大气系统吸收更多的入射的太阳辐射能量，从而造成地球-大气系统的增温和积雪的进一步消融，这是典型的温度作用下的 SAF 机制。

7.2 积雪辐射强迫估算

积雪对地球–大气系统的辐射降温效应可通过对地表和大气顶端的短波辐射扰动来度量。其中，积雪对地表短波辐射的扰动可通过式（7.1）得到：

$$\Delta \mathrm{SW} = \Delta a_s \times Q_{\downarrow} \tag{7.1}$$

式中，ΔSW 为地表吸收短波辐射的变化量；a_s为地表反照率，Δa_s为积雪变化导致的地表反射率（land surface albedo，a_s）变化量；$Q_{\downarrow}$为入射太阳辐射。

积雪通过自身的高反射特性，不仅扰动近地表的短波辐射收支，也在大气顶端短波辐射收支产生影响。对于由格网 r 组成的研究区 A，其 S_nRF（W/m^2）可以由式（7.2）计算得到（Chen et al.，2015；Flanner et al.，2011）：

$$S_n\mathrm{RF} = \frac{1}{A(R)}\int_R S(t, r)\frac{\partial a_s}{\partial S}(t, r)\frac{\partial F}{\partial a_s}(t, r)\mathrm{d}A(r) \tag{7.2}$$

式中，S 为研究区积雪覆盖的范围；t 为 1 年中的 12 个月；$\partial a_s/\partial S$ 为地表反照率 a_s随积雪覆盖变化的比例；$\partial F/\partial a_s$为大气顶端短波辐射通量随 a_s变化的比例。我们假定 $\partial a_s/\partial S$ 和 $\partial F/\partial a_s$（月份和空间上的变化）与积雪覆盖 S 和 a_s的变化一致。那么，$\partial a_s/\partial S$ 就可以用积雪变化所导致的平均的 Δa_s替代。而 $\partial F/\partial a_s$就可以从地表反照率的辐射核中获得（Cao et al.，2015；Flanner et al.，2011）。

$\partial F/\partial a_s$量化了 1% 的地表反照率 a_s变化所造成的大气顶端短波辐射收支的变化量。$\partial F/\partial a_s$的核心在于量化 a_s变化对行星反照率的影响（a_p/a_s），因此估算 a_s变化对地球–大气系统辐射收支影响的核心和难点依然在于对 a_p/a_s的量化。现阶段，对 a_p/a_s 的定量估算经历了经验模型、数学解析、辐射核等多种方法（Donohoe and Battisti，2011；Qu and Hall，2006，2007，2014；Shell et al.，2008；Soden et al.，2008）。例如，Qu 和 Hall（2006）、Donohoe 和 Battisti（2011）分别尝试采用数学解析的方法来量化 a_p/a_s。在数学解析法的基础上，Soden 等（2008）和 Shell 等（2008）分别利用美国地理流体动力学实验室（Geophysical Fluid Dynamics Laboratory，GFDL）的 CAM-3 模型和美国大气研究中心（National Center for Atmospheric Research，NCAR）的 AM2 模型计算来模拟计算 a_p/a_s。Qu 和 Hall（2014）认为，与数学解析方法相比，基于物理原理的辐射核方法更加准确。因此，本节利用辐射核方法来评估北半球不同尺度积雪面积变化对大气顶端短波辐射收支的扰动（表 7.1）。

表 7.1 常用辐射核模型

名称	参考/来源	名称	参考/来源
GFDL CAM3	Soden 等（2008）	ECHAM6	Stevens 等（2013）
NCAR AM2	Shell 等（2008）	HadGEM2	Smith 等（2018）
CAM5	Pendergrass（2017）	CACK v1.0	Bright 和 Halloran（2019）

7.3 北半球积雪辐射胁迫量化研究

在第 4 章中北半球积雪面积变化研究的基础上，本节分别介绍 2001 ~ 2014 年和 1982 ~ 2013 年北半球积雪变化的辐射胁迫空间格局。

7.3.1 2001 ~ 2014 年北半球积雪辐射胁迫计算及分析

本小节对 2001 ~ 2013 年北半球终雪日 D_e 变化所产生的辐射胁迫进行量化。首先，利用辐射核方法（Cao et al.，2015；Shell et al.，2008；Soden et al.，2008）量化 D_e 变化产生的辐射胁迫 S_nRF 和反照率反馈强度（albedo feedback，S_nRF/T_s）；其次，使用大气顶端 CERES（The Clouds and the Earth's Radiant Energy System）遥感观测值来对比分析 S_nRF 的变化特征与 S_nRF 在北半球大气顶端短波辐射变化中的比例。

利用式（7.2），计算可得 2001 ~ 2013 年北半球的 S_nRF 为 0.16（±0.004）W/m^2，其中累积期 S_nRF（S_nRF_a）为 0.01（±0.001）W/m^2，而融雪期 S_nRF（S_nRF_m）为 0.31（±0.011）W/m^2，见图 7.2。

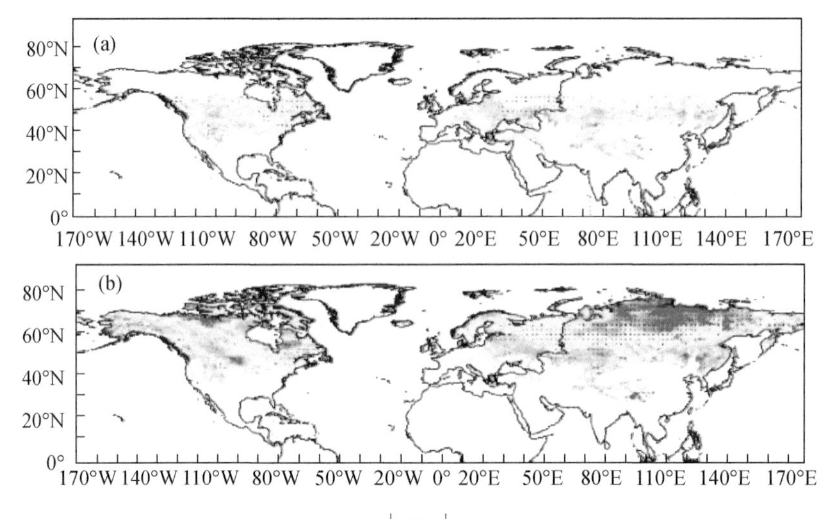

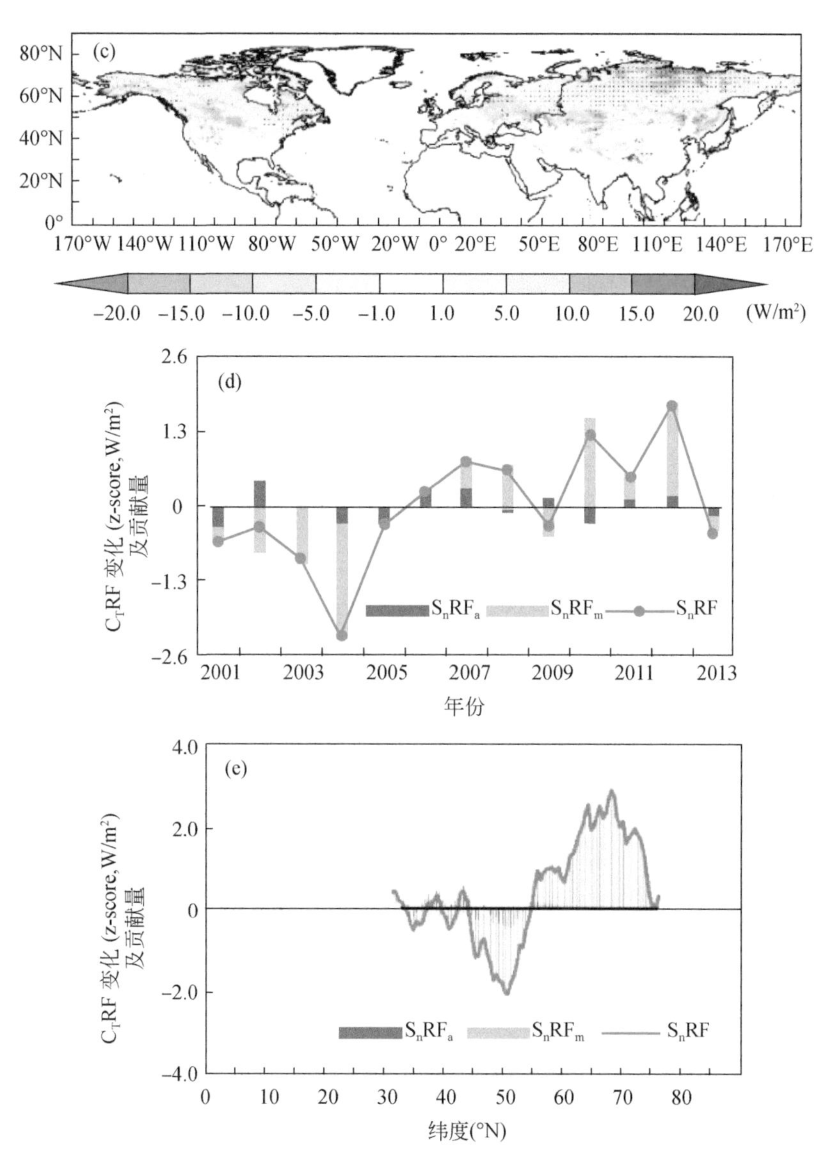

图 7.2　基于辐射核算法计算得到的 2001～2013 年北半球积雪物候变化所造成的大气顶端短波辐射的变化以及融雪期和累积期积雪物候变化对其贡献

2001～2013 年北半球年平均 S_nRF_a、S_nRF_m 和 S_nRF 见（a）～（c）；

2001～2013 北半球 S_nRF_a、S_nRF_m 对 S_nRF 的贡献见（d）和（e）

如图 7.2 所示，S_nRF_a、S_nRF_m 和 S_nRF 在北半球中纬度和高纬度呈现完全相反的变化趋势。与 S_nRF_a 的变化相比，S_nRF_m 在 S_nRF 的空间和时间变化中起主导作用［图 7.2（d）和图 7.2（e）］。例如，S_nRF 在高纬度接近北冰洋的地区和高海拔的落基山以及青藏高原强度减弱，而在中纬度亚洲东部和美国中部地区强度增大，这与图 7.2（b）所示的 S_nRF_m 时空变化高度一致。

利用 CERES 数据计算得到的辐射变化进一步证明 D_e 的变化对大气顶端短波辐射的重要影响作用，见图 7.3。如图 7.3（a）所示，2001 ~2013 年 D_e 与大气顶端短波辐射在 95% 的置信水平上的相关性为 0.87。

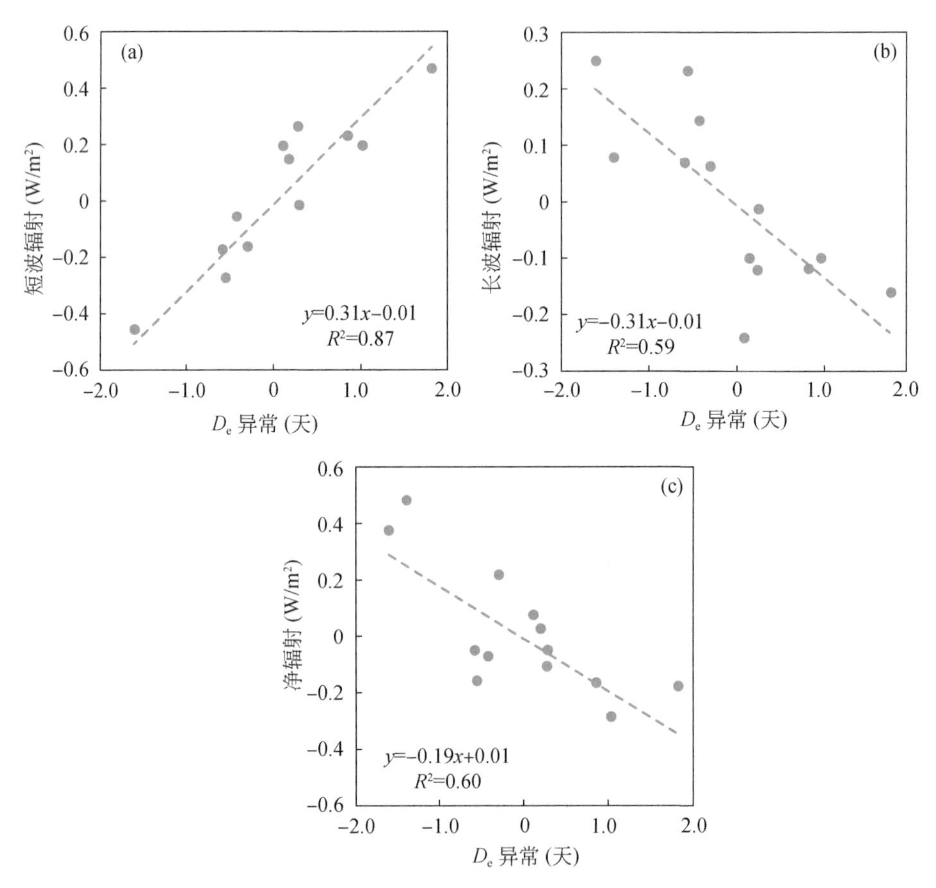

图 7.3　2001 ~2014 年 D_e 异常及其与 CERES 数据计算得到的大气顶端短波辐射（a）、长波辐射（b）和净辐射之间的关系（c）。(a) ~ (c) 中线性相关的显著性在 95% 水平

2001 ~2013 年终雪日 D_e 的变化对大气顶端短波辐射的影响［图 7.3（a）］要大于对长波辐射的影响［图 7.3（b）］。这将导致大气顶端净辐射的增加，从而促使地球–大气系统的增温。2001 ~2013 年 D_e 的变化所导致的 S_nRF_m 为 0.31（±0.01）W/m^2，该数值是融雪期大气顶端总短波辐射异常（0.61W/m^2）的

51% 和净辐射异常（0.50W/m^2）的 63%。另外，CERES 观测到的大气顶端短波辐射的异常与 D_e的异常高度相似，这说明 D_e的变化可能通过大气顶端能量收支的异常进一步影响到当地和区域的气候变化。

依据 NASA GISS（Goddard Institute for Space Studies）气温数据（Hansen et al.，2010）分析结果，2001～2013 年北半球升高幅度为 0.07℃。该升温幅度结合 S_nRF、S_nRF_a和 S_nRF_m可以得到北半球的 SAF 强度分别为 2.29（±0.06）W/(m^2·K)、0.14（±0.01）W/(m^2·K) 和 4.43（±0.14）W/(m^2·K)。基于遥感数据估算结果，在增温幅度为 0.79℃的情况下，1979～2008 年由积雪变化造成的北半球 C_rRF 和 SAF 分别为 0.27（0.11～0.48）W/m^2 和 0.34（0.14～0.61）W/(m^2·K)（Flanner et al.，2011）。这表明，即使 2001～2013 年积雪物候变化所产生的辐射胁迫是 1979～2008 年辐射胁迫的 60%，但由于较低的升温幅度，其产生的 SAF 却是 1979～2008 年的 6 倍左右。

7.3.2 1982～2013 年北半球积雪辐射胁迫计算及分析

1. 数据源

地表反照率 a_s是计算 S_nRF 的关键输入变量。为了得到准确的 S_nRF，我们分别计算了 1982～2013 年积雪变化所导致的白空 a_s和黑空 a_s的变化。在计算之前，我们依据 GLASS a_s产品和 MCD43GF 无雪反照率（snow-free land surface albedo，a_{sf}）产品的质量标示生成了月尺度的 GLASS a_s和 MCD43GF a_{sf}产品。同样的，对 GLASS 产品来说，我们选择了质量标示为“00”和“01”（分别代表不确定性小于 5% 和 10%）的产品来进行月 a_s产品的生成。对 MCD43GF a_{sf}产品来说，我们选择了质量标示为“0”和“1”（代表高质量观测值的产品）来计算月平均 a_{sf}的计算。

为了计算积雪变化所造成的大气顶端短波辐射的异常，本节还使用到 Shell 等（2008）和 Soden 等（2008）计算得到的 CAM3 和 AM2 的辐射核，以及 GISS 全球地表气温分析数据（Hansen et al.，2010）。

2. 空间格局

由式（7.2）计算得到的 1982～2013 年北半球年平均的累积期积雪期辐射胁迫（S_nRF_a）、消融期积雪期辐射胁迫（S_nRF_m）和整个积雪期辐射胁迫（S_nRF）见图 7.4。受北半球积雪物候变化和辐射核空间分布的影响，S_nRF 在消融期和整个积雪雪季都表现出从高纬度到低纬度递减的空间分布模式，在累积期则表现出相反的规律。与中低纬度相比，高纬度积雪覆盖率 SCF 变化造成的 Δa_s（a_s-a_{sf}）在高纬度比较大。1982～2013 年晴空状态下北半球 S_nRF_a、S_nRF_m和 S_nRF 的变化量见图 7.4（b）、图 7.4（d）和图 7.4（e）。32 年北半球 S_nRF_a、S_nRF_m和 S_nRF 的变化量分别为 0.09（±0.009）W/m²、0.12（±0.003）W/m² 和 0.10（±0.005）W/m²。

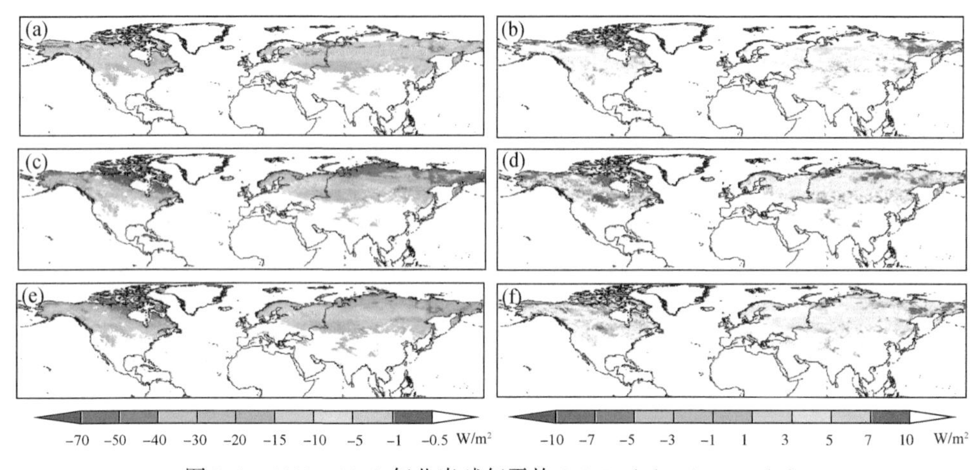

图 7.4　1982～2013 年北半球年平均 S_nRF_a（a）、S_nRF_m（c）和 S_nRF（e）及相应变化量（b、d 和 f）

（b）、（d）和（f）中的变化量由线性斜率乘以时间长度得到；（b）、（d）和（f）中的黑点代表相应变化在 90% 的水平上显著

贡献分析结果（图 7.5）表明，1982～2013 年北半球 S_nRF_a、S_nRF_m和S_nRF 的变化对北半球整体 S_nRF_a、S_nRF_m和 S_nRF 变化的贡献较大，分别为 68%、74% 和 70%。如图 7.4（d），1982～2013 年北半球融雪期 S_nRF_m在高纬度接近北冰洋的地区呈现减弱趋势，而在中纬度美国中部等地区增强，该趋势与观测得到的北半球 D_e变化一致。然而，对 S_nRF_m的年际变化分析表明，1982～2013 年北美地区 S_nRF_m变化并不显著，这主要是因为北美地区 S_nRF_m在中高纬度呈现相反的变化趋势。1982～2013 年北半球积雪物候变化所造成的总辐射胁迫变化见图 7.4（f）。受 D_d增长的影响，该区域 S_nRF 显著增强。然而，受积雪年内变化差异的影响，欧洲和亚洲东部积雪持续时间 D_d增长的与 S_nRF 的变化并不一致。

由 NASA 戈达德太空研究所 GISS 地表气温分析（Hansen et al., 2010）数据可得，1982 年 9 月至 2013 年 8 月年北半球的增温幅度为 0.59℃。S_nRF_a、S_nRF_m和 S_nRF 的变化结合该增温幅度计算可得北半球积雪累积期、消融期和整个雪季的反照率反馈分别为 0.18（±0.008）W/(m²·K)、0.21（±0.005）W/(m²·

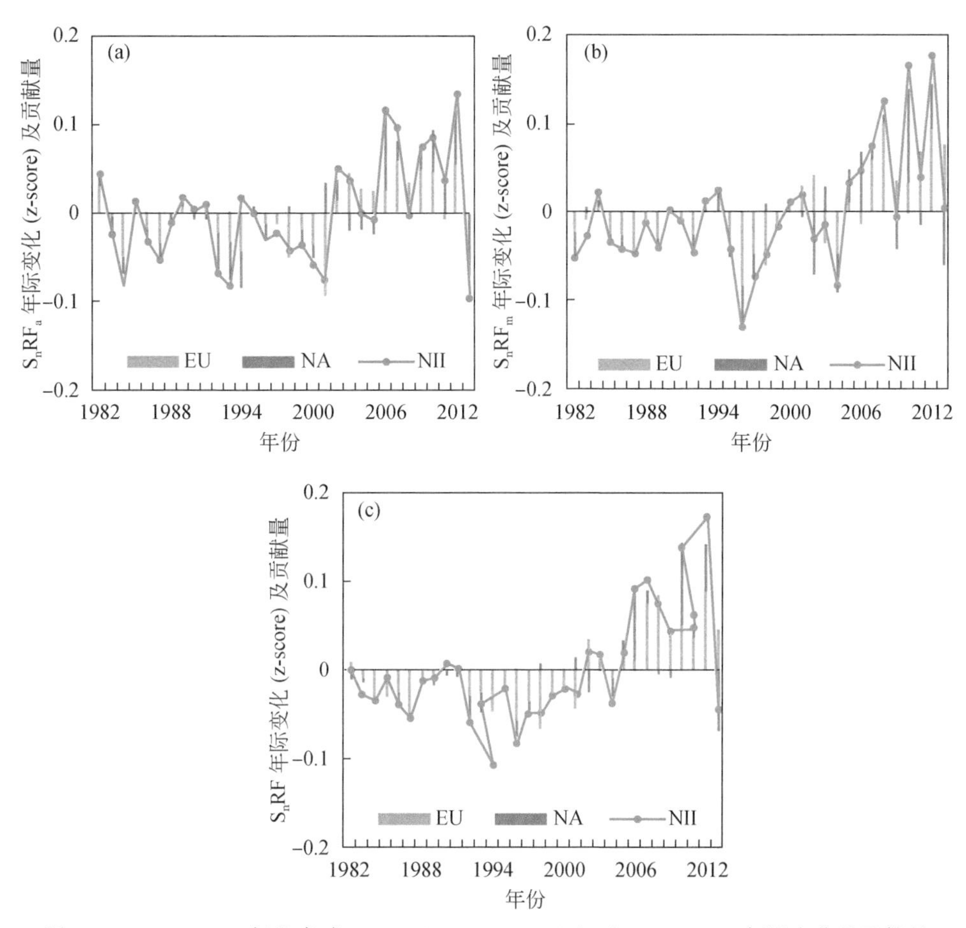

图 7.5 1982 ~ 2013 年北半球 S_nRF_a（a）、S_nRF_m（b）和 S_nRF（c）年际变化及贡献量

K）和 0.20（±0.008）W/(m^2 · K)。

7.4 中国区域积雪覆盖变化的影响

受 SCF 变化的驱动，1982 ~ 2013 年中国区域晴空状态下年平均 S_nRF 及变化见图 7.6。1982 ~ 2013 年中国区域晴空状态下年平均 S_nRF 为（-4.33±0.29）W/m^2，其中东北湿润半湿润地区、西北干旱区、内蒙古和青藏高原 S_nRF 的 32 年平均值分别为（-8.46±1.19）W/m^2、(-5.85±0.49）W/m^2、(-5.67±0.71）W/m^2 和（-5.79±1.01）W/m^2。

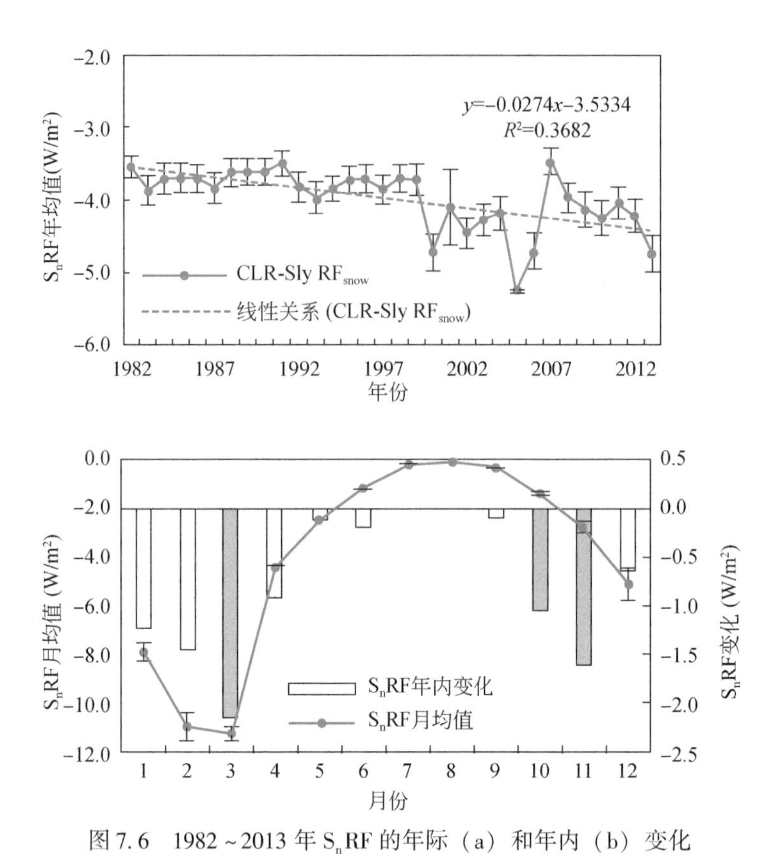

图 7.6　1982～2013 年 S_nRF 的年际（a）和年内（b）变化

（b）中的年平均 S_nRF 由基于 CAM3 和 AM2 计算得到的 S_nRF 平均后得到；（a）和（b）中误差值代表 CAM3 和 AM2 计算得到的 S_nRF 之间的范围；（b）中实心的立柱代表在 95% 的水平上有显著变化，绿色代表该月 S_nRF 在 1982～2013 年增强

中国区域年平均 S_nRF 强度较大的区域主要分布在青藏高原东南部、西北干旱区北部和东北湿润半湿润地区东北部等年平均积雪覆盖率较高的地区，其中东北湿润半湿润地区、西北干旱区、内蒙古和青藏高原晴空状态下 S_nRF 的变化分别为-0. 33W/m²、-0. 07W/m²、-0. 08W/m² 和 0. 16W/m²。青藏高原东北部和西南部地区晴空状态 S_nRF 呈现相反的变化趋势。1982～2013 年青藏高原东南部晴空状态 S_nRF 变化为 -8. 26W/m²，代表积雪变化导致的辐射冷却效应显著增强；相反，青藏高原西南地区辐射冷却效应显著减低。青藏高原晴空状态 S_nRF 的变化与该地区 SCF 的变化足迹一致。受印度季风减弱的影响，青藏高原西南部冬季降水量显著减少，从而造成 SCF 的减少以及由此导致的 Δa_s 的降低和 S_nRF 的减弱。

与 1982～2013 年中国区域年平均积雪覆盖率微弱增加的趋势一致，中国区域 S_nRF 呈现增强趋势［图 7.6（a）］，代表 SCF 的增加导致 Δa_s 的增加和更多的太阳辐射反射回太空，从而造成1982～2013年中国区域积雪辐射冷却效应的增强。1982～2013年中国区域积雪辐射冷却效应在95%的显著性水平下增强速度为0.29（±0.12）W/(m^2·10a)，其中晴空状态下S_nRF年际变化的最小值和最大值分别为2007年的–3.47（±0.09）W/m^2和2005年的–5.71（±0.14）W/m^2。

晴空状态下S_nRF的年内变化和每个月S_nRF的变化见图7.6（b）。晴空状态下S_nRF最大值发生在3月，达–11.19（±0.17）W/m^2。太阳入射辐射和SCF在2～3月处于较大的值。晴空状态下S_nRF最小值大概发生在7～9月，达–0.09（±0.001）W/m^2。在此期间SCF处于年内最低值，同时辐射核在云量的影响下也处于年内的最低值。10月至次年1月，晴空状态下S_nRF随着积雪覆盖率的增加逐渐增强，尽管其间入射太阳辐射依然很低。除了7～8月，其他月份中国区域晴空状态下S_nRF呈现增强趋势。S_nRF增强趋势在早春的3月和初秋的11月尤其显著，其变化在95%的水平上显著。

为了更好地量化中国区域积雪变化所导致的辐射强迫，我们同时计算了全天空的S_nRF，我们发现1982～2013年全天空的S_nRF和晴空状态下的S_nRF在空间分布上高度相似，并呈现相似的年际变化趋势。全天空的S_nRF的最小值和最大值分别为–2.29（±0.01）W/m^2和–3.76（±0.02）W/m^2，与晴空状态下S_nRF强度有30%的差别。与白空反照率计算可得的晴空状态和全天空的S_nRF强度相比，利用黑空反照率计算得到的结果略高约4.32%。黑空反照率计算得到的结果略高于白空反照率计算得到的结果，该差异在Flanner等（2011）、Qu和Hall（2014）的研究中也有讨论。

7.5 青藏高原积雪面积变化的辐射胁迫效应分析

青藏高原积雪研究的重要性在第6章已经有所论述，本章重点研究青藏高原积雪变化对地球–大气系统辐射收支的影响。考虑到青藏高原积雪的重要性，近年来已经有大量的研究在探讨青藏高原积雪变化及其对气候的响应（Chen et al.，2018，2017；Lau et al.，2010；Pu et al.，2007，2008；Wang et al.，2008；Wu et al.，2012），如季节性积雪覆盖率SCF、积雪深度、积雪消融状况等。然而，受青藏高原复杂地形、积雪分布的异质性、积雪和地表反照率遥感产品质量不好等因素的影响，很少有研究探讨青藏高原积雪变化对地球–大气系统辐射收支的影响。因此，本节的研究目的包括：①量化2001～2014年青藏高原积雪、地表反照率a_s（包含了积雪和其他地表覆盖类型的反照率）、无雪地表反照率a_{sf}（除去积雪后的反照率）的变化；②计算2001～2014年青藏高原积雪和非积雪覆盖地表对地表反照率变化（Δa_s）的贡献；③利用辐射核的方法估算 2001 ~ 2014 年青藏高原积雪变化导致的大气顶端短波辐射收支（S_nRF）的异常，并将其与 CERES 观测得到的短波收支进行对比分析；④利用地表反照率与积雪之间的关系，估算 1982 ~ 2014 年青藏高原 S_nRF 及其变化趋势。

7.5.1 青藏高原地表反照率和无雪地表反照率变化

青藏高原 2002 ~ 2014 年地表反照率 a_s、无雪地表反照率 a_{sf}、反照率差值 Δa_s 的变化量以及 a_s 和 a_{sf} 对 Δa_s 的贡献见图 7.7。在之前的研究中，Flanner 等（2011）和 Chen 等（2015）通过地表反照率 a_s 减去的 a_{sf} 的平均值得到积雪变化

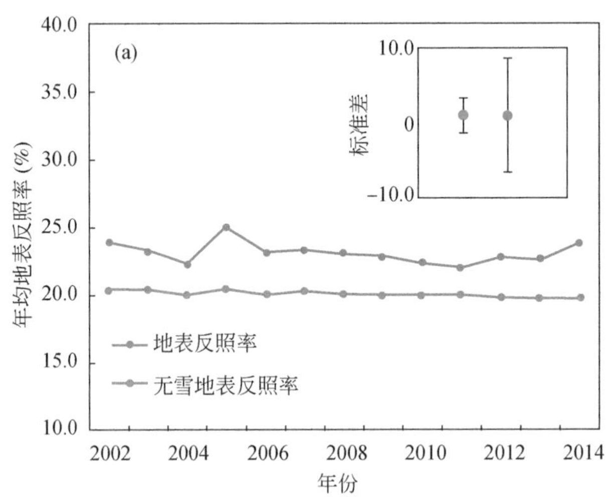

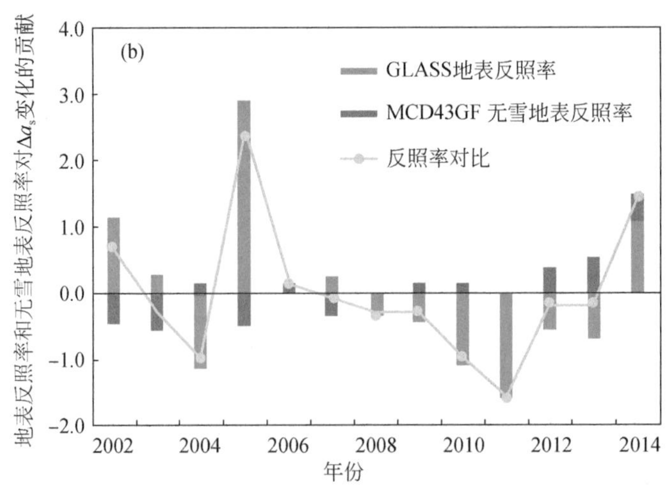

图 7.7 2002 ~ 2014 年青藏高原（a）地表反照率 a_s 和无雪地表反照率 a_{sf} 的年际变化及其标准差；（b）地表反照率 a_s 和无雪地表反照率 a_{sf} 对 Δa_s 变化的贡献

导致的反照率变化量 Δa_s。但是，利用这种方法计算得到的 Δa_s 没有考虑非积雪地表的变化（主要是植被）。因此，在利用这个方法之前，本节使用贡献分析的方法来探讨积雪覆盖地表和非积雪覆盖地表对 Δa_s 的贡献。

与 2002 ~ 2014 年青藏高原 a_s 的变化相比，a_{sf} 的变化相对较小［图 7.7（a）］。2002 ~ 2014 年青藏高原 a_{sf} 的标准差为 0.22%，仅为相应时间段内 a_s 标准差（0.76%）的三分之一。而且，如图 7.7（b）所示，2002 ~ 2014 年青藏高原 a_{sf} 的变化仅占相应时间段内 a_s 变化的 2.51%。此外，利用真实 a_{sf} 值和 a_{sf} 平均值计算得到的 S_nRF 见图 7.8。利用真实 a_{sf} 值和 a_{sf} 平均值计算得到的 2002 ~ 2014 年青藏高原 S_nRF 的差值为 0.15W/m^2，仅占相应时间段内年平均 S_nRF 的 1.47%。基于图 7.7 和图 7.8 的分析，利用 a_{sf} 平均值将不会影响到本章的主要结论。因此，为了解决 2001 年前 a_{sf} 数据缺失的问题，本节使用 a_{sf} 平均值计算 1982 ~ 2014 年青藏高原 S_nRF。

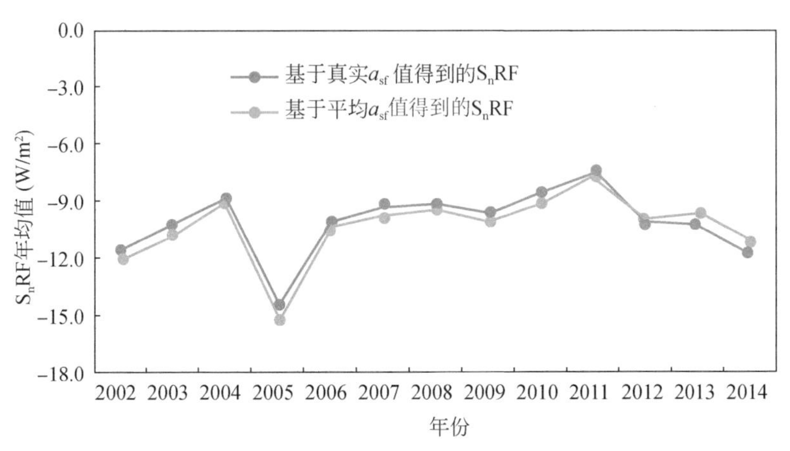

图 7.8 利用真实 a_{sf} 值和平均 a_{sf} 值计算得到的青藏高原 S_nRF

7.5.2 2001 ~ 2014 年青藏高原 S_nRF 估算

利用式（7.2）计算得到的 2001 ~ 2014 年青藏高原年平均 S_nRF（晴空状态）和变化量，以及 S_nRF 的年内和年际变化见图 7.9。2001 ~ 2014 年青藏高原年平均 S_nRF 为 −10.25（±0.10）W/m^2，其中较大的值分布在青藏高原东南部的雅鲁藏布江流域［图 7.9（a）］。

与 SCF 变化一致，S_nRF 在湄公河、长江、黄河、雅鲁藏布江等流域的上游增强，而在雅鲁藏布江流域东南部减弱［图 7.9（b）］。受 2001 ~ 2014 年青藏高原年平均 SCF 减小的影响，响应时间段内 S_nRF 以 0.98 W/(m^2 · 10a) 的量级减弱［p=0.46，图7.9（c）］，其中最大的S_nRF值出现在2005年，最小的S_nRF值出现在2011年，分别对应于2005年的极端低温和2011年的干旱事件（Long et al.，2014）。

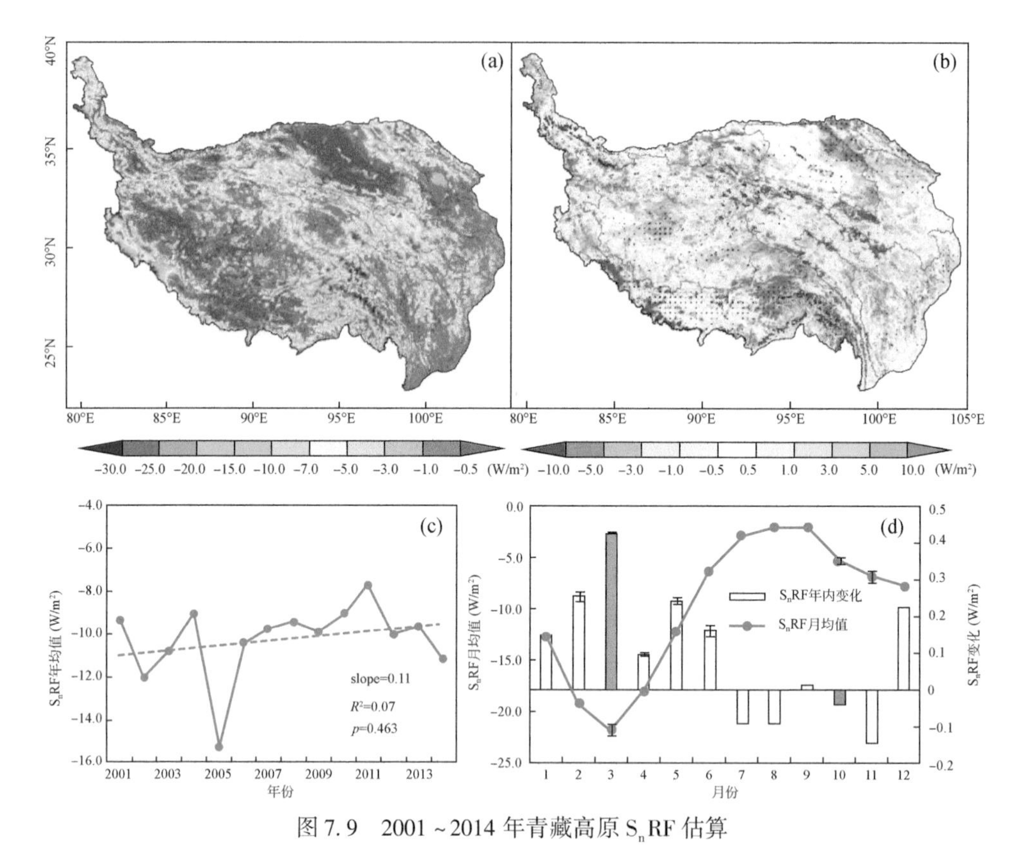

图7.9　2001～2014年青藏高原S_nRF估算

2001～2014年青藏高原（a）年平均S_nRF和（b）变化量；（c）年平均S_nRF的年际变化及线性趋势；（d）S_nRF的月均值及年内变化（b）中黑点代表变化在95%的水平上显著。（c）和（d）中的误差棒代表用两种辐射核得到的S_nRF之间的标准差。（d）中的绿色代表S_nRF增强，橘色代表S_nRF减弱，实心柱体代表变化在95%的水平上显著

利用CERES EBAF数据计算得到的2001～2014年青藏高原大气顶端短波辐射变化见图7.10，该时空变化进一步验证了积雪对青藏高原大气顶端短波辐射的影响。2001～2014年青藏高原SCF与大气顶端短波辐射之间的决定系数为0.54（p=0.004），表明青藏高原积雪变化通过对a_s的影响而影响到大气顶端短波辐射。受长江和湄公河流域上游短波辐射增加的影响，该地区大气顶端净辐射呈现负变化，表明随着SCF的增加，地表反射的短波辐射增加，从而造成这些地区净辐射的降低［图7.10（a）和图7.10（d）］。通过SCF与大气顶端短波［图

7.10（h）］和长波［图 7.10（i）］的线性拟合对比发现，SCF 对大气顶端短波辐射（斜率为 0.72W/m²）的影响大于对长波辐射（斜率为-0.22W/m²）的影响。此外，CERES 观测得到的大气顶端短波辐射通量的变化在空间和时间上与同一时间段内 SCF 的变化高度一致，这表明 SCF 的变化可能通过辐射冷却作用影响到当地和区域的能量收支。

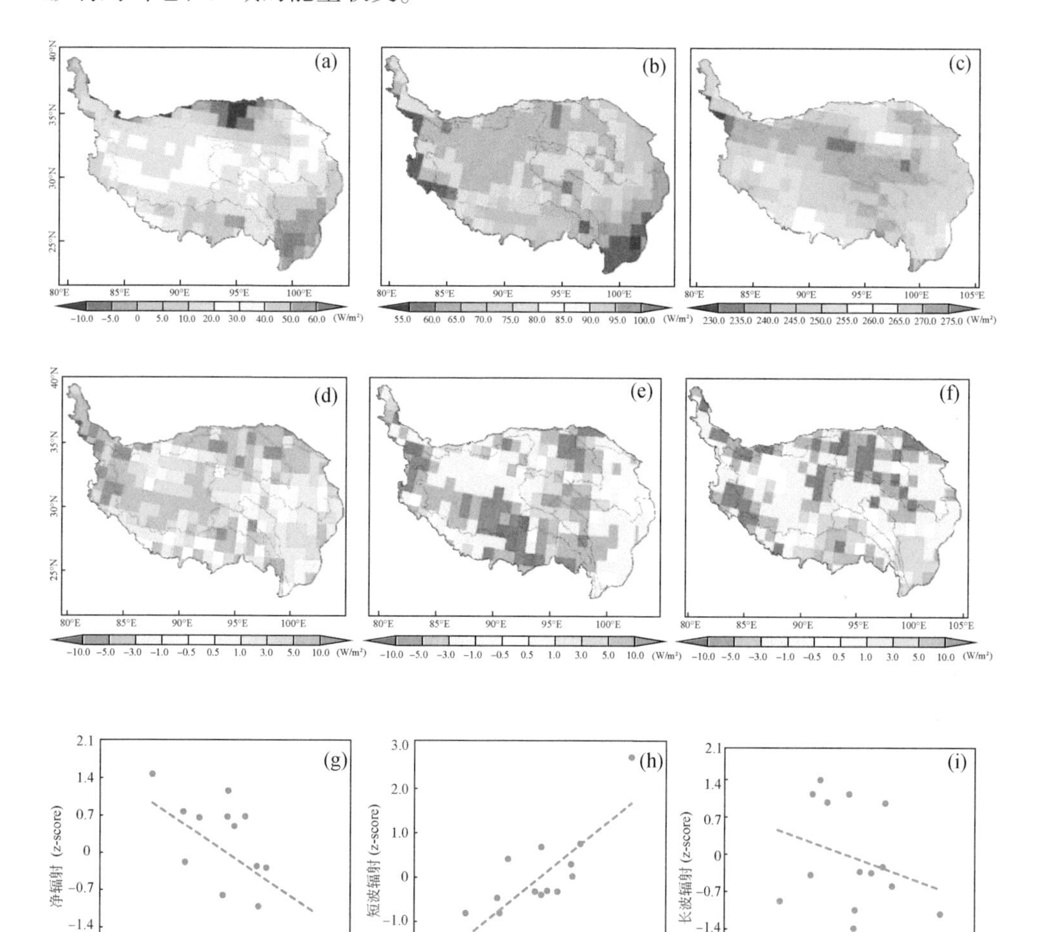

图 7.10　CERES EBAF 数据计算的青藏高原大气预端短波辐射变化

CERES 观测得到的 2001～2014 年青藏高原大气顶端净辐射（a）、短波辐射（b）、长波辐射（c），及其相应变化量（d、e、f）；2001～2014 年青藏高原积雪覆盖率变化与净辐射（g）、短波辐射（h）、长波辐射（i）的线性相关性

7.5.3 1982～2014 年青藏高原 S_nRF 估算

量化长时间序列 a_s 和 Δa_s 变化是 S_nRF 计算的关键。利用 GLASS 数据计算的 1982～2014 年青藏高原 a_s 的年内和年际变化见图 7.11。1982～2014 年青藏高原 a_s、a_{sf} 的平均值及其变化量见表 7.2。

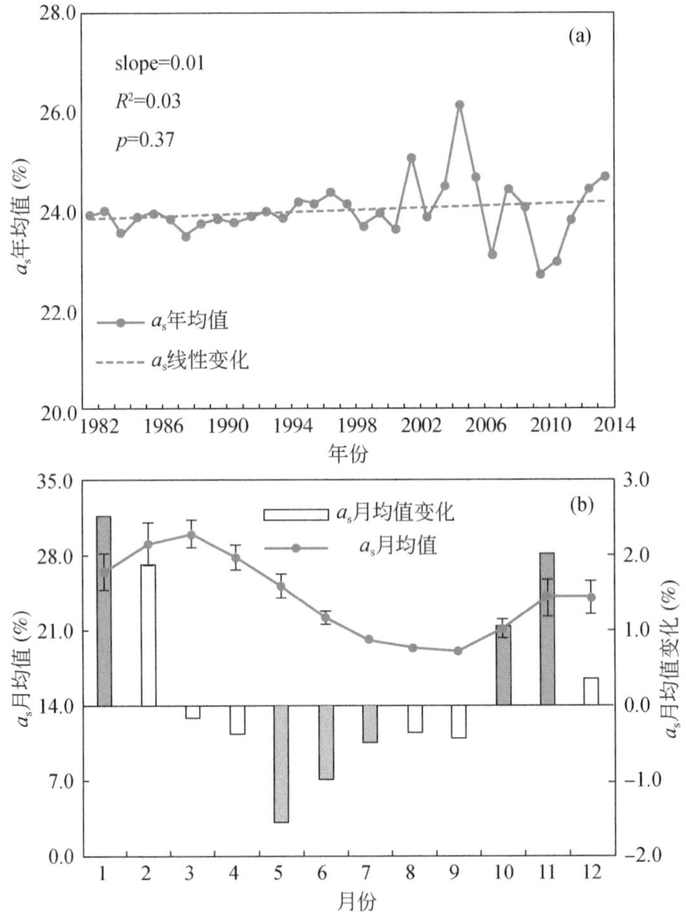

图 7.11 1982～2014 年青藏高原 a_s 年均值（a）及变化和月均值及变化（b）

橘色（绿色）代表 a_s 在给定月份增加（减小）；（b）中的误差线代表 1982～2014 年给定月份 a_s 的标准差

青藏高原 1982～2014 年地表反照率 a_s 的年际变化分析表明，32 年青藏高原 a_s 以 0.89%/10a（p=0.44）的速度增加，其中最大值和最小值分别出现在 2005 年和 2011 年［图 7.11（a）］。虽然 1982～2014 年青藏高原地表反照率 a_s 的年际变化趋势在统计上并不显著，但其与 NHSCE 计算得到的 SCF 高度相关（R^2 = 0.41，p<0.001）。与此同时，1982～2014 年青藏高原地表反照率 a_s 呈累积期增加（尤其是 10 月至次年 2 月），而在消融期较小（尤其是 5～9 月）的趋势［图 7.11（b）和表 7.2］。青藏高原积雪的年内变化趋势与之前研究发现的 20 世纪 80 年代开始的北半球高纬度地区积雪的增加（Chen et al.，2016b；Cohen et al.，2012），以及青藏高原春季和夏季的增温一致（Duan and Xiao，2015）。

表 7.2　1982～2014 年青藏高原地表反照率 a_s 和无雪地表反照率 a_{sf} 的变化

月份	1982～2000 年	2001～2014 年		1982～2014 年
	a_s	a_s	a_{sf}	a_s
1	0.56	-1.43	-0.62（**）	2.51（**）
2	0.91（**）	-0.05	-0.31	1.87（*）
3	0.25	-1.74	-0.20	-0.16
4	-0.34	-0.73	-0.14	-0.36
5	-0.37（*）	-1.47	-0.66（***）	-1.55（**）
6	0.10	-0.95（*）	-0.60（**）	-0.97（***）
7	-0.01	0.11	-0.65	-0.48（**）
8	0.38（**）	0.03	-0.70	-0.36
9	-0.02	-0.07	-0.83	-0.43（**）
10	0.12	0.04	-0.71（**）	1.04（**）
11	0.88（*）	0.02（*）	-0.76	2.01（*）
12	0.90	-1.98	-0.81	0.34

*代表 0.1 显著水平，**代表 0.05 显著水平，***代表 0.01 显著水平

利用辐射核方法、GLASS a_s 数据、MCD43GF 月平均 a_{sf} 数据，本节计算了 1982～2014 年青藏高原 S_nRF，如图 7.12。计算可得，1982～2014 年青藏高原年平均 S_nRF 为 -9.86（±0.11）W/m^2［图 7.12（a）和图 7.12（c）］，其中 1982～2000 年 S_nRF 的平均值为-9.86（±0.11）W/m^2，2001～2014 年 S_nRF 的平均值为-10.25（±0.11）W/m^2。这表明，1982～2014 年青藏高原 S_nRF 呈现增强趋势。受积雪变化驱动下 a_s 的影响，S_nRF 相对较强的年份为 1998 年、2002 年、2005 年等，这与大范围的厄尔尼诺现象（如 1998 年和 2002 年）（i. e.，1998 and 2002）和春季植被返青时间的推迟一致（尤其是在 2005 年）（Zhang et al.，2013）；相反，S_nRF 相对较强的年份为 1999 年、2004 年、2011 年等，分别对应于拉尼娜现象（如 1999 年和 2004 年）和 2011 年的极端干旱事件。

如图 7.12（a）所示，1982～2014 年青藏高原年平均 S_nRF 较大的区域主要

分布在青藏高原东南部的雅鲁藏布江流域。受地表反照率 a_s变化的影响，1982 ~ 2014 年青藏高原 S_nRF 呈现微弱的增强趋势［图 7.12（c）］，其增强幅度为 -0.91（±0.02）W/m^2，S_nRF 增强的区域分布在青藏高原东南部［图 7.12（b）］。与此同时，1982 ~ 2014 年青藏高原的中部和北部 S_nRF 呈现减弱趋势。

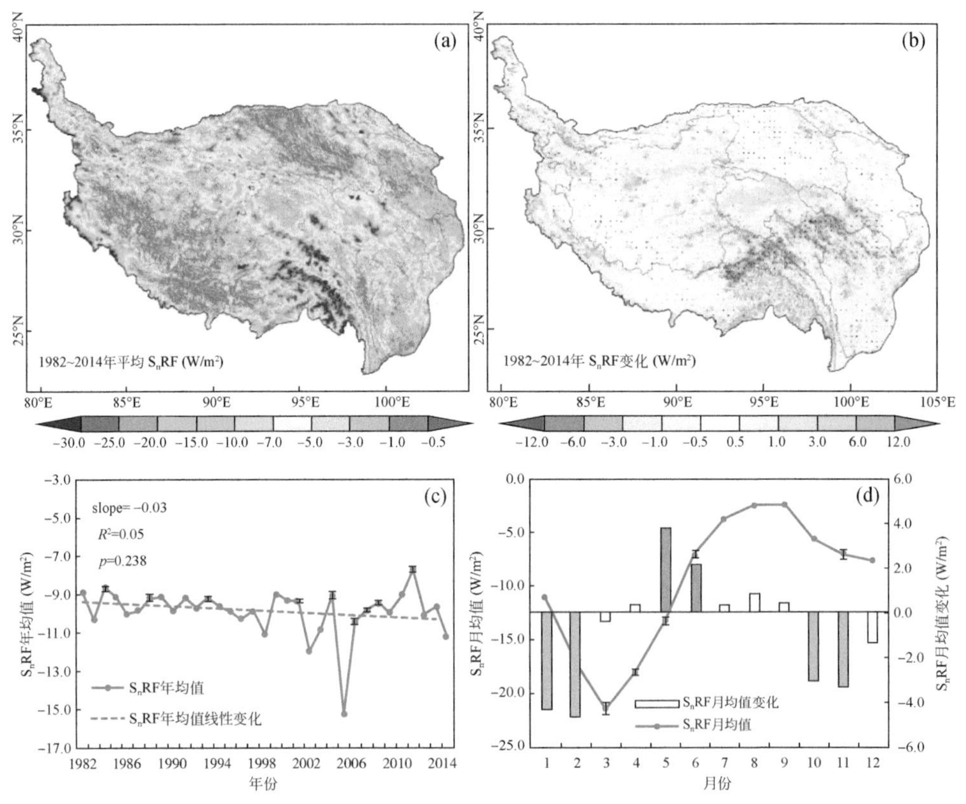

图 7.12　1982 ~ 2014 年青藏高原（a）年平均 S_nRF 和（b）S_nRF 变化量；（c）年平均 S_nRF 的年际变化及线性趋势；（d）S_nRF 的月均值及年内变化

（b）中黑点代表变化在 95% 的水平上显著；（c）和（d）中的误差棒代表用两种辐射核得到的 S_nRF 之间的标准差；（d）中的绿色代表 S_nRF 增强，橘色代表 S_nRF 减弱，实心柱体代表变化在 95% 的水平上显著

1982 ~ 2014 年青藏高原 S_nRF 月均值和年内变化见图 7.12（d）。随着积雪面积的增加，S_nRF 从 9 月开始增强，在次年 3 月太阳辐射和 SCF 值比较大的时间达到峰值-21.75（±0.52）W/m^2。与 Flanner 等（2011）估算的北半球 S_nRF 的年内变化相比，青藏高原 S_nRF 峰值出现的时间比较早，这主要是因为青藏高原最大积雪面积出现在 3 月。受积雪和地表反照率变化的影响，1982 ~ 2014 年青藏高原 S_nRF 在 9 月至次年 2 月呈现增强趋势（绿色柱体），其在 10 月、11 月、1

月、2 月的增强幅度分别为$-3.05\mathrm{W/m^2}$（$p=0.003$）、$-3.29\mathrm{W/m^2}$（$p=0.048$）、$-4.39\mathrm{W/m^2}$（$p=0.005$）、$-4.73\mathrm{W/m^2}$（$p=0.038$）。此外，S_nRF 在积雪消融期呈减弱趋势，其在 5 月和 6 月的减弱的幅度分别为 $3.77\mathrm{W/m^2}$（$p=0.047$）和 $2.18\mathrm{W/m^2}$（$p=0.022$）。1982～2014 年青藏高原 S_nRF 在累积期增强有利于积雪的累积，进而利于产生更多的融雪水量。但是，此变化可能会导致春季融雪性洪水的增加（Arnell and Gosling，2014）。

估算青藏高原积雪变化对大气顶端短波辐射收支的影响对气候变化研究和预测非常重要。利用改进的积雪遥感数据、反照率数据、辐射及辐射核数据，以及辐射核方法，本章探讨了青藏高原积雪、地表反照率的变化，同时估算了 2001～2014 年和 1982～2014 年青藏高原 S_nRF 的年内和年际变化趋势。在北半球中纬度地区冬季大范围降温和青藏高原整体增温的趋势下，1982～2014 年青藏高原 a_s 呈现增加趋势。受其影响，1982～2014 年青藏高原 S_nRF 呈现微弱的增强趋势。青藏高原 S_nRF 的变化与 Flanner 等（2011）的研究结论相符。Flanner 等（2011）研究发现，青藏高原是 1979～2008 年北半球为数不多的 S_nRF 增强的区域。与 S_nRF微弱的年际变化趋势相比，该时间段内积雪累积期 S_nRF 增强，消融期 S_nRF 减弱。同时，与 Chen 等（2015）研究得到的 2001～2014 年北半球中纬度地区 SCF 增加相反，青藏高原积雪在该时间段内呈现减少趋势。与青藏高原总体增温的趋势相反，1982～2014 年青藏高原 a_s 呈现增加趋势。青藏高原 a_s 的增加造成 S_nRF 的增强，尤其是在积雪累积期。此外，S_nRF 在积雪累积期的增强和积雪消融期的减弱很可能会对依靠青藏高原融雪水补给的径流产生影响。因此，有必要在未来的研究中，进一步监测积雪变化，估算融雪径流的洪峰和时间，从而更好地服务于生态环境建设和水资源的有效管理。

7.6 小　　结

陆表变化对北半球高纬度地区增温有重大的影响作用（Chapin III et al.，2005）。随着大气中温室气体的累积以及冰冻圈积雪和海冰减少所导致的北极圈气温放大效应的增强，北半球气温升高的总体趋势以及北半球中高纬度之间气温变化的不一致性也将持续。基于遥感观测数据，本研究量化了中国地区 1982～2013 年 SCF 的分布、变化及其变化引起的辐射强迫 S_nRF。该结果有助于理解气候变化背景下中国地区的积雪变化和原因，并进行相关预测。

与之前的研究结果相比，本章既使用了 NHSCE 积雪遥感数据也使用了 MODIS 积雪遥感数据来探讨积雪的变化。另外，本章利用 GLASS 和 MCD43GF a_s 产品来量化 Δa_s，从而很大程度上减少了之前研究中 S_nRF 估算的不确定性。例如，Flanner 等（2011）使用 MODIS a_s、APP-x a_s和 MODIS 土地分类结果填充得到。与 Flanner 等（2011）使用的 a_s相比，长时间序列且空间完整的 GLASS a_s产品在 S_nRF 估算中更有优势。但是 RK 方法中的光谱差异以及植被对 S_nRF 估算的影响在本研究中没有涉及。积雪在可见光波段比在近红外波段产生更大的 Δa_s，而 RK_a是在 a_s变化对波谱变化不敏感的基础上发展的。但是 Flanner 等（2011）研究发现，RK_a的光谱差异问题在 S_nRF 估算中造成的误差在5%左右。另外，北半球积雪变化导致的辐射强迫比植被造成的辐射强迫大 3 倍（Harvey，1988）。因此，RK 方法的光谱差异问题和植被对 S_nRF 估算的影响并不会影响本研究的主要结论。

与积雪变化相伴，1982～2013 年中国区域积雪造成的辐射强迫效应显著增强，在95%的显著性水平上中国地区晴空状态下年平均 S_nRF 增强速度为 0.21 W/(m^2・10a)，该变化趋势与北半球冰冻圈辐射胁迫减弱的结论（Flanner et al.，2011）相反。

与之前的研究相比，本章量化了北半球 SCP 变化所导致的辐射胁迫、对气温变化的反馈强度，并探讨了欧亚大陆和北美洲对整个北半球辐射胁迫和反馈的贡献。因此，本章对现阶段气候变化研究和未来气候变化预测有一定的积极作用。但是，本章依然存在若干个需要继续探讨的问题。例如，积雪辐射强迫受多个要素的影响，包括积雪变化所引起的地表反照率 a_s变化、当地的太阳入射和大气状态等（Flanner et al.，2011）。受遥感数据空间分辨率的限制，研究中积雪像元既包含了积雪变化也包含了植被等其他信息的变化。因此，将植被对积雪辐射胁迫的影响分离出去是下一步研究的方向之一。

参考文献

车涛，郝晓华，戴礼云，等.2019. 青藏高原积雪变化及其影响 [J]. 中国科学院院刊，34：1247-1253.

冯学智，李文君，柏延臣 2000. 雪盖卫星遥感信息的提取方法探讨 [J]. 中国图像图形学报，5：836-839.

Arnell N，Gosling S. 2014. The impacts of climate change on river flood risk at the global scale [J]. Climate Change，134：387-401.

Bright R，Halloran T. 2019. Developing a monthly radiative kernel for surface albedo change from satellite climatologies of Earth's shortwave radiation budget：CACK v1.0 [J]. Geoscientific Model Development，12：3975-3990.

Brown R，Derksen C，Wang L. 2010. A multi-data set analysis of variability and change in Arctic spring snow cover extent，1967-2008 [J]. Journal of Geophysical Research：Atmospheres，115：D16111.

Brown R，Robinson D. 2011. Northern Hemisphere spring snow cover variability and change over 1922-

2010 including an assessment of uncertainty [J]. The Cryosphere, 5: 219-229.

Cao Y, Liang S, Chen X, et al. 2015. Assessment of sea ice albedo radiative forcing and feedback over the Northern Hemisphere from 1982 to 2009 using satellite and reanalysis data [J]. Journal of Climate, 28: 1248-1259.

Chapin III F, Sturm M, Serreze M, et al. 2005. Role of land-surface changes in arctic summer warming [J]. Science, 310: 657-660.

Chen X, Liang S, Cao Y, et al. 2016b. Distribution, attribution, and radiative forcing of snow cover changes over China from 1982 to 2013 [J]. Climate Change, 137: 363-377.

Chen X, Liang S, Cao Y, et al. 2015. Observed contrast changes in snow cover phenology in northern middle and high latitudes from 2001-2014 [J]. Scientific Reports, 5: 16820.

Chen X, Liang S, Cao Y. 2016a. Satellite observed changes in the Northern Hemisphere snow cover phenology and the associated radiative forcing and feedback between 1982 and 2013 [J]. Environmental Research Letters, 11: 084002.

Chen X, Long D, Hong Y, et al. 2017. Observed radiative cooling over the Tibetan Plateau for the past three dECA&Des driven by snow-cover-induced surface albedo anomaly [J]. Journal of Geophysical Research: Atmospheres, 122: 6170-6185.

Chen X, Long D, Hong Y, et al. 2018. Climatology of snow phenology over the Tibetan plateau for the period 2001—2014 using multisource data [J]. International Journal of Climatology, 38: 2718-2729.

Cohen J, Furtado J, Barlow M, et al. 2012. Arctic warming, increasing snow cover and widespread boreal winter cooling [J]. Environmental Research Letters, 7: 014007.

Donohoe A, Battisti D. 2011. Atmospheric and surface contributions to Planetary Albedo [J]. Journal of Climate, 24: 4402-4418.

Duan A, Xiao Z. 2015. Does the climate warming hiatus exist over the Tibetan Plateau? [J]. Scientific Reports, 5: 13711.

Fernandes R, Zhao H, Wang X, et al. 2009. Controls on Northern Hemisphere snow albedo feedback quantified using satellite Earth observations [J]. Geophysical Research Letters, 36: L21702.

Flanner M, Shell K, Barlage M, et al. 2011. Radiative forcing and albedo feedback from the Northern Hemisphere cryosphere between 1979 and 2008 [J]. Nature Geoscience, 4: 151-155.

Hall A. 2004. The role of surface albedo feedback in climate [J]. Journal of Climate, 17, 1550-1568.

Hansen J, Ruedy R, Sato M, et al. 2010. Global surface temperature change [J]. Reviews of Geophysics, 48: RG4004.

Harvey D. 1988. On the role of high latitude ice, snow and vegetation feedbacks in the climate response to external forcing changes [J]. Climate Change, 13: 191-224.

Lau W, Kim M, Kim K, et al. 2010. Enhanced surface warming and accelerated snow melt in the Himalayas and Tibetan Plateau induced by absorbing aerosols [J]. Environmental Research Letters, 5: 025204.

Long D, Shen Y, Sun A, et al. 2014. Drought and flood monitoring for a large karst plateau in

Southwest China using extended GRACE data [J]. Remote Sensing of Environment, 155: 145-160.

NSIDC. 2014. State of the Cryosphere: Northern Hemisphere Snow [EB/OL]. http://nsidc. org/cryosphere/sotc/snow_ extent. html.

Pendergrass A. 2017. CAM5 Radiative Kernels [DB/OL]. https://doi. org/10. 5065/D6F47MT6.

Perket J, Flanner M, Kay J. 2014. Diagnosing shortwave cryosphere radiative effect and its 21st century evolution in CESM [J]. Journal of Geophysical Research: Atmosphere, 119: 1356-1362.

Pu Z, Xu L, Salomonson V. 2007. MODIS/Terra observed seasonal variations of snow cover over the Tibetan Plateau [J]. Geophysical Research Letters, 34: L06706.

Pu Z, Xu L, Salomonson V. 2008. MODIS/Terra observed snow cover over the Tibet Plateau: distribution, variation and possible connection with the East Asian Summer Monsoon EASM [J]. Theoretical and Applied Climatology, 97: 265-278.

Qu X, Hall A. 2006. Assessing snow albedo feedback in simulated climate change [J]. Journal of Climate, 19: 2617-2630.

Qu X, Hall A. 2007. What controls the strength of snow-albedo feedback [J]. Journal of Climate, 20: 3971-3981.

Qu X, Hall A. 2014. On the persistent spread in snow-albedo feedback [J]. Climate Dynamics, 42: 69-81.

Shell K, Kiehl J, Shields C. 2008. Using the radiative kernel technique to calculate climate feedbacks in NCAR' s community atmospheric Model [J]. Journal of Climate, 21: 2269-2282.

Smith C, Kramer R, Myhre G, et al. 2018. Understanding rapid adjustments to diverse forcing agents [J]. Geophysical Research Letters, 45: 12023-12031.

Soden B, Held I, Colman R, et al. 2008. Quantifying climate feedbacks using radiative kernels [J]. Journal of Climate, 21: 3504-3520.

Stevens B, Giorgetta M, Esch M, et al. 2013. Atmospheric component of the MPI- M Earth System Model: ECHAM6 [J]. Journal of Advances in Modeling Earth Systems, 5: 146-172.

Wang B, Bao Q, Hoskins B, et al. 2008. Tibetan Plateau warming and precipitation changes in East Asia [J]. Geophysical Research Letters, 35: L14702.

Wu Z, Jiang Z, Li J, et al. 2012. Possible association of the western Tibetan Plateau snow cover with the dECA&Dal to interdECA&Dal variations of northern China heatwave frequency [J]. Climate Dynamics, 39: 2393-2402.

Zhang G, Dong J, Zhang Y, et al. 2013. Reply to Shen et al. : No evidence to show nongrowing season NDVI affects spring phenology trend in the Tibetan Plateau over the last dECA&De [J]. Proceedings of the National Academy of Sciences, 110: E2330-E2331.

第 8 章　积雪水文及其与夏季干旱的耦合分析

本章简要介绍积雪的水文效应及其与夏季干旱的耦合，共两个小节。8.1 节，对积雪水文与积雪水资源进行概述；8.2 节，从积雪–反照率反馈（SAF）的角度出发，介绍春季积雪变化与夏季干旱的耦合，包括北半球 1982 ~ 2013 年春季 SAF 的强度，在此基础上进一步探讨了 SAF 各组分对夏季干旱的影响。

8.1　积雪水文与积雪水资源概述

8.1.1　重要性概述

积雪水文是全球水循环和水资源的重要部分，全球陆地每年从降雪获得的淡水补给量为 $59.5\times10^{11}\,m^3$，北半球冬季大陆积雪储量达 $20\times10^{1}\,m^3$，亚洲、欧洲、北美洲的许多大江大河，包括我国的长江、黄河源头地区，春季补给主要来自融雪径流。尤其是全球干旱、半干旱地区，包括我国西北地区，工农业用水高度依赖山区冬季积雪。季节性积雪所产生的融雪径流，在干旱区既是最活跃的环境影响因子，也是最敏感的环境变化响应因子（高卫东等，2005）。同时，积雪水资源是宝贵的淡水资源之一，尤其是对于我国青藏高原和西北干旱地区（车涛和李新，2005），由积雪水资源转化而来的融雪径流作为高山区和干旱区径流的重要补给水源，其分配及管理模式将直接影响到流域内的工农业生产及生态环境建设。例如，春季融雪在我国东北和新疆、西藏等地区形成春汛，及时地满足了春灌的迫切需要，为农业发展提供了得天独厚的水资源条件。黄河流域冬小麦越冬，新疆、青海、西藏广大牧区冬季牧畜饮水和放牧都与积雪休戚相关。

积雪水文过程包括融雪径流及其水文、水资源、生态和环境效应。研究发现，全球变暖、积雪范围减少等将对积雪水文过程产生重要影响。据 IPCC AR4 和 AR5 报告，全球平均气温、海温和海平面在升高，大范围的雪和冰川在融化。与此同时，河川补给增加，当消融出现拐点、径流减小，该趋势持续下去，积雪和冰川将无法为高海拔寒区和旱区径流提供补给（IPCC，2007，2013）。有证据表明，气候变化背景下，北美西部诸多河流的融雪径流出现时间呈现提前的趋势，尤其是在西北太平洋、内华达山脉和落基山脉地区（Stewart et al.，2004）。朱光熙等（2020）、Wang 等（2010）等通过实例验证进一步证明气候变化对我国内陆干旱区的融雪径流将产生深远影响，包括融雪期延长、融雪径流峰值提前以及融雪径流量的显著增长等。

8.1.2 融雪过程概述

降雪是在一定气象条件下降水的一种形态，降水形态受很多条件影响，如气温、降水形成高度等。一般日平均气温高于 2℃为降雨，低于-2℃为降雪，-2 ~ 2℃为不确定。降雪能否累积形成积雪，取决于大气和地面两方面的环境。大气方面，空气透明度，影响到达雪面的太阳短波辐射量；云，发射长波辐射；湍流，影响空气传输到雪面的感热和潜热通量。地面因素方面，地面温度、地形遮蔽度，影响风的吹拂和太阳照射；树冠，减少到达雪面的入射太阳短波辐射，增加长波逆辐射。融雪是冰晶状的雪融化为液态水的过程。伴随这一物态变化的是大量热能作为潜热被水吸收。这种融化热有不同来源，主要有辐射融化和平流融化两种类型。

积雪的辐射融化过程：积雪融化主要来自太阳辐射，融化过程表现出明显的日变化和季节变化特点。雪的反射率决定了雪面接收的太阳短波辐射能量，冬季积雪的高反射率和低的太阳高度角限制了积雪对太阳短波辐射的吸收，因而积雪得以保存。但到了春天，随着积雪变陈旧，反射率下降和太阳高度角逐渐增大，雪面接收的太阳辐射显著增加。同时，随着春天来临，白昼增长，太阳入射辐射增强，提供了积雪融化的条件。融雪的日变化过程导致流量过程的日变化。

积雪的平流融化过程：积雪的平流融化取决于暖湿气团的运动。当强暖湿气流来到积雪区上空时，暖湿气流通过下列方式传递给积雪能量：暖气流中水汽和降雨云系的云底向下发射的长波辐射；降雨本身的热量；强劲风速吹过粗糙地面时造成向下的湍流热通量，强劲的湍流能够破坏暖空气在 0℃雪面上形成的近地层大气的稳定（中性或逆温）结构，如果有树林存在，则更为有利。雨水的热量一般在 40 ~ 60J/g 量级，与 335J/g 的融化潜热相比，数量十分有限，约每克雨水的热量仅能融化 0. 2g 雪，但降雨导致的对雪面反射率的降低则更为重要。

融雪水入渗、饱和之后就会形成径流。当积雪开始融化时，雪面融化的水向雪层内部入渗。融雪水或雨水在积雪中的入渗过程类似于水在土壤中的入渗过程，可以用类似的动力学方程描述。积雪中的水分运动与土壤中的水分运动的差异在于冰晶颗粒与液态水流之间，由于不断进行的冻融过程而互相转化，液态水可以冻结成固态颗粒，固态颗粒也可以融化为液态水，构成一个较土壤水入渗过程复杂得多的系统。

融雪径流模型是实现融雪期径流模拟的必要手段。受技术及分析平台的限制，最初的融雪径流模拟多以经验模型取得，经验模型多基于观测站点数据，单纯建立气象要素与径流间的输入输出关系，而不考虑对径流过程的描述。随着融雪径流理论的发展，一些考虑了冻融、蒸散过程概念型融雪径流模型被开发出来，如度日模型。为了改进经验模型和概念模型对融雪径流物理机制的考虑的欠缺，20 世纪 90 年代基于融雪径流过程中物质和能量转换的物理模型被开发出来，并被引入融雪径流的研究中，如能量平衡模型。随着遥感与地理信息技术的发展，分布式物理模型被开发出来，并在 20 世纪 90 年代得到广泛的发展与应用。在分布式物理模型中，辐射、高程、植被、土地利用类型、水文过程等因素被考虑在内并通过分布式的方式输入，可以很好地反映水文要素和融雪过程的空间异质性，如 SRM、VIC、SWAT、MIKE SHE 等模型等。

8.2 春季积雪变化与夏季干旱的耦合分析

如上文所述，积雪通过融雪径流形式对流域水资源进行补给。春季积雪面积的增加有利于春夏季土壤水文的增加，反之亦然。本节从积雪-反照率反馈（SAF）的角度对这一过程进行刻画，详见 Chen 等（2017）的研究。

随着地表空气温度 T_s 的升高，北半球积雪覆盖范围减小，这将降低地表反射太阳辐射的能力，从而造成地球-大气系统吸收额外的太阳辐射。这部分额外吸收的太阳辐射，会造成地表增温，尤其是在积雪和海冰减少的区域（Hall，2004）。上述过程被称为积雪-反照率反馈（SAF），该反馈过程大概解释了平衡状态下模拟的北半球冰冻圈缩减所额外吸收的太阳辐射的 50% 左右（Hall，2004；Qu and Hall，2006）。

SAF 是众所周知的气候模型中模拟 21 世纪气候变暖程度的不确定性来源之一（Fletcher et al.，2012；Hall and Qu，2006）。SAF 通过气温升高而造成的雪盖的两个变化来加强北半球温带在气候变化模拟中的气候敏感性。首先，积雪消融使陆地表面反射太阳辐射的能力减弱。其次，因为积雪的光学特性对气温有很强的敏感性，剩余积雪的反照率 a_s 变低（Qu and Hall，2007，2014）。因为 SAF 在很大程度上由积雪覆盖和无雪地表之间的反照率差值决定（Loranty et al.，2014），该反馈对夏季气候变化的预测非常重要。Hall 等（2008）认为如果 SAF 能加入 IPCC AR5 模型的预报中，那么 IPCC AR4 模型中存在的美国地区夏季升温和干旱模拟的不确定性将减少 1/3 ~ 1/2。

因为 SAF 对冬季和春季雪盖和土壤的含水量（Hall et al., 2008；Wetherald and Manabe, 1995）的影响，春季 SAF 强度和夏季气候的响应紧密相关。Hall 等（2008）的模型输出结果表明，春季 SAF 强度大的气候模型往往存在雪盖减少、夏季水量短缺的问题。该水量短缺的问题一直持续下去，表现为夏季土壤水分降低，并伴随着蒸发量的降低而产生较高的温度，从而导致夏季干旱。然而，总的春季 SAF 强度包含气温对积雪表面地表反照率 a_s 的影响（静态组分）和气温对陆表从有积雪覆盖到无积雪覆盖的过渡的影响（积雪组分）的总和（Fernandes et al., 2009；Qu and Hall, 2007）。因此，积雪水当量和积雪深度（很大程度上决定了积雪覆盖地表的反照率）、植被状况（对 a_s 和 a_{sf} 都有影响）和冻土状态（主要影响到无雪地表的反照率）都会对春季 SAF 的强度造成影响，从而影响到春季 SAF 对夏季气候预测的贡献。考虑到已有的观测结果，如 2008 ~ 2012 年春季积雪覆盖面积的缩减速度已经超过了 CMIP5 的模型预测值（Derksen and Brown, 2012）、北半球高纬度地区植被对 SAF 的显著影响（Loranty et al., 2014；Victor et al., 2003）以及全球变暖情景下北半球冻土的融化（Comiso and Hall, 2014），重新探索和调查当前状况下春季 SAF 的强度以及春季 SAF 对未来气候变化的预测的贡献显得尤为重要。

先前的春季 SAF 强度对夏季干旱的影响主要是建立在平衡气候条件的前提下，受卫星观测数据质量限制，尤其是 a_s 数据，动态的气候变化背景下春季 SAF 强度是否与夏季干旱程度相关依然没有定论。目前 App-X、MODIS、ISCCP 和 CLARA-A1-SAL a_s 产品在 SAF 的计算中广泛使用（Fernandes et al., 2009；Fletcher et al., 2012；Hall et al., 2008；Qu and Hall, 2014；Riihelä et al., 2013）。然而，这些反照率产品因为分辨率低、时间尺度短或者空间不完整等，在研究和量化春季 SAF 方面都不理想。例如，APP-X 和 ISCCP a_s 产品的空间分辨率分别为 25km 和 280km；另外，ISCCP a_s 产品主要基于两个通道的反射率测量值获得，存在显著的系统误差（Hall et al., 2008）。相比之下，MODIS 有 36 个通道，其 a_s 产品更加可靠。但 MODIS a_s 产品主要从 2000 年以后才有，对 SAF 研究来说，其时间尺度太短，以至于不太可能计算出稳定可靠的统计结果。CLARA-A1-SAL a_s 产品的时间尺度为 1982 ~ 2009 年，空间分辨率为 0. 25°，相比 APP-X、ISCCP 和 MODIS 来说更加适合于 SAF 的研究，但是 CLARA-A1-SAL a_s 产品存在空间分布不完整的问题，这就限制了它在大尺度 SAF 量化和研究中的应用。新发布的 GLASS a_s 产品（Liang et al., 2013a, 2013b）为 SAF 的量化和研究提供了可能，其时间尺度为 1982 ~ 2013 年，空间分辨率为 0. 05°，且空间分布完整。

在此背景下，本章节主要介绍春季 SAF 强度的量化以及验证在动态的气候变化过程中春季 SAF 强度与夏季干旱之间的耦合关系。基于遥感观测得到的积雪覆盖数据、a_s数据和再分析的 T_s数据，本节首先量化了春季 SAF 的强度，其次将春季 SAF 分为静态组分和积雪组分，最后量化了春季 SAF 与夏季干旱之间的相关关系，包括土壤水分和 T_s。为了进一步探讨 SAF 各组分对夏季干旱的贡献，本章节还计算了夏季土壤水分和 T_s对 SAF 各组分的敏感性。

8.2.1 研究方法

积雪变化使地表反照率 a_s出现相应波动，在此情况下 SAF 的强度可以通过气温升高而导致的地表入射短波辐射的变化来量化。目前，SAF 的强度主要依据 Qu 和 Hall（2006）的方法来计算。SAF 的强度可以表达如下（Fernandes et al., 2009；Qu and Hall，2006）：

$$\left(\frac{\partial \bar{Q}}{\partial \bar{T}}\right)_{\mathrm{SAF}} = -\bar{I}\frac{\partial \overline{a_p}}{\partial \overline{a_s}}\frac{\mathrm{d}\,\overline{a_s}}{\mathrm{d}\,\overline{T_s}} \tag{8.1}$$

其中，Q 是净短波辐射（$\mathrm{W/m^2}$），上方横线代表行星反照率 $a_p(\%)$ 和地表反照率 $a_s(\%)$ 对于太阳辐射（l，$\mathrm{W/m^2}$）的加权平均值以及对应研究区内 Q、T_s和 I 的区域平均值。$\mathrm{d}\,\overline{T_s}$代表给定研究区间内区域平均的 T_s增量。如上文说述，$-I\times\partial a_p/\partial a_s$可以用 Shell 等（2008）和 Soden 等（2008）开发的辐射核来代替。

为了我们的研究目的，我们依照 Hall 等（2008）的方法，将给定区域春季 SAF 强度定义为$-\mathrm{d}a_s(r)/\mathrm{d}T_s(r)$。SAF 发生在人类影响下气温升高，并且随积雪减少而导致 a_s显著下降的情况下（Randall et al.，1994）。该情况会导致地表对太阳辐射的大量吸收，以及由此而产生的地表增温。这种情况在北半球主要发生在春季，因为北半球春天的太阳辐射和积雪面积相对其他积雪覆盖季节来说要大。基于此，我们通过计算研究区内 a_s与 T_s的变化比例来量化 SAF（Hall et al., 2008）。为了更好地探索 SAF 各组分对夏季干旱的贡献，依据 Fernandes 等（2009）的方法，我们首先量化了局地 SAF 强度，然后将局地 SAF 强度细分为静态组分和积雪组分。

在研究区 R 内，局部 SAF 的强度可以表示为$-\mathrm{d}a_s(r)/\mathrm{d}T_s(r)$，我们将其记为 $\bar{k}_4^{-1}(\%/\mathrm{K})$，可以具体表示如下：

$$\bar{k}_4^{-1} = -\frac{1}{A}\int_R k_4^{-1}(r)\frac{\mathrm{d}T(r)}{\mathrm{d}\,\overline{T_s}}P(r)\,\mathrm{d}A(r) \tag{8.2}$$

式中，$P(r)$（无量纲）是相对于研究区 R 区域平均的本地行星太阳辐射；$\mathrm{d}A(r)$ 是研究区 R 对总表面积 $A(\mathrm{m^2})$ 的贡献。像 Qu 和 Hall（2007）的研究一样，静态组分和积雪组分是 k_4^{-1} 的主要驱动因素，那么 k_4^{-1} 可以进一步表示为

$$k_4^{-1}=k_2k_1+k_3 \tag{8.3}$$

其中，

$$k_1=-\frac{\mathrm{d}S_c(r)}{\mathrm{d}T_s(r)} \tag{8.4}$$

这里 k_1(%/K) 是积雪对气温的敏感性。

$$k_2=\frac{\partial a_s(r)}{\partial S_c(r)}\approx\frac{a_{snow}^f+a_{snow}^p}{2}-a_{land} \tag{8.5}$$

这里 k_2（无量纲）是积雪反馈因素。

$$k_3=-\frac{\partial a_s(r)}{\partial T_s(r)}\approx\frac{S_c^f+S_c^p}{2}\ \frac{a_{snow}^f-a_{snow}^p}{\Delta T_s} \tag{8.6}$$

这里 k_3(%/K) 是静态组分的强度，a_{snow}（%）和 a_{land}（%）是积雪覆盖和无积雪覆盖时地表的反照率，“f”和“p”分别代表未来和现在的状态。与 Fletcher 等（2012）的计算方法相似，本节采用 3～4 月、4～5 月和 5～6 月的过渡来量化 SAF 的强度。对于每一个过渡期来说，未来和现在的状态分别指的是下个月和这个月。

本节用到的 1982～2013 年月平均 T_s、a_s 和 S_c 分别从 CRU TS 地表气温数据集、GLASS a_s 以及 NHSCE 积雪数据集中获得。对于每一年来说，k_4^{-1} 和 k_1 可以用 T_s、a_s 和 S_c 的变化估算得到。MCD43GF 无积雪覆盖状态下，地表反照率被用来计算每个月的 a_{land} 值。假设积雪覆盖度为 S_c 的像元的地表反照率为 a_s，而该像元由 a_{snow}（%）和 a_{land}（%）线性组合而成，那么该状态下的 a_{snow}（%）可以通过以下公式计算得到：

$$a_{snow}=[a_s-(1-S_c)a_{land}]/S_c \tag{8.7}$$

基于式（8.1）～式（8.7），我们计算得到每个过渡月份中的 $\bar{k}_4^{-1}$、k_1、k_2 和 k_3。在本研究中，我们将三个过渡月份中的 k_4^{-1}、k_1、k_2 和 k_3 进行平均而得到一个更加准确的春季各个组分的强度值。本研究同时计算了春季 SAF 的各个组分与夏季干旱因子之间的相关性来探索春季 SAF 强度对夏季干旱之间的关系。

我们假设夏季干旱状况与积雪组分 k_2k_1 和静态组分 k_3 之间的变化紧密相连。为了检验 k_2k_1 和 k_3 的变化对夏季干旱的影响，我们采用了一个多元线性拟合方程。我们将夏季干旱因子 D_s，如土壤湿度（soil moisture，SM）和地表温度 T_s 作为因变量，而将 k_2k_1 和 k_3 作为自变量，那么该方程表示为

$$D_s=\beta_1\times k_2k_1+\beta_2\times k_3+\alpha \tag{8.8}$$

式中，β_1 和 β_2 分别为 k_2k_1 和 k_3 的回归系数；α 为残差。我们假设夏季干旱程度的年际变化是由 k_2k_1 和 k_3 的相应变化驱动的，分别表示为 $\beta_1\times k_2k_1$ 和 $\beta_2\times k_3$，那么回归系数 β_1 和 β_2 则分别代表干旱因子对 k_2k_1 和 k_3 的敏感性。

本节将土壤湿度和气温作为干旱指标，而没有将帕默尔干旱严重度指数（Palmer drought severity index，PDSI）作为干旱指标，主要原因为 PDSI 是一个代理指标，这使得识别春季 SAF 对夏季 PDSI 的变化影响有些困难。

8.2.2 春季 SAF 量化

为了分析春季 SAF 强度与夏季干旱之间的年际关系，本节首先计算了 1982 ~ 2013 年春季 SAF 的强度 k_4^{-1}，然后将 k_4^{-1} 进一步细分为积雪反馈组分 k_2k_1 和静态组分 k_3。最后，本研究计算了各组分对夏季干旱程度的贡献。

本研究中 k_4^{-1} 是通过 1982 ~ 2013 年月平均的 NHSCE 积雪面积数据、GLASS 地表反照率 a_s 数据以及 CRU TS 地表温度数据计算得到的。1982 ~ 2013 年 k_4^{-1} 的空间分布如图 8.1（a）所示，通过线性回归模型计算得到的 k_4^{-1}32 年的变化量如图 8.1（d）所示。1982 ~ 2013 年的平均 k_4^{-1} 为（1.24±0.39）%/K，除了 50°N 附近北美和欧洲中部的纬度条带，大部分地区的值在 0 ~ 2.0 %/K。受春季积雪面积波动（Brown and Robinson，2011；Derksen and Brown，2012）的影响，北半球大部分积雪覆盖区域的春季 SAF 强度呈现增大的趋势，尤其是在北美和接近北极圈的欧洲高纬度地区，见图 8.1（d）。

春季 SAF 强度 k_4^{-1} 是由积雪反馈组分 k_2k_1 和静态组分 k_3 决定的。为进一步探讨春季 SAF 强度和夏季干旱之间的关系，依据式（8.4）~ 式（8.7），本节进一步量化了积雪反馈组分 k_2k_1 和静态组分 k_3。1982 ~ 2013 年 32 年平均的 k_2k_1 和 k_3 如图 8.1（b）和图 8.1（c）所示，其相应变化见图 8.1（e）和图 8.1（f）。

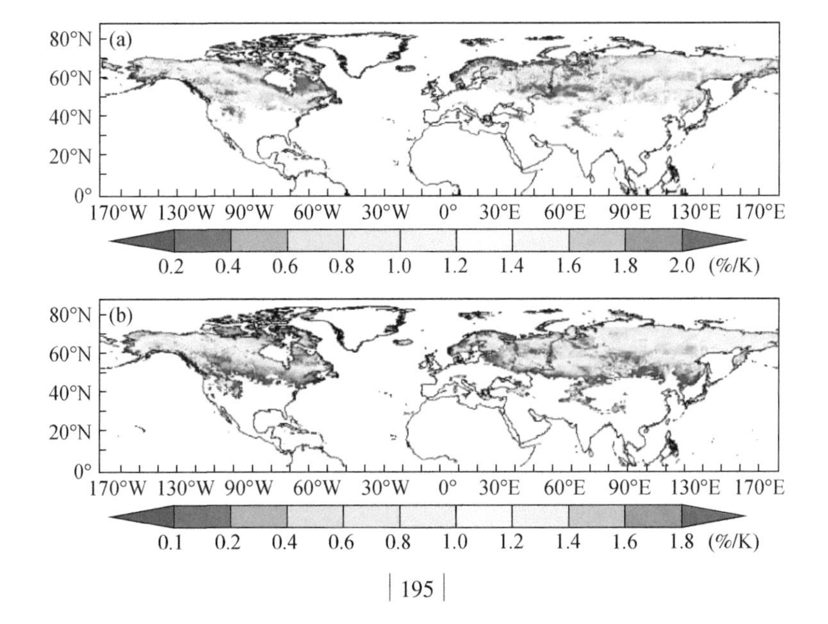

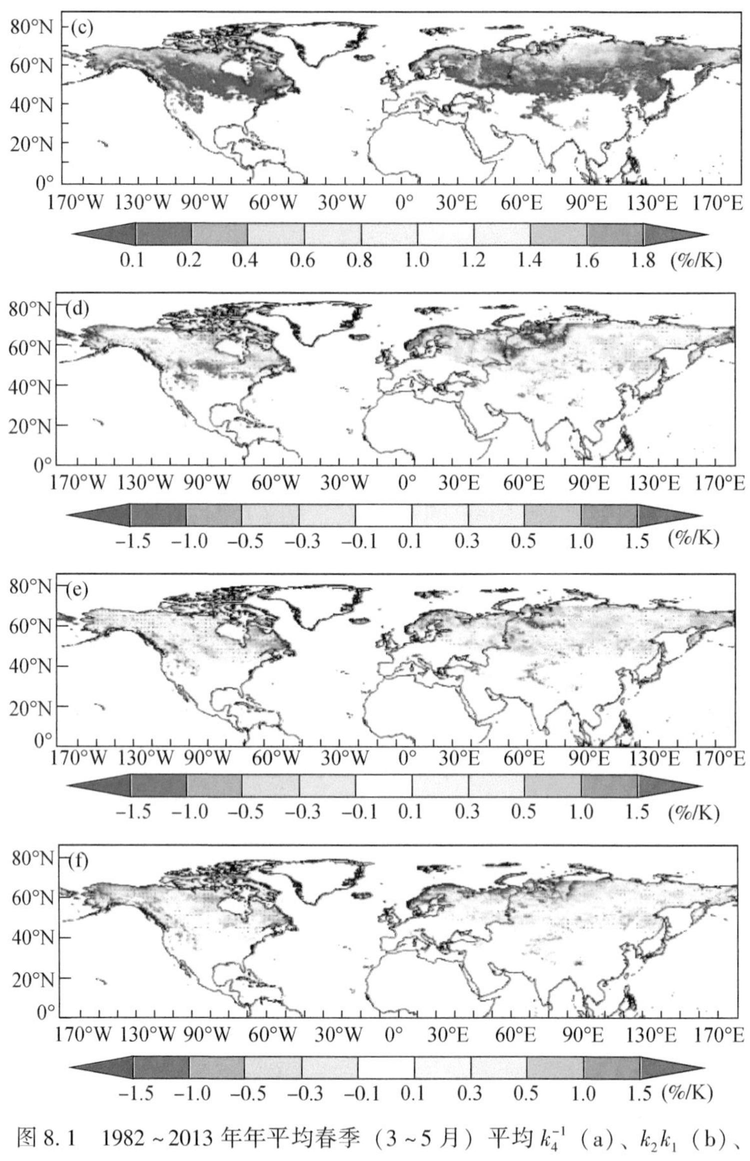

图 8.1　1982 ~ 2013 年年平均春季（3 ~ 5 月）平均 k_4^{-1}（a）、k_2k_1（b）、k_3（c）以及相应的 32 年的变化（d）、（e）和（f）

（d）、（e）和（f）中的变化又线性斜率乘以时间区间的长度获得，图中黑点代表变化的显著性水平在 95% 以上

k_4^{-1} 的空间分布在北美和欧洲高纬度地区与 k_2k_1 的空间分布高度相似，但是在接近北冰洋的欧洲高纬度地区，k_3 决定着 k_4^{-1} 的空间分布。1982 ~ 2013 年 k_2k_1 和 k_3 呈现不同的时空变化特征，其中 k_2k_1 在接近北冰洋的高纬度地区显著增强，

而 k_3 在该区域则显著减弱。k_2k_1 和 k_3 在该区域的相反变化主要是由春季积雪面积的消减造成的。春季积雪面积的消减造成 k_1 的增加，同时造成 k_3 中第一个分量的减小。

k_2k_1 和 k_3 是由月平均 NHSCE 积雪组分 S_c、GIASS a_s 产品、MCD43GF 无积雪覆盖的 a_{sf} 和 CRU TS 月平均气温数据 T_s 计算得到的。1982～2013 年北半球积雪覆盖地区 32 年平均的 k_2k_1 和 k_3 强度分别为（-0.67 ± 0.06）%/K 和（-0.31 ± 0.07）%/K。Fernandes 等（2009）之前的研究发现 1982～1999 年 k_2k_1 和 k_3 对 k_4^{-1} 的贡献基本相等。然而，我们的研究发现 1982～2013 年，k_2k_1 是 k_3 的两倍左右。1982～2013 年 k_2k_1 和 k_4^{-1} 之间的年际相关关系分析表明，k_2k_1 和 k_4^{-1} 在 95% 的置信水平下显著相关，其相关关系 r 为 0.61。同时，k_3 和 k_4^{-1} 也在 95% 的置信水平上相关，其相关系数 r 为 0.13。k_2k_1 和 k_4^{-1} 之间的相关系数比 k_3 和 k_4^{-1} 之间的相关系数要大得多。该现象充分表明了 k_2k_1 主导了 1982～2013 年北半球积雪覆盖地区 k_4^{-1} 的变化。同时，该研究结果也与之前 Qu 和 Hall（2007）的研究结果相符。Qu 和 Hall（2007）认为 SAF 的强度很大程度上受 Δa_s 控制，并且观测得到的总 SAF 强度有 69% 的贡献来自积雪覆盖与无积雪覆盖之间的反照率差值 Δa_s（Fletcher et al.，2012）。

8.2.3 SAF 组分对夏季干旱的影响

1. 夏季干旱

为了探索春季 SAF 强度和夏季干旱之间的相关性，我们首先找出 1982～2013 年夏季土壤湿度下降、气温升高，并且 PDSI 变大的区域。由线性方程计算得到的 1982～2013 年夏季夏季土壤湿度、气温和 PDSI 变化趋势如图 8.2 所示。本研究采用土壤湿度、气温和 PDSI 三种干旱指标，目的是选择研究区并验证三种指标得到的研究区是否一致。

图 8.2（a）显示出阿拉斯加、欧洲、中亚以及北美西部地区夏季土壤湿度降低的趋势，该趋势与图 8.2（c）所示的 PDSI 干旱程度增强的空间趋势基本一

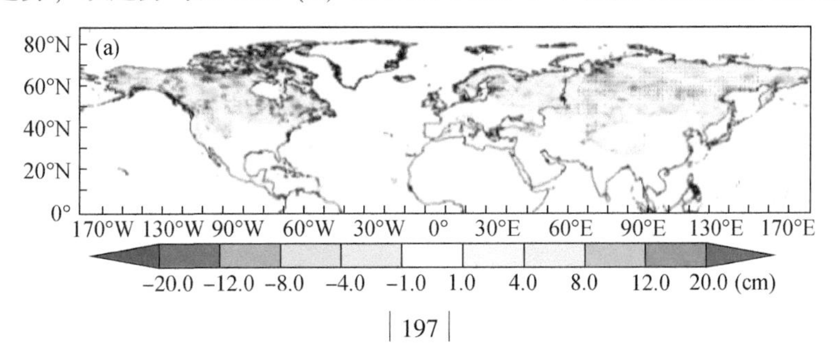

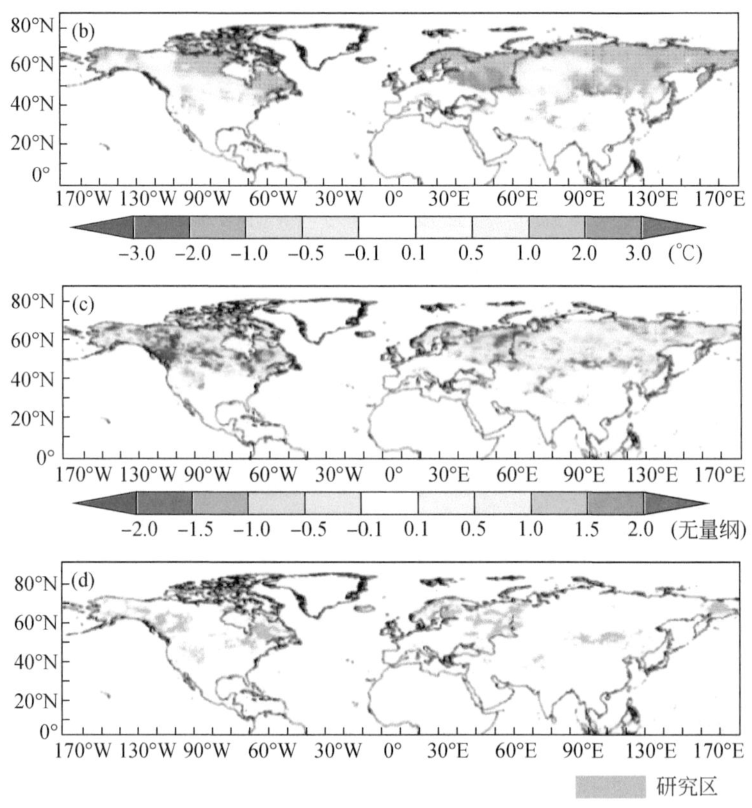

图 8.2 1982 ~ 2013 年北半球稳定积雪区夏季 SM（a）、T_s（b）、PDSI（c）变化的空间分布图及（d）研究区分布图

（a）、（b）和（c）中的变化量通过线性斜率乘以时间区间的长度获得，图中黑点代表变化的显著性水平在 95% 以上

致。同时，夏季土壤湿度降低和 PDSI 干旱程度增加的趋势与图 8.2（b）中夏季气温升高的趋势一致。考虑到图 8.2 中土壤湿度、PDSI 和气温变化趋势，本研究将研究区定义为图 8.2 所示的研究区内。

2. SAF 组分对夏季干旱的贡献

为了检验图 8.2（d）中研究区夏季干旱状态是否与春季 SAF 强度相关，我们计算了春季 SAF 强度与夏季土壤湿度、气温的年际变化之间的相关性。春季 SAF 强度与夏季土壤湿度和夏季气温之间的相关性如图 8.3（a）和图 8.3（b）所示。我们发现春季 SAF 强度与夏季土壤湿度变化负相关［图 8.3（a）］，而与气温正相关［图 8.3（b）］。

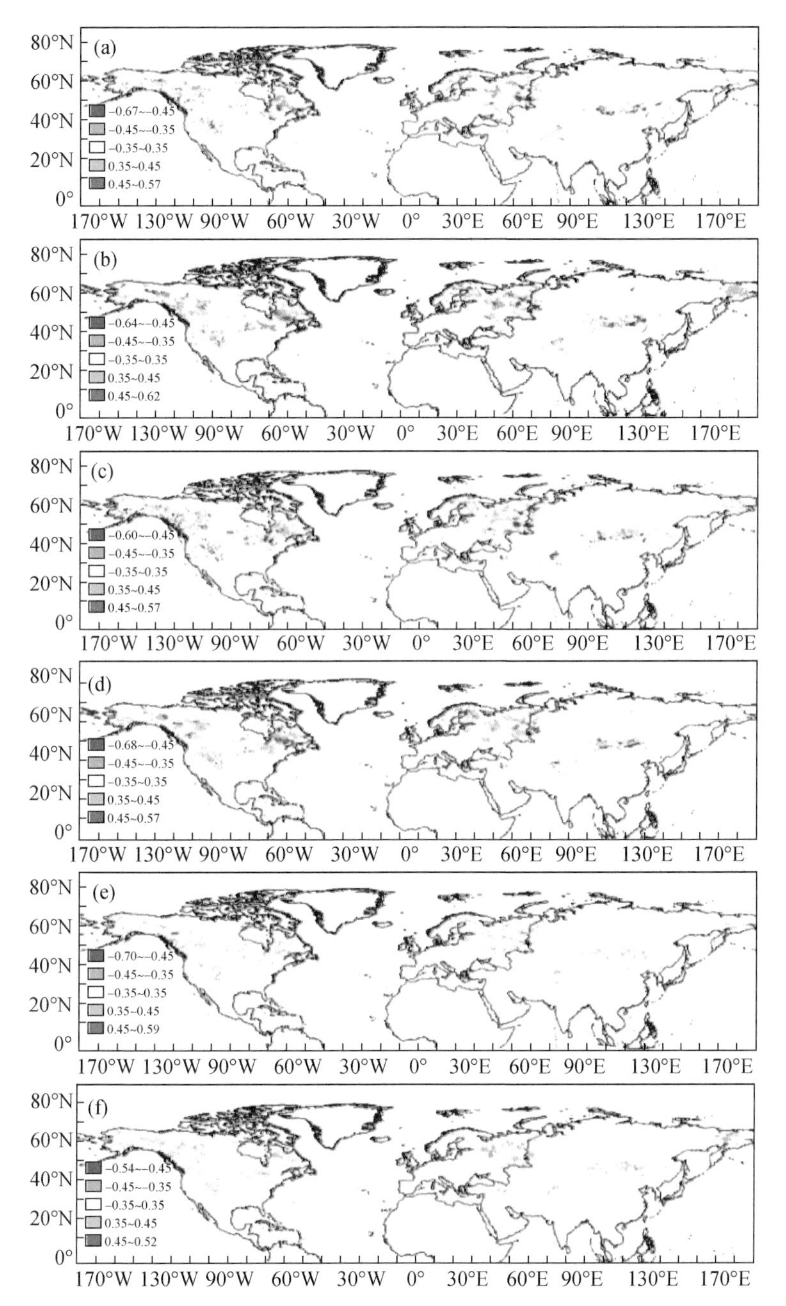

图 8.3　春季 SAF 强度与夏季土壤湿度和夏季气温之间的相关性

1982～2013 年北半球稳定积雪区春季 SAF 强度 k_4^{-1} 与夏季 SM（a）和 T_s（b）之间的相关系数；春季 SAF 组分 k_2k_1 与夏季 SM（c）和 T_s（d）之间的相关系数；1982～2013 年北半球稳定积雪区春季 SAF 组分 k_3 与夏季 SM（e）和 T_s（f）之间的相关系数（a）～（f）中的相关系数由线性回归分析获得；相关系数大于 0.35 表示相关性在 90% 的水平上显著，相关性大于 0.45 表示相关性在 99% 的水平上显著本节同时计算了 SAF 组分、k_2k_1、k_3与夏季干旱因子之间的相关性。本研究没有将 k_2k_1细分为 k_2与 k_1，主要是因为在春季积雪变化的过程中 k_2与 k_1之间高度相关。春季 SAF 组分 k_2k_1、k_3与夏季土壤湿度和气温的相关性见图 8.3（c）、图 8.3（d）和图 8.3（e）。k_2k_1、k_3与夏季土壤湿度负相关而与气温正相关，然而 k_2k_1与夏季土壤湿度［图 8.3（c）］和气温 T_s［图 8.3（d）］的相关性要明显高于 k_3与夏季土壤湿度 SM［图 8.3（e）］和 T_s［图 8.3（f）］的相关性，尤其是在高纬度地区。

因为 k_2k_1与 k_3的波动都会影响到研究区夏季土壤湿度 SM 和气温 T_s，本研究利用式（8.8）进一步计算夏季土壤湿度和气温对 k_2k_1与 k_3的敏感性。我们发现，k_2k_1每增加 1 %/K，研究区夏季土壤湿度平均降低（-0.66±0.46）cm［图 8.4（a）］。同时，夏季气温平均升高（0.11±0.19）℃［图 8.4（c）］，也就代表更高的干旱程度。与夏季土壤湿度和气温对 k_2k_1的敏感性相比，夏季土壤湿度和气温对 k_3的敏感性分别为（-0.14 ±0.13）cm［图 8.4（b）］和（0.01 ±0.34）℃［图 8.4（d）］，则明显偏低。

总体来说，研究发现平衡气候状态下模型模拟得到的春季 SAF 强度与夏季干旱之间的负相关关系在当前的动态气候变化情形下也依然存在。但是，夏季干旱情况与降水量、蒸发量和径流量高度相关（Fan and Huug，2004）。首先，在积雪覆盖区域，春季雪盖通过融化过程增加土壤湿度。因此，夏季土壤湿度不仅取决于春季积雪量，而且与融雪过程的滞时有一定关系。其次，春季 SAF 值越大意

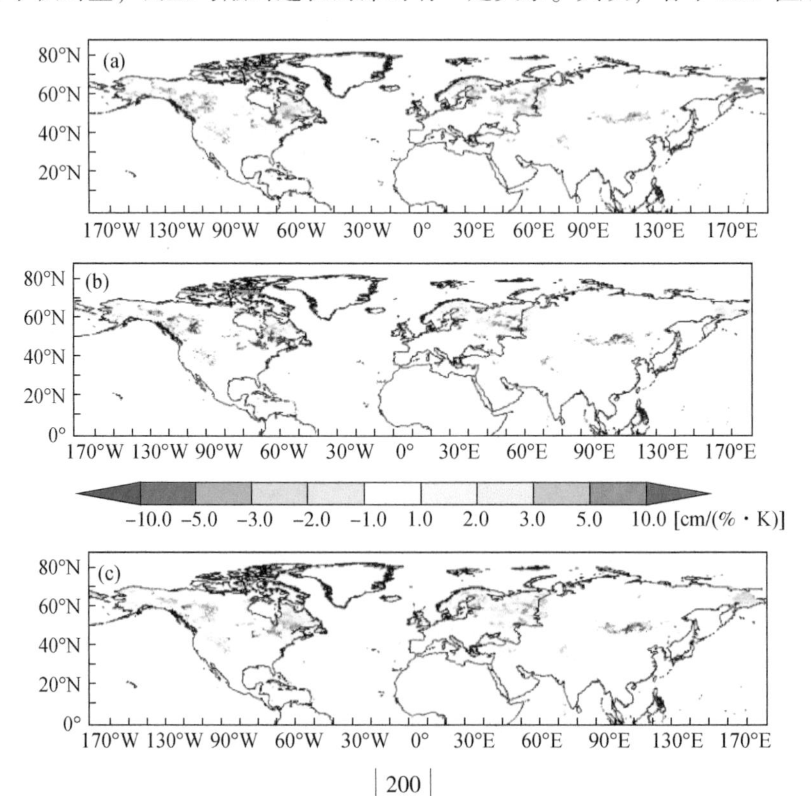

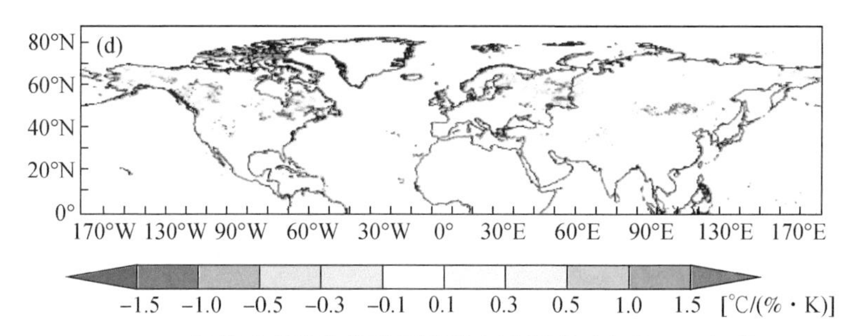

图 8.4 1982～2013 年北半球稳定积雪区夏季土壤湿度对春季 SAF 组分 k_2k_1（a）和 k_3（b）的敏感性；1982～2013 年北半球稳定积雪区夏季气温对春季 SAF 组分 k_2k_1（c）和 k_3（d）的敏感性

味着春季积雪覆盖消减得越多，也就意味着春季融雪水量越大。如果该过程发生在春季晚期，那么与春季 SAF 值较小的年份相比，较大的春季 SAF 意味着初夏时期较多的土壤含水量，而不是土壤含水量短缺。然而，如图 8.4（a）和图 8.4（b）所示，春季 SAF 强度和夏季干旱状态之间的正向相关关系在中低纬度发生干旱的区域依然成立。

8.2.4 小结

本节研究的主要目的是基于遥感观测得到的积雪数据、反照率数据以及辐射核方法，检验平衡气候情形下模型模拟得到的春季 SAF 强度与夏季干旱之间的密切关系在动态的气候变化过程中是否存在。基于此，本研究量化了 1982～2013 年春季 SAF 强度、将 SAF 进一步细分为静态组分和积雪反馈组分，并且计算了各组分与夏季干旱因子之间的相关性。研究得到的主要结论如下。

平衡气候情形下模型模拟得到的春季 SAF 强度与夏季干旱之间的密切关系在动态的气候变化过程中依然存在。观测得到的春季 SAF 强度的年际变化与夏季土壤水分和气温之间显著相关。另外，SAF 中积雪反馈组分在很大程度上控制了 SAF 的变化。与静态组分 k_3 对夏季土壤水分和气温的敏感性相比，积雪反馈组分 k_2k_1 对夏季干旱的影响更大，这就意味着积雪组分的研究对未来夏季干旱的预测和研究有一定的帮助作用。

本节研究为北半球春季 SAF 和夏季干旱之间的关系提供观测证据。然而，依然存在一定的不足。例如，研究使用到了辐射核方法，但辐射核方法存在的光谱差异问题依然没有得到解决。另外，现在观测资料中缺乏长时间序列的、空间完整的干旱观测指标，本研究只能使用 NOAA 气候预测中心（Climate Prediction

Center，CPC）土壤湿度和气温等指标来表征，这对更加精细的小尺度研究来说存在一定的困难。基于研究的结果，在全球气温变暖的背景下（IPCC，2013），植被类型的变化（Loranty et al.，2014）和冻土的退化（Avis et al.，2011）可能会对高纬度地区 SAF 的量化产生显著影响。同时，积雪物候的变化，如终雪日的提前（Liston and Hiemstra，2011）也有可能对春季 SAF 的量化产生偏差。因此，在将来研究春季 SAF 和夏季干旱之间的耦合关系时，有必要考虑到这些因素的影响作用。

参考文献

车涛，李新 . 2005. 1993-2002 年中国积雪水资源时空分布与变化特征［J］. 冰川冻土，27：64-67.

高卫东，魏文寿，张丽旭 . 2005. 近 30a 来天山西部积雪与气候变化—以天山积雪雪崩研究站为例［J］. 冰川冻土，27：68-73.

朱光熙，效存德，陈波，等 . 2020. 气候变化背景下黑河上游春季融雪洪水预估研究［J］. 气候变化研究进展，16：667-678.

Avis C，Weaver A，Meissner K. 2011. Reduction in areal extent of high-latitude wetlands in response to permafrost thaw［J］. Nature Geoscience，4：444-448.

Brown R，Robinson D. 2011. Northern Hemisphere spring snow cover variability and change over 1922—2010 including an assessment of uncertainty［J］. The Cryosphere，5：219-229.

Chen X，Liang S，Cao Y. 2017. Sensitivity of summer drying to spring snow-albedo feedback throughout the Northern Hemisphere from satellite observations［J］. IEEE Geoscience and Remote Sensing，14：2345-2349.

Comiso J，Hall D. 2014. Climate trends in the Arctic as observed from space［J］. WIREs Climate Change，5：389-409.

Derksen C，Brown R. 2012. Spring snow cover extent reductions in the 2008-2012 period exceeding climate model projections［J］. Geophysical Research Letters，39：L19504.

Fan Y，Huug D. 2004. Climate Prediction Center global monthly soil moisture data set at 0.5° resolution for 1948 to present［J］. Journal of Geophysical Research：Atmospheres，109：D10102.

Fernandes R，Zhao H，Wang X，et al. 2009. Controls on Northern Hemisphere snow albedo feedback quantified using satellite Earth observations［J］. Geophysical Research Letters，36：L21702.

Fletcher C，Zhao H，Kushner P，et al. 2012. Using models and satellite observations to evaluate the strength of snow albedo feedback［J］. Journal of Geophysical Research：Atmospheres，117：D11117.

Hall A，Qu X，Neelin J. 2008. Improving predictions of summer climate change in the United States［J］. Geophysical Research Letters，35：L01702.

Hall A，Qu X. 2006. Using the current seasonal cycle to constrain snow albedo feedback in future climate change［J］. Geophysical Research Letters，33：L03502.

Hall A. 2004. The Role of Surface Albedo Feedback in Climate［J］. Journal of Climate，17：

1550-1568.

IPCC. 2007. Climate Change 2007: The Physical Science Basis. In: Contribution of Working Group I to the Fourth Assessment Report of the Intergovernmental Panel on Climate Change [M]. Cambridge: Cambridge University Press.

IPCC. 2013. Climate Change 2013: The Physical Science Basis. Contribution of Working Group I to the Fifth Assessment Report of the Intergovernmental Panel on Climate Change [M]. Cambridge: Cambridge University Press.

Liang S, Zhang X, Xiao Z, et al. 2013a. Global LAnd Surface Satellite GLASS products: Algorithms, validation and analysis [M]. Switzerland: Springer International Publishing.

Liang S, Zhao X, Liu S, et al. 2013b. A long-term Global LAnd Surface Satellite GLASS data-set for environmental studies [J]. International Journal of Digital Earth, 6: 5-33.

Liston G, Hiemstra C. 2011. The Changing Cryosphere: Pan-Arctic Snow Trends 1979-2009 [J]. Journal of Climate, 24: 5691-5712.

Loranty M, Berner L, Goetz S, et al. 2014. Vegetation controls on northern high latitude snow-albedo feedback: observations and CMIP5 model simulations [J]. Global Change Biology, 20: 594-606.

Qu X, Hall A. 2006. Assessing Snow Albedo Feedback in Simulated Climate Change [J]. Journal of Climate, 19: 2617-2630.

Qu X, Hall A. 2007. What controls the strength of snow-albedo feedback [J] . Journal of Climate, 20: 3971-3981.

Qu X, Hall A. 2014. On the persistent spread in snow-albedo feedback [J]. Climate Dynamics, 42: 69-81.

Randall D, Cess R, Blanchet J, et al. 1994. Analysis of snow feedbacks in 14 general circulation models [J]. Journal of Geophysical Research: Atmospheres, 99: 757-771.

Riihelä A, Manninen T, Laine V, et al. 2013. CLARA-SAL: a global 28 yr timeseries of Earth´s black-sky surface albedo [J]. Atmospheric Chemistry and Physics, 13: 3743-3762.

Shell K, Kiehl J, Shields C. 2008. Using the radiative kernel technique to calculate climate feedbacks in NCAR' s community atmospheric model [J]. Journal of Climate, 21: 2269-2282.

Soden B, Held I, Colman R, et al. 2008. Quantifying climate feedbacks using radiative kernels [J]. Journal of Climate, 21: 3504-3520.

Stewart I, Cayan D, Dettinger M. 2004. Changes in snowmelt runoff timing in Western North America under a "business as usual" climate change scenario [J]. Climatic Change, 62: 217-232.

Victor B, Samuel L, Loutre M, et al. 2003. Stability analysisof the climate-vegetation system in the northern high latitudes [J]. Climatic Change, 57: 119-138.

Wang J, Li H, Hao X. 2010. Responses of snowmelt runoff to climatic change in an inland river basin, Northwestern China, over the past 50 years [J]. Hydrology and Earth System Sciences, 14: 1979-1987.

Wetherald R, Manabe S. 1995. The mechanisms of summer dryness induced by greenhouse warming [J]. Journal of Climate, 8: 3096-3108.

第9章 北半球典型区域长时序积雪数据集研发——以青藏高原为例

通过上述章节中积雪面积和积雪物候研究发现，单一积雪遥感数据存在覆盖范围小、时间跨度短、观测能力有限的问题。长时间序列的积雪数据集短缺是现有积雪研究时间尺度短、结论不一致的主要原因。为了解决这一问题，本章介绍利用多源数据，以青藏高原为典型研究区，介绍长时间序列的积雪面积数据集的研发思路与已有研究成果。本章共5个小节。9.1节，概述；9.2节，介绍长时间序列积雪数据集研发所需的基础数据；9.3节，介绍青藏高原积雪面积数据集研发的主要流程；9.4节，对研发生成的数据集进行精度验证与适用性评价；9.5节，对本章进行总结和讨论。

9.1 概　　述

利用遥感技术进行积雪监测和制图已经有50多年的历史（Brown et al., 2010；Frei et al., 2012）。传统的野外站点积雪采样方法耗时耗力，在高海拔地区尤为困难。利用积雪遥感数据，如IMS（Helfrich et al., 2007）、NHSCE（Helfrich et al., 2007；Robinson et al., 1993）、MODIS（Hall et al., 1995）、Suomi NPP（Key et al., 2013）、ESA GlobSnow（Pulliainen, 2006）、AMSR-E SWE（Kelly et al., 2003）等产品，可以很好地对大尺度的积雪变化情况进行量化。现阶段，常用的积雪数据集介绍，见第3章。

在现存的积雪遥感数据中，Suomi-NPP具有较高的积雪识别精度（>90%），MODIS具有较高的分辨率（500m）和较长的时间尺度（2000年以来），IMS空间覆盖完整，NHSCE时间序列最长（1966年至今）。然而，受青藏高原复杂地形、高度异质性的地表覆盖类型、积雪分布零散和现有积雪遥感产品的不足（积雪定义不同、时空分辨率迥异、时间尺度不一、数据不连续等）等因素的限制，现有积雪遥感产品在青藏高原的应用受到一定的制约。例如，受空间覆盖不完整（如Suomi-NPP和MODIS）、时间尺度短（如Suomi-NPP和IMS）、空间分辨率低（如NHSCE和GlobSnow）等因素的制约，上述数据集在青藏高原长时间序列积雪变化研究中的应用有限。

现有积雪遥感产品存在产品众多，但物理不一致、空间分辨率低（微波雪产品）、空间覆盖不完整（光学雪产品）等问题，在一定程度上制约了其在气候变化研究中的应用。为满足积雪变化研究对数据集时空连续性的要求，大量学者对现有积雪遥感产品进行了适用性验证及优化处理。刘洵等（2014）研究发现，由于对零碎积雪的识别能力不足，IMS 雪冰产品在青藏高原地区积雪季有严重的漏判现象，且对积雪面积有一定的高估。周敏强等（2019）通过对比验证发现，与 MODIS 积雪产品相比，Suomi-NPP 的积雪分类精度较高，在积雪深度大于等于 5cm 时其精度为 82.3%。此外，为加强积雪遥感产品在青藏高原积雪研究中的应用，研究者提出了 NDSI 阈值优化（高扬等，2019）、多源数据重建（唐志光等，2016）、深度学习（阚希等，2016）、协同反演（包慧漪等，2013）、去云处理（Yu et al.，2016；黄晓东等，2012a；邱玉宝等，2017）等多种方法，可惜的是上述混合型积雪数据集依然存在时间尺度短、空间分辨率低的问题，尚不能满足气候变化研究对长时序积雪数据集的需求，亟待融合多源多频遥感信息以拓展积雪数据的时空连续性，满足积雪变化研究对数据时空尺度和分辨率的需求。

9.2 前期准备

为了加强对青藏高原积雪的研究，开发一套长时间序列、空间完整、时间连续的积雪数据集尤为重要。相应的，本章的主要目的是开发一套多源融合的长时间序列（1981～2016 年）且空间完整的积雪面积数据集（Tibetan Plateau Snow Cover Extent，TPSCE）。为了尽可能地提高基础积雪数据集（pre-TPSCE）的空间分辨率和时间尺度，本章以 NOAA AVHRR 地表反射率数据集（Vermote et al.，2014）为基础数据。为了克服可见光 AVHRR 地表反射率数据在积雪识别中的缺陷（主要是无效观测值和云污染），本章同时用到了多个辅助数据。此外，为了监测新开发 TPSCE 积雪数据集在气候变化研究中的可靠性，本章也用到了相应时间段内的气温、降水、地表反照率等数据。

9.2.1 基础数据集

NOAA AVHRR 地表反射率数据集通过 AVHRR Global Area Coverage（GAC）1 级数据整合得到，其空间分辨率为 0.05°，经纬度格网为 3600×7200（Vermote et al.，2014）。NOAA AVHRR 地表反射率数据集的波段信息见表 9.1，数据质量控制描述见表 9.2。

表 9.1　AVHRR surface reflectance CDR 波段描述

波段	波长（μm）	描述
1	0.58～0.68	640nm 处的地表反射率（SR1）
2	0.725～1.00	860nm 处的地表反射率（SR2）
3	3.55～3.93	3.75microns 处的地表反射率（SR3）
4	3.55～3.93	3.75microns 处的亮温（BT37）
5	10.30～11.30	11.0microns 处的亮温（BT11）
6	11.50～12.50	12.0microns 处的亮温（BT12）
7	—	质量描述标识

表 9.2　AVHRR surface reflectance CDR 质量描述标识

字节	描述	值=1	值=0
15	极地（陆地上大于60°，海洋大于50°）	是	否
14	BRDF 校正存在问题	是	否
13	RHO3 值无效	是	否
12	通道 5 的值无效	是	否
11	通道 4 的值无效	是	否
10	通道 3 的值无效	是	否
9	通道 2 的值无效	是	否
8	通道 1 的值无效	是	否
7	通道 1～5 的值有效	是	否
6	夜晚	是	否
5	高密度林区	是	否
4	太阳反辉区	是	否
3	水体	是	否
2	云阴影	是	否
1	云	是	否

与之前研究用到的 AVHRR 地表反射率数据（Hori et al.，2017；Zhou et al.，2013）相比，AVHRR 地表反射率气候数据集提供了具有一致性的涵盖 NOAA-7、NOAA-9、NOAA-11、NOAA-14、NOAA-16、NOAA-17 和 NOAA-18 的长时间序列日平均的地表反射率和亮温数据（Vermote et al.，2014）。此外，AVHRR 地表反射率气候数据集校正了 1978～2016 年的不同 AVHRR 传感器之间的系统误差，使它们更加便于使用。通过与 MODIS 数据在美国小麦产量检查中的交叉比较发

现，AVHRR 地表反射率气候数据集的使用误差与 MODIS 相当（Franch et al., 2017）。因此，本数据集被认为在地表分类中是可靠的，尤其是它提供了 2000 年之前的地表反射率数据。此外，为了减少像元位置对积雪识别产生的影响，本书仅选择了视场角小于 45°的影像来进行积雪面积的识别。

AVHRR 地表反射率气候数据集的空间分辨率为 0.05°，在积雪识别中难免存在混合像元现象。因此，与二值的积雪面积产品相比，积雪分量数据更能够提供准确的区域积雪面积信息。但是，受青藏高原复杂地形和 AVHRR 地表反射率气候数据集低空间分辨率的限制，选择混合像元分解用到的纯净积雪端元非常困难，限制了混合像元分解模型在青藏高原地区中的使用。因此，本研究首先开发了二值的积雪面积产品，并期望在未来的研究中能够开发出积雪分量数据。

9.2.2 辅助数据集

为了提高 TPSCE 的时空完整性，研发过程中还使用到了 MODIS、IMS、JASMES、微波雪深、土地覆被、高程等相关数据。

1. MODIS 逐日积雪面积数据

MODIS 逐日积雪面积数据 MO/YD10C1 的空间分辨率为 0.05°，其中 MOD10C1 的时间尺度为 2000 ~ 2016 年，MYD10C1 的时间尺度为 2002 ~ 2016 年。MO/YD10C1 产品中的积雪百分比是通过整合 500m 分辨率的 SCE 产品 MO/YD10A1 得到的，而 MO/YD10A1 积雪产品是通过 SNOMAP 算法反演得到（Hall et al., 1995）。晴空状态下，MOD10A1 的总体积雪识别精度在 93%（Hall and Riggs, 2007），在 50 像元×50 像元的积雪识别精度评估中准确度高达 94%（Hall et al., 1995）。Polashenski 等（2015）研究指出，受传感器退化的影响，MODIS C5 版本的数据在可见光和近红外波段存在系统性的偏差。为了避免该偏差对 MODIS 积雪遥感数据的影响，本研究采用 C6 版本的 MO/YD10C1 数据。然而，受云污染、轨道覆盖范围、暖亮地表物体和光照不足的影响，MO/YD10C1 积雪遥感产品的空间覆盖是不完整的。在本研究中，MOD10C2 及其提取得到的 SCP 信息被认为是参考值，因为与其他积雪产品相比，MODIS 积雪产品代表从高分辨率可见光卫星数据得到的持续已知的、客观的积雪观测结果。

2. IMS 逐日积雪面积数据

IMS 日积雪覆盖数据由二进制的 0（无雪）和 1（有雪）组成，它是基于所有现阶段可用的卫星数据（自动积雪制图算法）和其他辅助数据的积雪分析模型手动生成的（Helfrich et al.，2007）。该积雪分析模型主要依赖于可见光卫星影像，但同时也使用了站点观测数据和 PM 数据。该数据时间尺度从 1997 年初到现在，空间分辨率为 1km、4km、24km 3 种。为尽可能地保证研发数据集的空间分辨率，本节使用2004～2016 年空间分辨率为4km 的 IMS 积雪产品。研究发现，2006～2010 年冬季，IMS 雪图与地面雪观测的日一致性在 80%～90%（Chen et al.，2012）。但由于严重的漏分现象，IMS 数据在青藏高原的积雪识别精度仅为 60%（Yu et al.，2016）。

3. JASMES 逐日积雪面积数据

JASMES 积雪遥感数据是利用 AVHRR GAC 数据（1978 年 11 月至 2005 年 12 月）和 MODIS 辐射数据（Terra 的 MOD02SSH 数据和 Aqua 的 MYS02SSH）通过一种一致的积雪识别算法得到的，其空间分辨率为 5km，时间尺度为 1978～2015 年（Hori et al.，2017）。然而，受轨道、宽度、太阳天顶角、视场角和云层污染造成的缺口的影响，JASMES 日积雪面积数据的空间覆盖是不完整的。考虑到 AVHRR 和 MODIS 辐射数据之间的系统误差可能会影响到 JASMES 数据的一致性，本研究仅用到利用 NOAA AVHRR GAC 数据生产得到的积雪数据。

4. 微波雪深数据

与光学数据相比，基于微波传感器得到的遥感数据具有估算云下积雪信息的能力。为了弥补云覆盖对光学积雪遥感数据的影响，本研究用到了 Che 等（2008）开发的微波雪深数据（Passive Microwave Snow Depth，PSD）。该微波雪深数据的空间分辨率为 25km，利用 SMMR、SSM/I、SSMI/S 内部校正后的亮温数据反演得到（Che et al.，2008），时间尺度为 1979～2016 年。传感器之间的内部校正提高了逐日积雪深度数据的一致性，提供了时间连续的、长时间序列的积雪深度数据，该数据集在本研究青藏高原积雪数据开发中尤其重要。由于被动微波数据获取的遥感影像空间分辨率相对粗糙，而青藏高原地表形态复杂、地面温度多变，积雪分布零散等诸多因素的影响，PSD 数据在反演积雪面积方面存在一定的误分和漏分误差（Dai et al.，2017），尤其是在冻土表面（Tsutsui and Koike，2012）。

5. 土地覆被数据

为了提高利用 AVHRR 地表反射率数据集识别积雪的准确性，本节中 TPSCE 的开发首先从 MCD12Q1 得到的国际地圈生物圈计划（International Geosphere-Biosphere Programme，IGBP）地表覆盖类型分类开始。IGBP 将地表覆盖分为 17

类，包括11种植被类型、3种土地利用类型和3种非植被的地表覆盖类型（Friedl et al.，2010）。利用2012年MCD12Q1数据得到的青藏高原地表覆盖类型如图9.1所示。

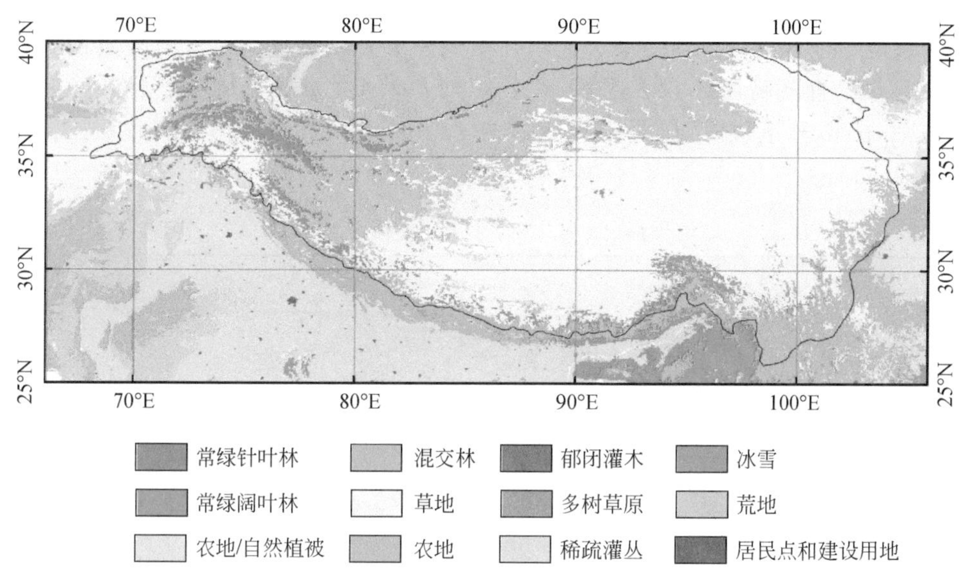

图9.1　基于2012年MCD12Q1数据按照IGBP分类提取得到的青藏高原地表覆盖类型图

为了提高积雪与其他地表覆盖类型区分的有效性，本研究将IGBP分类的青藏高原地表覆盖类型重新整合为4类，即森林和灌木、草地、裸地、冰雪。森林和灌木包括IGBP分类中的常绿针叶林、常绿阔叶林、混交林、郁闭灌丛、开放灌丛和偏林木的稀树草原。草地包括IGBP分类中的作物/自然植被、草地和庄稼。裸地包括IGBP分类中裸露和植被稀少的地表、城市和建成区。冰雪即为IGBP分类中的积雪。

6. 高程数据

本研究在云识别的过程中还利用到SRTM（Shuttle Radar Topography Mission）的数字高程数据。为了与NOAA AVHRR地表反射率数据集的空间分辨率进行匹配，本研究将原始的90m空间分辨率的SRTM DEM数据通过平均值法合成为空间分辨率为0.05°的数据。

9.2.3　验证数据集

为了与新研发数据集进行对比分析，本节还使用了多种验证验证数据集，包括站点积雪深度数据、修正后的青藏高原逐日积雪面积数据，以及青藏高原地表温度、降水和地表反照率数据。

1. 青藏高原站点积雪深度数据

站点积雪深度数据被用来验证新开发 TPSCE 积雪数据集对青藏高原积雪信息的精度。青藏高原站点积雪深度数据通过中国气象数据网（CMA，http://data.cma.cn/）下载得到，本节用到2001～2014 年研究区站点积雪深度数据，见图 9.2。

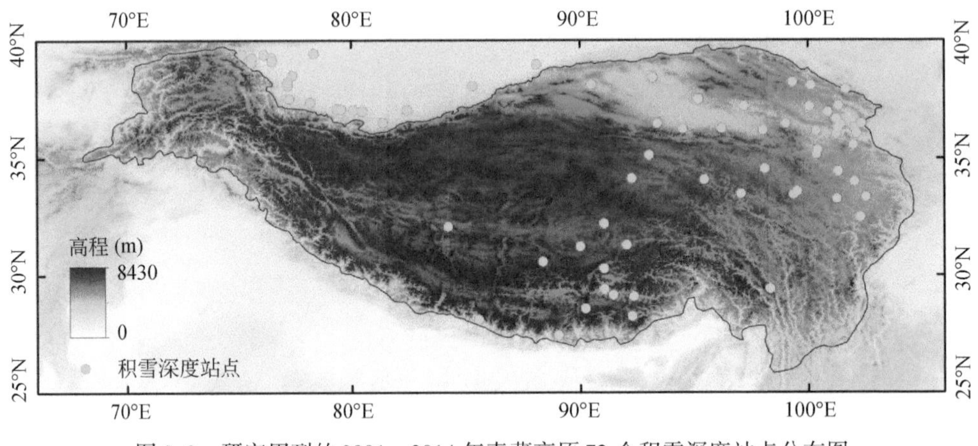

图 9.2　研究用到的 2001～2014 年青藏高原 72 个积雪深度站点分布图

2. 青藏高原时空完整的积雪面积数据集

为了提高 MODIS 积雪遥感数据在青藏高原的利用率，Huang 等（2014）通过整合 MOD10A1、MYD10A1 和 AMSR-E SWE 数据，开发了 500m 分辨率的空间完整的青藏高原积雪面积数据集（MCD10A1-TP）。该数据集被用来进行青藏高原积雪物候信息的提取和新开发积雪数据集的对比分析。通过可见光和微波积雪数据的整合，该数据集有效地解决了 MODIS 积雪遥感数据覆盖不完整的问题，通过和地面积雪深度数据的对比分析表明，该数据集在积雪深度大于 3cm 的地面的准确性大概为 91.7%。因此，该数据集被认为是青藏高原积雪研究的有效数据集。

3. 地表温度数据

为了进行与长时间序列积雪数据集的对比分析，本研究还用到了 1982～2016 年欧洲中期天气预报中心（ECMWF）的再分析（ERA-Interim）的日平均温度数据，其空间分辨率为 0.125°。目前，该数据集广泛应用于全球和区域性气候变化研究中，如 Chen 等（2015）、Cohen 等（2012，2014）等。利用 75 个地面站点对 ERA 月平均气温的分析表明，1979～2010 年 ERA-Interim 与地表站点观测得到的地面气温的相关系数高达 0.97～0.99（Gao et al.，2014）。

4. 降水量数据

除了 ERA-Interim 再分析数据，基于遥感数据、利用人工神经网络再分析得到的 PERSIANN-CDR（the Precipitation Estimation from Remotely Sensed Information using Artificial Neural Network-Climate Data Record）降水数据集也被用来与长时间序列积雪数据集的对比分析。PERSIANN-CDR 提供了 1983～2015 年 60°S～60°N 的空间分辨率为 0.25°的长时间序列降水数据（Ashouri et al.，2015）。该数据集利用 ISCCP GridSat-B1 和 GPCP 2.2 版本的红外数据开发，可以有效地捕捉将降雨信息（Ashouri et al.，2015）。

5. CLARA-SAL 数据

研究证明积雪变化通常与地表反照率的变化密切相关（Chen et al.，2015，2017；Qu and Hall，2014）。因此，基于 AVHRR 数据的长时间系列的 CLARA-A2（CLoud，Albedo and surface RAdiation dataset from AVHRR data Edition 2）地表反照率数据被用来进行与积雪变化的交叉对比分析。该数据集空间分辨率为 0.25°，时间尺度为 1979～2015 年（Riihelä et al.，2017，2013a）。CLARA-A2 地表反照率数据是基于 AVHRR 地表反射率数据，针对不同土地利用类型分别计算反照率得到的，包括积雪、海冰、水体和植被。目前，该数据已经应用于北极海冰变化的研究，是唯一的完全利用 AVHRR 数据反演得到的反照率产品（Riihelä et al.，2013a）。

9.2.4 小结

本章利用到的所有格网数据见表 9.3。为了与 AVHRR 地表反射率数据集进行空间上的匹配分析，本章用到的所有数据都通过 GDAL 重采样生成地理投影下 0.05°的格网数据。覆盖青藏高原的格网数据 800 像素×300 像素，其左上角格网中心点的经纬度分别为 40.0°N 和 66.0°E，其空间位置如图 9.1 所示。

为了与 AVHRR 地表反射率数据集进行空间上的匹配分析，本章用到的所有数据都通过 GDAL 重采样生成地理投影下 0.05°的格网数据。覆盖青藏高原的格网数据 800 像素×300 像素，其左上角格网中心点的经纬度分别为 40.0°N 和

66.0°E。

表 9.3　研究用到的数据列表

用途	数据集	时间尺度	空间分辨率	时间分辨率	参考文献
基础数据	AVHRR surface reflectance CDR	1981 年以来	0.05°	Daily	Vermote 等（2014）
辅助数据	MOD10C1	2000 年以来	0.05°	Daily	Hall 等（1995）
	MYD10C1	2002 年以来	0.05°	Daily	Hall 等（1995）
	IMS	2004 年以来	4km	Daily	Helfrich 等（2007）
	JASMES	1978～2015 年	5km	Daily	Hori 等（2017）
	PSD	1978～2016 年	25km	Daily	Che 等（2008）
	ERA	1972 年以来	0.125°	Daily	Dee 等（2011）
	SRTM DEM	—	90m	—	http：//seamless.usgs.gov/
	MCD12Q1	2012 年	0.05°	Yearly	Friedl 等（2010）
交叉对比	MCD10A1-TP	2000～2014 年	500m	Daily	Huang 等（2014）
	NHSCE	1966～2015 年	24km	Weekly	Robinson 等（1993）
	CLARA-A2	1979～2015 年	0.25°	Monthly	Riihelä 等（2013b）
	PERSIANN	1983～2015 年	0.25°	Daily	Ashouri 等（2015）

9.3　长时间序列积雪数据集研发框架

新开发 TPSCE 积雪数据集的总流程见图 9.3。第一，利用质量控制标识，选择通道 1～5 有效的 AVHRR 地表反射率数据来生产 pre-TPSCE 数据。第二，利用云检测算法识别云，减少云对积雪识别的影响，云识别的变量及阈值见表 9.5。利用云识别算法得到的 1981 年 12 月 31 日研究区云覆盖情况见图 9.4。第三，利用决策树的方法识别研究区积雪信息，生产 pre-TPSCE，其中决策树方法用到的青藏高原地表覆盖类型见图 9.5，用到的 NDSI 及其阈值调整见图 9.6。第四，利用现有积雪遥感数据（包括 MO/YD10C1、IMS、JASMES、PSD 等），对 AVHRR 地表反射率数据中的无效观测值和云覆盖区域进行填充。积雪产品填充的优先级见图 9.7。第五，利用多年平均值对填充后依然存在的无效观测值和云覆盖像元进行填充。依据此过程，1981 年 12 月 31 日和 2015 年 1 月 1 日研究区 pre-TPSCE 和 TPSCE 的对比见图 9.8。第六，根据研究需求，基于日 TPSCE 数据合并生产多时相的 TPSCE。

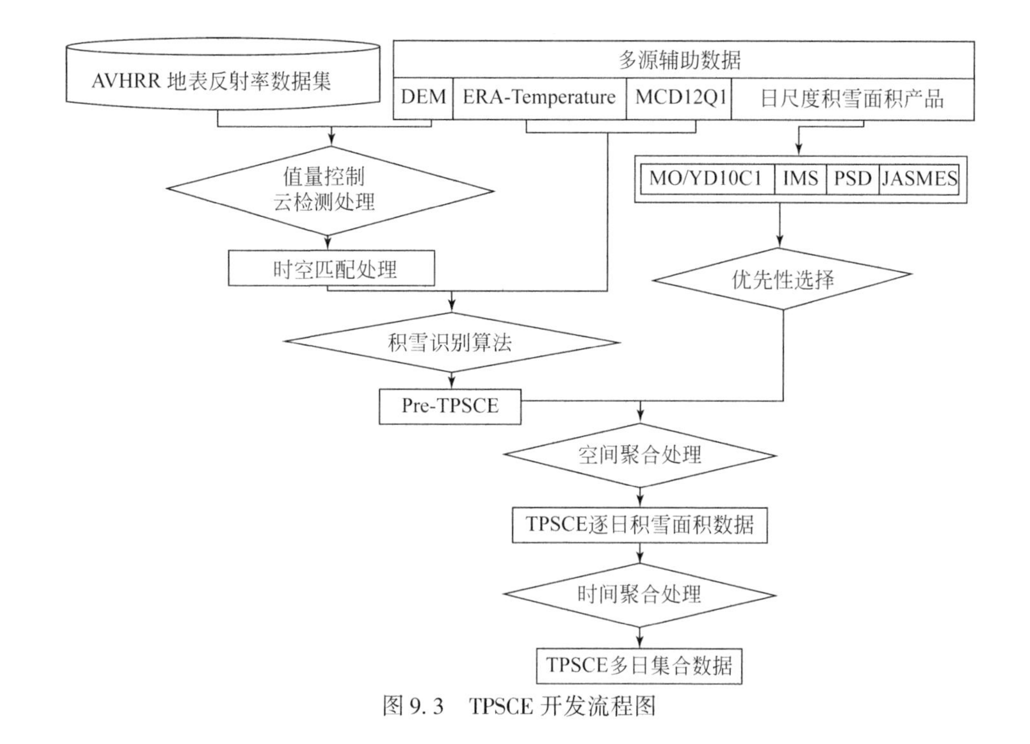

图 9.3　TPSCE 开发流程图

9.3.1　云识别方法

与 Hori 等（2017）和前人研究中用到的云检测方法相比，AVHRR 地表反射率数据好像存在对云像元的高估现象，因此我们没有利用 AVHRR 地表反射率数据自带的云标识，而是采用 Hori 等（2017）研究使用的云识别方法。在云识别算法中，主要利用 SR1、SR2、SR3、BT11、SR1 和 SR2 的差值（SR1-SR2）、BT37 和 BT11 的差值（BT37-BT11）、BT11 和 BT12 的差值（BT11-BT12）、NDVI（the normalized difference vegetation index）、NDSI 等 9 个变量。本章中云识别算法用到的变量及阈值见表 9.4。利用 AVHRR 地表反射率数据集自带的云覆盖标识与本章用到的云识别算法的差异见图 9.4。与自带的云标识相比［图 9.4（c）］，利用云识别算法得到的结果［图 9.4（d）］更加符合目视解译的结果。

表 9.4　研究所用云检测变量及其阈值

目标	开关	高程（m）	SR1	SR2	SR3	SR1-SR2	NDVI	NDSI	BT11（K）	BT37-BT11（K）	BT11-BT12（K）
A	开	<3000							≥240	>8	
	开	≥3000							≥240	>15	

续表

目标	开关	高程（m）	SR1	SR2	SR3	SR1-SR2	NDVI	NDSI	BT11（K）	BT37-BT11（K）	BT11-BT12（K）
B	开								<240	>20	
	开				>0.1	>-0.02		<0.88			
	关						>0.5		>288		
	关								>310		
	开								<260	>8	
	开					>-0.02			<310	>10	
	开		>0.3			>-0.02			<293	>9	
	开			>0.4		>-0.03			<293	>8	>-1
	开			>0.4					<278	>20	>-1
	开		>0.3		>0.2				<263		
	关						>0.5		>288		
	关								>310		
	关	>1000	<0.4			<-0.04			>275		
	关					<-0.05			>300		

注：该表引自 Hori 等（2017）。目标 A 代表高寒区域（高程大于300m，并且 BT11 小于260 K）；目标 B 代表其他区域。对每种目标来说，本表中的云检测算法从上到下执行；如果云标识开关为“开”，符合条件的像元将会被标志为积雪。如果云标识开关为“关”，之前被设置为云的像元将重新被赋值为晴天；NDVI=(SR2-SR1)/(SR2+SR1)；NDSI=(SR1-SR3)/(SR1+SR3)

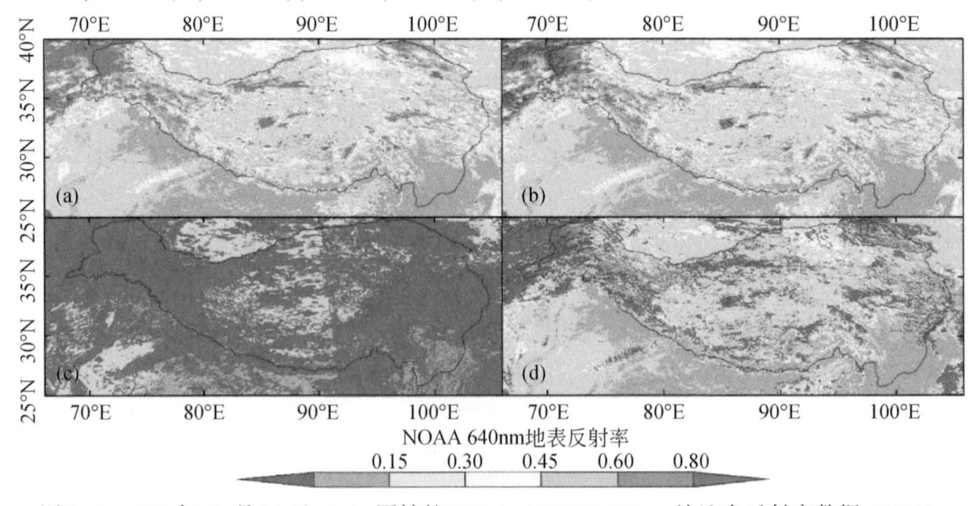

图 9.4　1981 年 12 月 31 日（a）原始的 NOAA AVHRR 640nm 处地表反射率数据（SR1）；（b）利用质量控制字节选取的有效观测值；（c）利用质量控制编码中云掩膜得到的去云后 SR1；（d）利用云识别算法得到的去云后 SR1

9.3.2 积雪识别方法

本节中我们将利用积雪识别算法将地表分为积雪和非积雪。为了提高从AVHRR 地表反射率数据中识别积雪的准确性，TPSCE 的开发将从利用 MCD12Q1 数据得到的青藏高原 IGBP 土地覆盖分类数据开始。在积雪识别算法的开始，每个像元将依据各自的 IGBP 分类被重新归为四大类土地覆盖类型。针对每种土地覆盖类型的决策树和变量阈值见图 9.5，其中 pre-TPSCE 被定义为 Snow-01 到 Snow-04 的总和。本章中 pre-TPSCE 用到的大部分变量和阈值都不是新的，而是从前人研究中得到的（Hori et al.，2017；Khlopenkov and Trishchenko，2007；Kidder，1987；Zhou et al.，2013）。

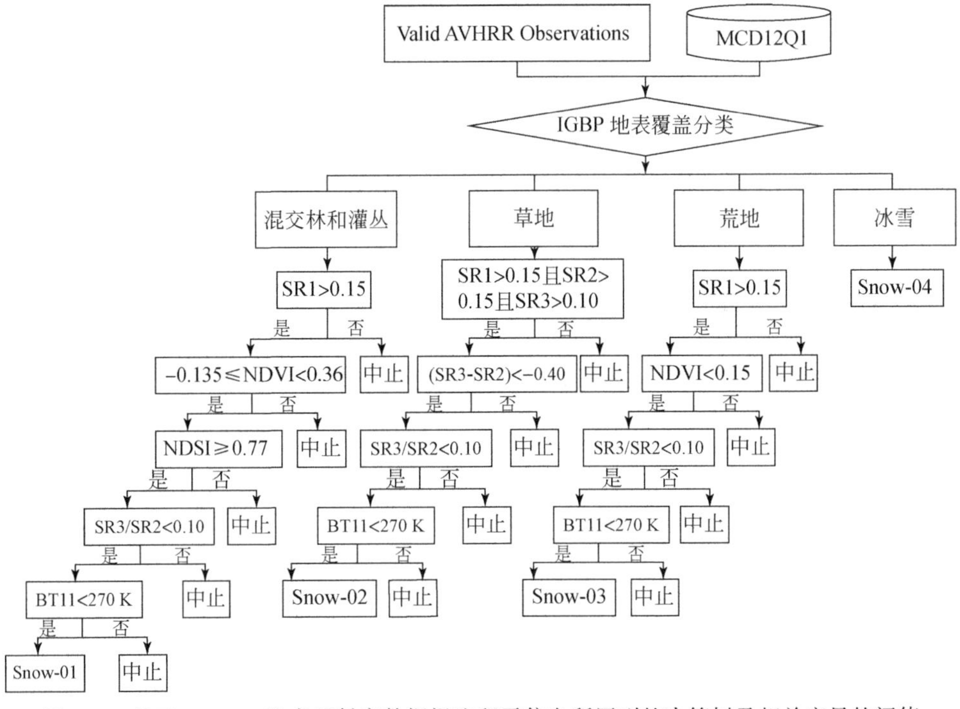

图 9.5　基于 AVHRR 地表反射率数据提取积雪信息所用到的决策树及相关变量的阈值

如前人研究（Hall et al.，1995，2002）所得，在 NDVI 的帮助下，NDSI 可以有效地区分积雪和非积雪。在 Hall 等（1995）中，NDSI 是利用红波段（波长近似 630nm）和短波红外波段（波长近似 1.64μm）计算得到的。但是 AVHRR 地表反射率数据集中没有 1.64μm 处短波红外的观测值。因此，我们利用3.7μm处的观测值来计算一个近似的 NDSI，如 Hori 等（2017）的研究。另外，Hori 等（2017）采用0.80为 NDSI 阈值来利用 AVHRR 数据开发 JASMES 积雪产品。考虑到青藏高原复杂的地表特征和独特的积雪特性，在利用0.8作为 NDSI 阈值来开发 TPSCE 之前需要对其进行校正以提高积雪识别的准确性。通过与 Landsat 5 TM 数据的对比发现，0.77 更适合于青藏高原积雪面积的提取，详见 Chen 等（2018）的研究。

9.3.3 多源积雪遥感数据整合流程

为了扩大 TPSCE 的空间覆盖范围，并减少 TPSCE 的积雪分类误差，本节通过多源积雪遥感数据合成来减少无效观测和云造成的数据缺失像元。MO/YD10C1、IMS、JASMES、PSD 等积雪产品被用来进行多源积雪遥感数据合成。合成的 TPSCE 积雪面积产品中各数值的含义见表9.5。

表9.5 合成的 TPSCE 数据中各数值的代表

值	描述	值	描述
0	Non-snow	5	Pixel is filled by IMS
1	Pre-TPSCE	7	Pixel is filled by JASMES
2	Pixel is filled by MOD10C1	11	Pixel is filledby PSD
3	Pixel is filled by MYD10C1	13	Pixel is filled by Climatology

MO/YD10C1、IMS、JASMES、PSD 等积雪遥感数据在 pre-TPSCE 缺失值填充时的优先级及其在最终 TPSCE 中的贡献见图9.6。1981 年 12 月 31 日和2015 年 1 月 1 日 pre-TPSCE 和 TPSCE 的对比见图9.7。

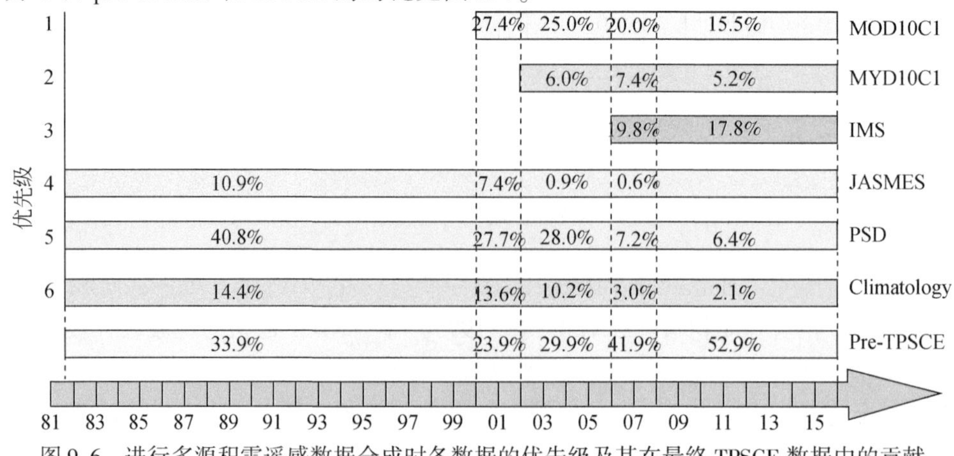

图9.6 进行多源积雪遥感数据合成时各数据的优先级及其在最终 TPSCE 数据中的贡献

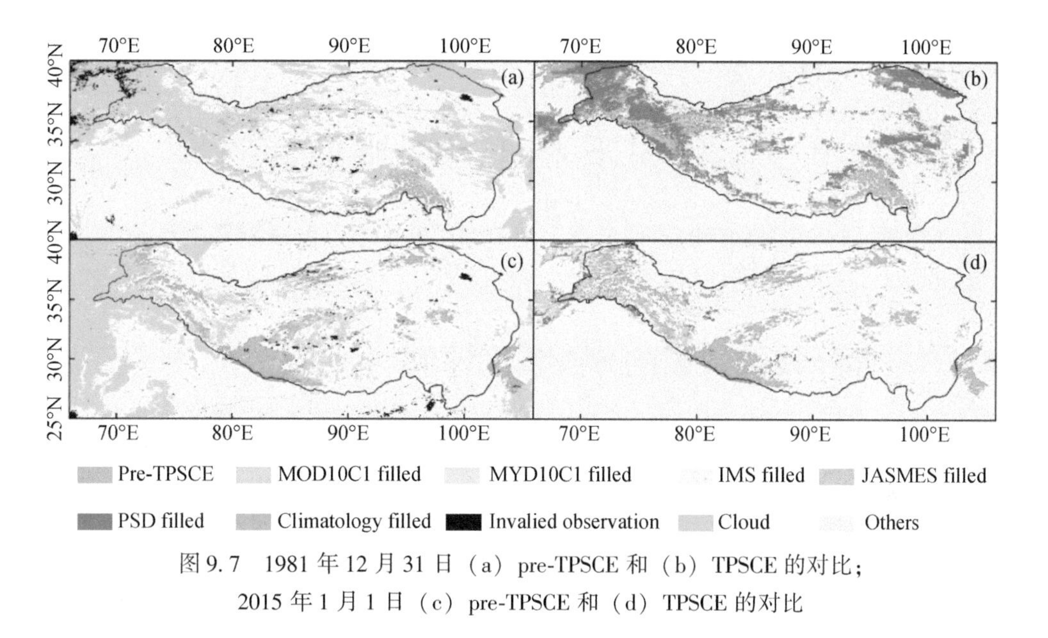

图 9.7 1981 年 12 月 31 日（a）pre-TPSCE 和（b）TPSCE 的对比；
2015 年 1 月 1 日（c）pre-TPSCE 和（d）TPSCE 的对比

利用现有积雪遥感数据对 pre-TPSCE 进行缺失值填充时各数据的优先级（图 9.7）主要由其空间分辨率和可靠性决定。与其他现有积雪遥感数据相比，MOD10C1 和 MYD10C1 代表客观的、一致的、空间分辨率相对较高的积雪识别结果。因此，MODIS 积雪产品被当作 pre-TPSCE 缺失值填充的首选。因为 JASMES 数据生产时既利用到 AVHRR 辐射数据也利用到 MODIS 辐射数据，而利用 MODIS 辐射数据生产的 JASMES 产品与 MODIS 本身积雪产品存在重合现象，因此，本章只利用到 JASMES 数据中利用 AVHRR 辐射数据生产的部分结果（1981～2008 年）。此外，为了填充融合后依然存在的无效观测值和云像元，本章还利用 2005 年后的 IMS 数据计算了每个像元每天的积雪出现百分比。对给定像元来说，其给定日期的积雪出现百分比通过不同年份给定日期积雪出现的次数除以给定年数得到。对于填充融合后依然存在的无效观测值和云像元，我们将利用积雪出现百分比来确定其是否为积雪像元，其中积雪出现百分比大于 50% 的像元将被定义为积雪像元。

9.3.4 多时相 TPSCE 数据聚合流程

为了将 TPSCE 与其他多天合成的积雪产品（如 5 天合成的 AMSR-E 雪深产品、7 天合成的 NHSCE 产品、8 天合成的 MODIS 积雪数据等）进行对比分析，有必要利用日分辨率的 TPSCE 数据合成多时像的 TPSCE 数据。对多时像的

TPSCE 数据来说，仅给定时间段内积雪出现百分比大于或者等于 50% 的像元才被定义为积雪像元。

9.4 TPSCE 积雪分类精度评估

通过与站点雪深数据的对比分析，本节介绍基于站点数据和基于高分辨率积雪面积数据的分类精度评价。

9.4.1 基于站点数据的分类精度评价

受可用的地面积雪深度站点影响，TPSCE 和地面积雪深度站点的比较集中在 2000～2014 年。基于 TPSCE 和 72 个地面积雪深度站点计算得到的 2000～2014 年青藏高原年平均积雪持续时间 D_d 如图 9.8 所示。

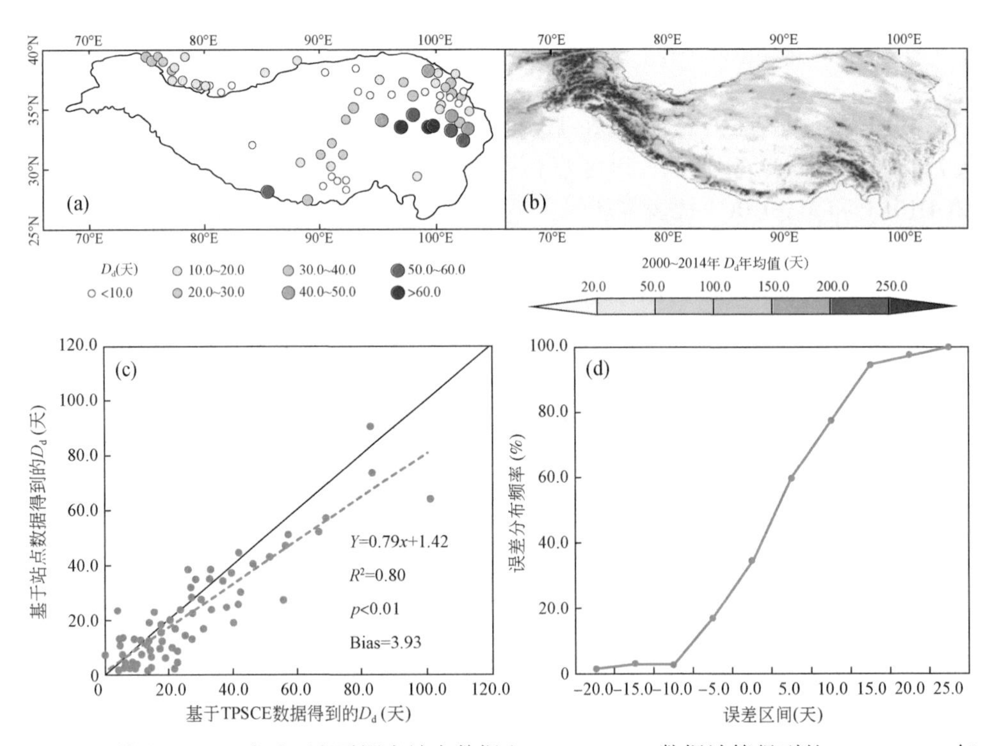

图 9.8 利用（a）72 个地面积雪深度站点数据和（b）TPSCE 数据计算得到的 2000～2014 年年平均积雪持续时间 D_d；（c）两种途径得到的积雪持续时间 D_d 的对比；（d）利用 TPSCE 数据提取得到的年平均积雪时间的误差分布频率

图 9.8（a）和图 9.8（b）分别展示了青藏高原积雪深度站点和 TPSCE 计算得到的 2000 ~ 2014 年平均积雪持续时间 D_d。多数的站点观测 D_d 和 TPSCE 计算得到的 D_d 一致，呈现出明显的从低海拔到高海拔增加的趋势，两者的相关系数在 99% 的显著性水平上高达 0.80。但是 TPSCE 计算得到的 D_d 与站点观测得到的 D_d 之间存在 3.93 天的偏差［图 9.8（c）］，表明 TPSCE 对 2000 ~ 2014 年青藏高原的积雪持续时间存在高估现象。同时，如图 9.8 所示，高估区域主要分布在 D_d 值比较小的站点。该现象主要是 TPSCE 的空间分辨率低（0.05°）造成的。TPSCE 计算得到的 D_d 与站点观测得到的 D_d 的误差分布见图 9.8（d），其中 47 个站点存在高估现象，占站点总数的 65.3%。在高估的像元中，高估范围在 0 ~ 5 天和 5 ~ 10 天的像元分别占站点总数的 25% 和 18%。如前人研究所得（Hansen et al., 2010），站点观测数据高度依赖于站点所处位置（经纬度和高程），仅代表具体点的信息，而不能准确代表面状格网的平均值。即使如此，TPSCE 计算得到的 D_d 还是较好地提取出了青藏高原的 D_d 值。虽然 TPSCE 计算得到的 D_d 存在高估现象，与多时像合成的积雪遥感产品相比（如 5 天合成的 AMSR-E 积雪产品、7 天合成的 NHSCE 积雪产品、8 天合成的 MODIS 积雪产品等），其偏差在积雪物候研究中依然是可以接受的。

9.4.2 TPSCE 与高分辨率 MCD10A1-TP 的对比分析结果

受 MCD10A1-TP 空间覆盖范围和时间尺度的限制，TPSCE 和 MCD10A1-TP 比较的时间区间限定在 2000 ~ 2014 年，空间范围限定在两者的重合区域内。基于 TPSCE 和 MCD10A1-TP 计算得到的 2001 ~ 2014 年青藏高原年平均积雪覆盖率 SCF 如图 9.9 所示。本章中变化量可通过线性变化的斜率乘时间区间的长度得到。

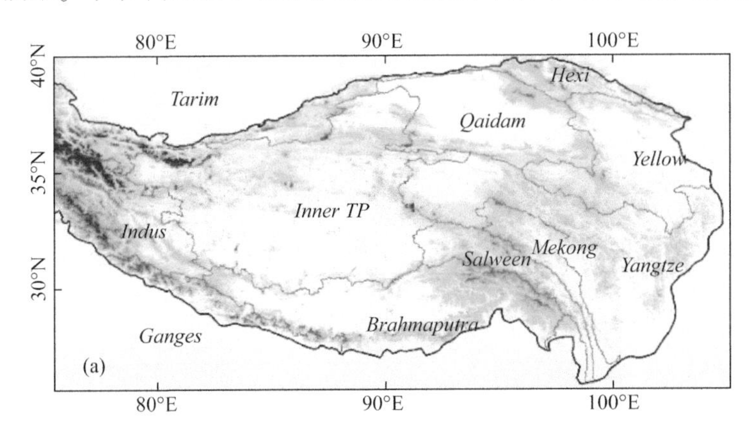

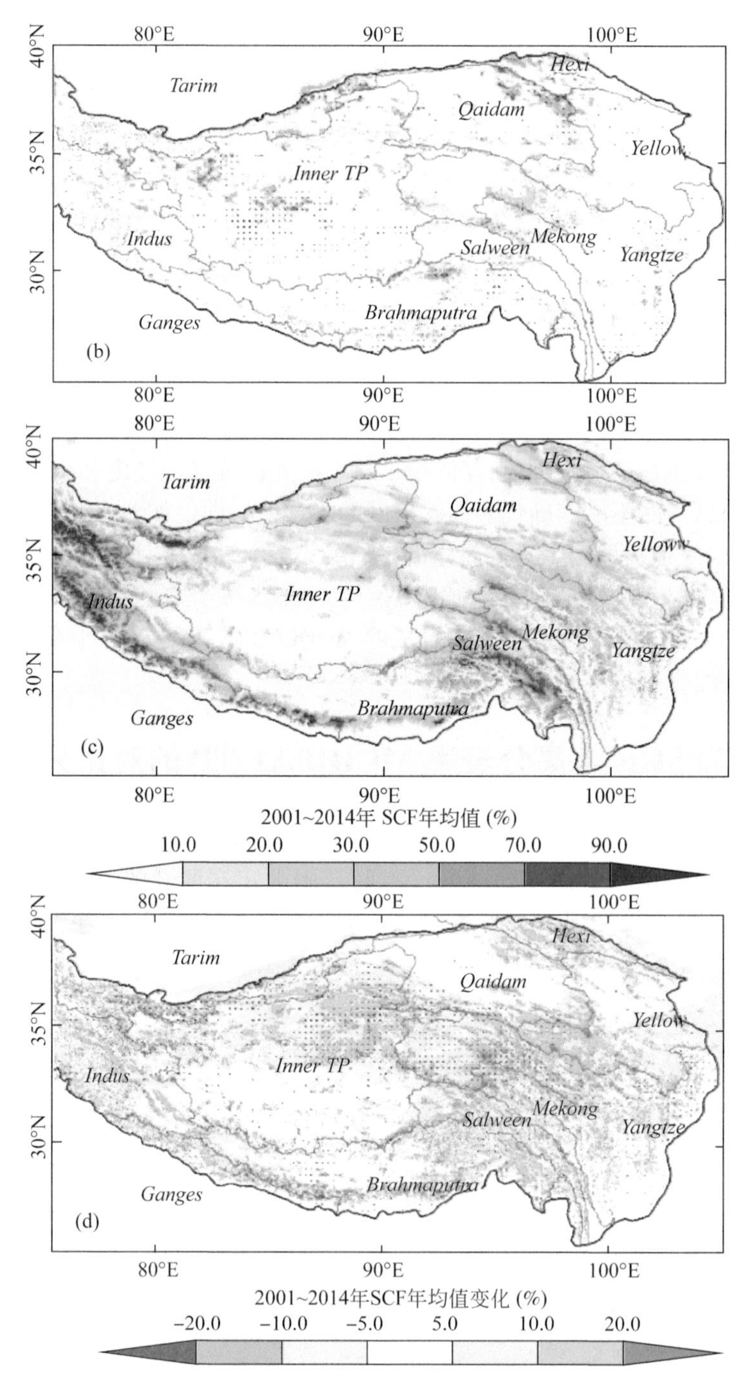

图 9.9　利用（a）MCD10A1-TP 数据和（c）TPSCE 数据计算得到的 2001～2014 年年平均积雪覆盖率 SCF；利用（b）MCD10A1-TP 数据和（d）TPSCE 数据计算得到的 2001～2014 年年平均积雪覆盖率 SCF 变化

（b）和（d）中的黑点代表在变化在 95% 的水平上显著

利用 TPSCE［图 9.9（c）］和 MCD10A1-TP［图 9.9（a）］计算得到的 2001～2014 年青藏高原年平均积雪覆盖率在空间分布上非常相似，其中年平均积雪覆盖率 SCF 较高的区域分布在塔里木河、印度河、雅鲁藏布江、怒江、湄公河等流域上游；年平均积雪覆盖率 SCF 较低的区域分布在青藏高原内陆河流域和柴达木盆地。但是，与 MCD10A1-TP 计算得到的 SCF 相比，利用 TPSCE 计算得到的 SCF 在青藏高原海拔较高的雅鲁藏布江南部边缘和西部的帕米尔高原区域数值较高。该现象主要是由 TPSCE 的低空间分辨率引起的。TPSCE 的低空间分辨率造成研究区积雪在 SCF 平均值高的区域被高估，而在 SCF 值低的区域被低估。

利用 MCD10A1-TP 和 TPSCE 计算得到的 2001～2014 年青藏高原年平均积雪覆盖率 SCF 的变化见图 9.9（b）和图 9.9（d）。与利用 MCD10A1-TP 计算得到的青藏高原年平均 SCF 变化相比，利用 TPSCE 数据计算得到的 SCF 不仅仅在长江、湄公河、雅鲁藏布江流域上游增加，而且在青藏高原内陆河流域的北部也呈增加趋势。受短的时间区间的影响，利用 MCD10A1-TP 和 TPSCE 计算得到的 2001～2014 年青藏高原年平均积雪覆盖率 SCF 的变化在空间上并不显著，因此本章不再对两者的空间差异性进行分析。但是，为了更加深入地了解 MCD10A1-TP 和 TPSCE 的相似性和差异，我们对 MCD10A1-TP 和 TPSCE 在青藏高原各个流域的不同进行对比分析（图 9.10），并将其均方根误差 RMSE 和偏差记录在表 9.6 中。

如图 9.10 所示，利用 MCD10A1-TP 和 TPSCE 计算得到的 2001～2014 年各个流域 SCF 总体长呈现正相关，其中相关性最好的是湄公河流域（$r=0.85$，$p<0.05$），而相关性最差的是青藏高原内陆河流域（$r=0.12$，$p>0.05$）。对于年平均 SCF 较高的流域（如印度河、湄公河、怒江），TPSCE 可以很好地捕捉到其积雪变化信息。然而，受 5km 空间分辨率的影响，在年平均 SCF 较低的流域（如青藏高原内陆河流域和柴达木盆地流域），TPSCE 则存在一定偏差。

如表 9.6 所示，利用 MCD10A1-TP 数据和 TPSCE 数据计算得到的 2001～2014 年平均积雪覆盖率 SCF 在青藏高原和各个流域的均方根误差 RMSE 和偏差 bias 存在较大的差异。利用 MCD10A1-TP 数据和 TPSCE 数据计算得到的 2001～2014 年平均积雪覆盖率 SCF 在青藏高原的平均 RMSE 为 2.15%，其数值处于恒河流域的 0.64% 到怒江的 3.79% 之间。另外，利用 MCD10A1-TP 数据和 TPSCE 数据计算得到的 2001～2014 年平均积雪覆盖率 SCF 在青藏高原的平均偏差为 −0.25%，其数值处于怒江流域的 −2.80%（低估）到 SCF 柴达木盆地流域的 1.52%（高估）之间。

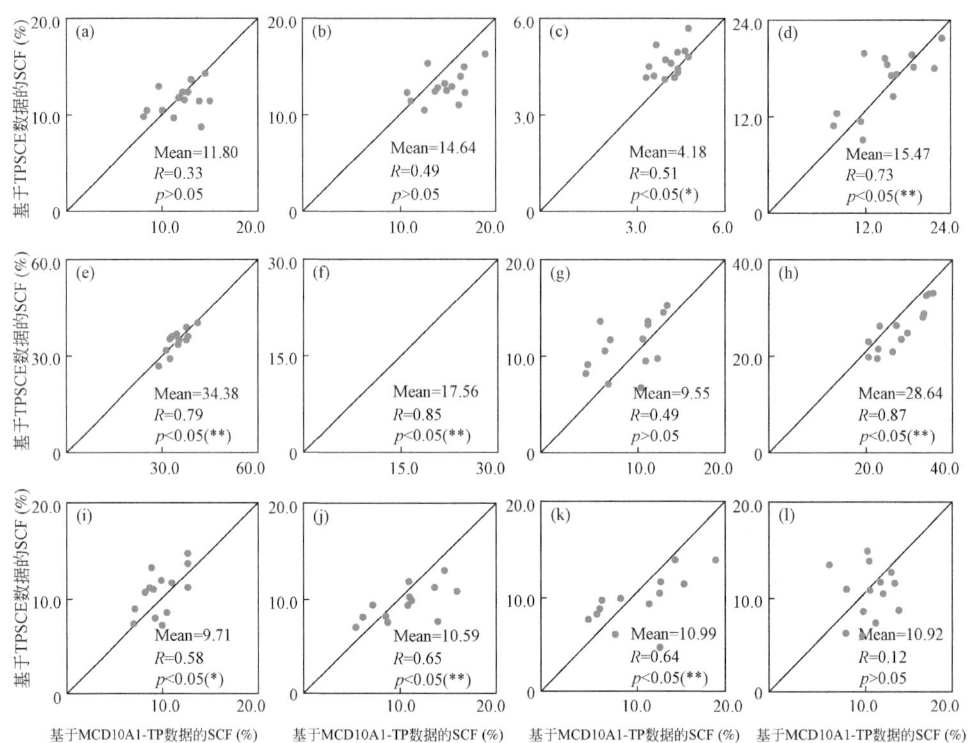

图 9.10 利用 MCD10A1-TP 数据和 TPSCE 数据计算得到的 2001 ~ 2014 年年平均积雪覆盖率 SCF 在（a）青藏高原、（b）雅鲁藏布江流域、（c）恒河流域、（d）河西流域、（e）印度河流域、（f）湄公河流域、（g）柴达木流域、（h）怒江流域、（i）塔里木流域、（j）长江流域、（k）黄河流域、（l）青藏高原内陆河等流域的对比

表 9.6 利用 MCD10A1-TP 数据和 TPSCE 数据计算得到的 2001 ~ 2014 年平均积雪覆盖率 SCF 在青藏高原和各个流域的均方根误差 RMSE 和偏差 Bias

（单位：%）

流域	RMSE	Bias	流域	RMSE	Bias
青藏高原	2.15	-0.25	湄公河	2.51	-1.26
雅鲁藏布江	2.53	-1.58	柴达木盆地	3.27	1.52
恒河	0.64	0.47	怒江	3.79	-2.80
河西	3.04	0.71	塔里木河	2.16	0.92
黄河	3.31	-0.93	青藏高原内陆河	3.44	-0.37
印度河	2.14	0.40	长江	2.56	-1.13

9.4.3 TPSCE 与其他气候变量的对比分析

1. 青藏高原长时间序列积雪变化结果

为了对比验证 TPSCE 数据在长时间序列青藏高原积雪变化研究中的应用，本节对比了利用 NHSCE 和 TPSCE 数据计算得到的 1982 ~ 2015 年青藏高原的年平均 SCF。为了与 7 天合成的 NHSCE 数据对比，本节也利用了 7 天分辨率的合成 TPSCE 数据。利用 NHSCE 和 TPSCE 数据计算得到的 1982 ~ 2015 年青藏高原的年平均 SCF 及其变化见图 9.11。

利用 NHSCE [图 9.11 (a)] 和 TPSCE [图 9.11 (c)] 数据计算得到的 1982 ~ 2015 年 34 年平均的 SCF 在空间分布上非常相似。但是，利用 TPSCE 计算得到的年平均 SCF 呈现出青藏高原长时间序列积雪分布的更多细节信息。与利用 TPSCE 计算得到的年平均 SCF 相比，利用 NHSCE 计算得到的青藏高原年平均 SCF 在东南部的雅鲁藏布江流域和西北部的帕米尔高原地区值更高。除了 NHSCE 的低空间分辨率，对积雪覆盖像元的定义也造成了这样的偏差。据 Helfrich 等（2007）、Brown 和 Robinson（2011）的研究，NHSCE 将地表分为积雪覆盖像元“1”和非积雪覆盖像元“0”，分别代表 25km×25km 空间范围内积雪出现概率大于或者等于 50% 和小于 50% 。NHSCE 的积雪像元定义造成了 SCF

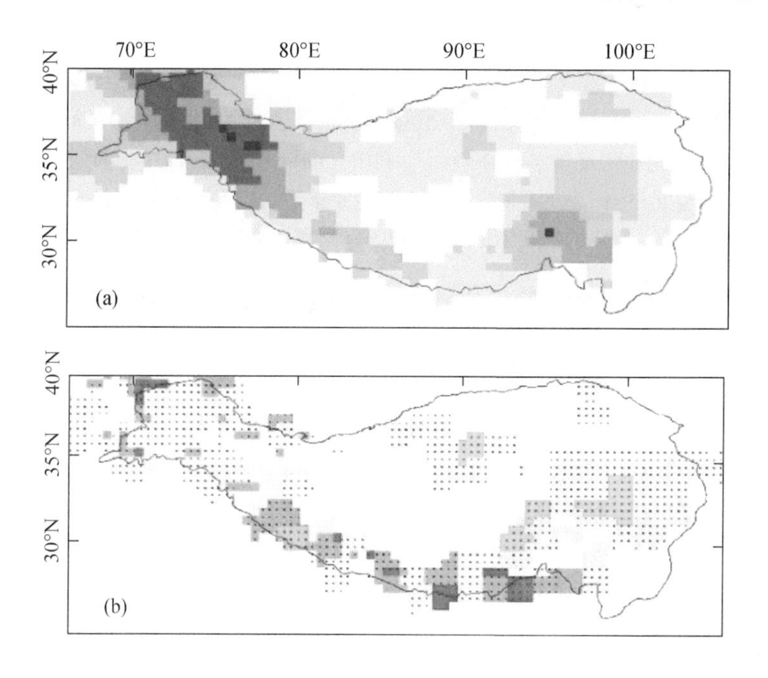

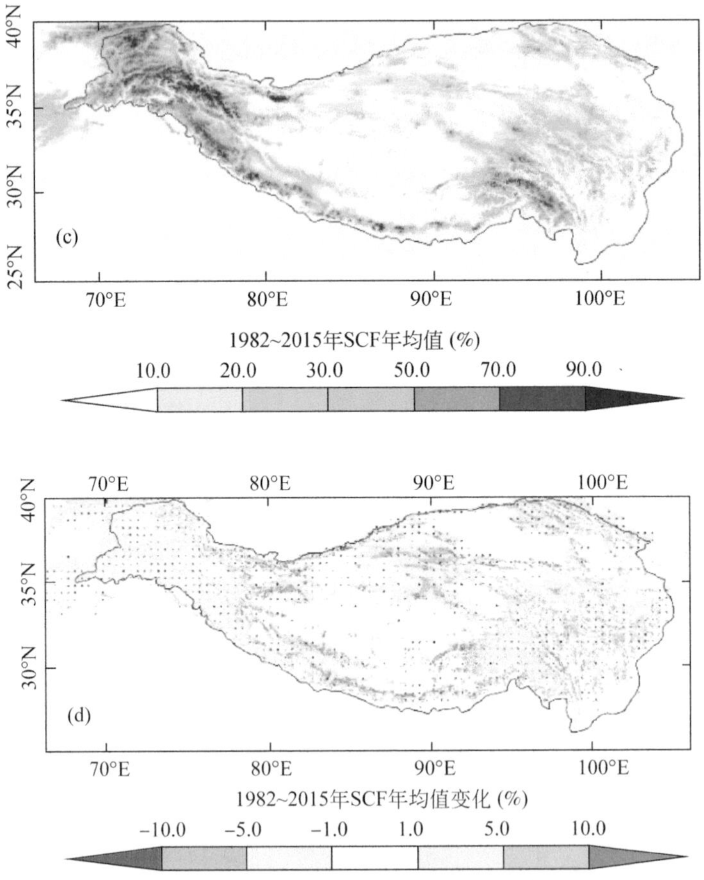

图 9.11　利用（a）NHSCE 数据和（c）TPSCE 数据计算得到的 1982 ~ 2015 年（1994 年除外）青藏高原年平均积雪覆盖率 SCF（%）；利用（b）NHSCE 数据和（d）TPSCE 数据计算得到的 1982 ~ 2015 年（1994 年除外）青藏高原年平均积雪覆盖率 SCF（%）的变化

黑点代表变化在 95% 的水平上显著

在积雪分布较多的地方被高估，而在积雪分布较少或者较分散的地方被低估，这是因为 NHSCE 能够识别 25km×25km 空间范围内积雪出现概率大于或者等于 50% 的积雪像元，积雪出现概率小于 50% 的像元则不能被有效识别。

SCF 对气候变化的响应可以很好地通过长时间序列 SCF 的变化来表现。利用 NHSCE［图 9.11（b）］和 TPSCE［图 9.11（d）］数据计算得到的 1982 ~ 2015 年 SCF 的变化在空间上差异较大，尤其是在东南部的雅鲁藏布江流域南部边缘和西北部的帕米尔高原地区。与 NHSCE 计算得到的雅鲁藏布江流域 SCF 减少相比，TPSCE 计算得到的 SCF 在雅鲁藏布江流域的大部分区域呈现增加趋势。通常来说，气温和降水等气候变量被认为是积雪变化的驱动因素。但是，之前的研究主要关注北半球高纬度积雪变化，而对包括青藏高原在内的中纬度地区积雪的长期变化趋势研究较少，因此很难依据前人的研究结果来判断 NHSCE 和 TPSCE 在青藏高原长时间序列积雪变化研究中的可靠性。为了解决这一问题，本章在下面的章节中进行了一系列的交叉比较，以探讨 TPSCE 数据在气候变化研究中的可靠性。

2. 积雪与地表气温变化的对比分析结果

1982～2016 年青藏高原 SCF 与地表气温的交叉比较见图 9.12。基于 2001～2014 年青藏高原 SCF 的年内变化规律（Chen et al., 2017），青藏高原积雪在 9 月至次年 2 月增加，尤其在 12 月和 1 月。为了进行 SCF 变化与地表气温的交叉对比，本节利用 ERA-Interim 计算得到了 12 月至次年 1 月的积雪累积期气温和年最低气温。

如图 9.12（b）所示，1982～2016（1994 年除外）年青藏高原年平均气温在大部分地区呈现增加趋势。但是，与年平均气温的变化相反，青藏高原积雪累积期气温［图 9.12（c）］和年最低气温［图 9.12（d）］在相同的时间段内呈现降低趋势。积雪累积期气温和最低气温的降低有利于地面上积雪的累积，并造成积雪持续时间的增加，进而使 SCF 增加。青藏高原积雪累积期气温和最低气温的降低在一定程度上与 20 世纪 90 年代开始的北半球冬季大范围降温现象（Cohen et al., 2014, 2012）一致。

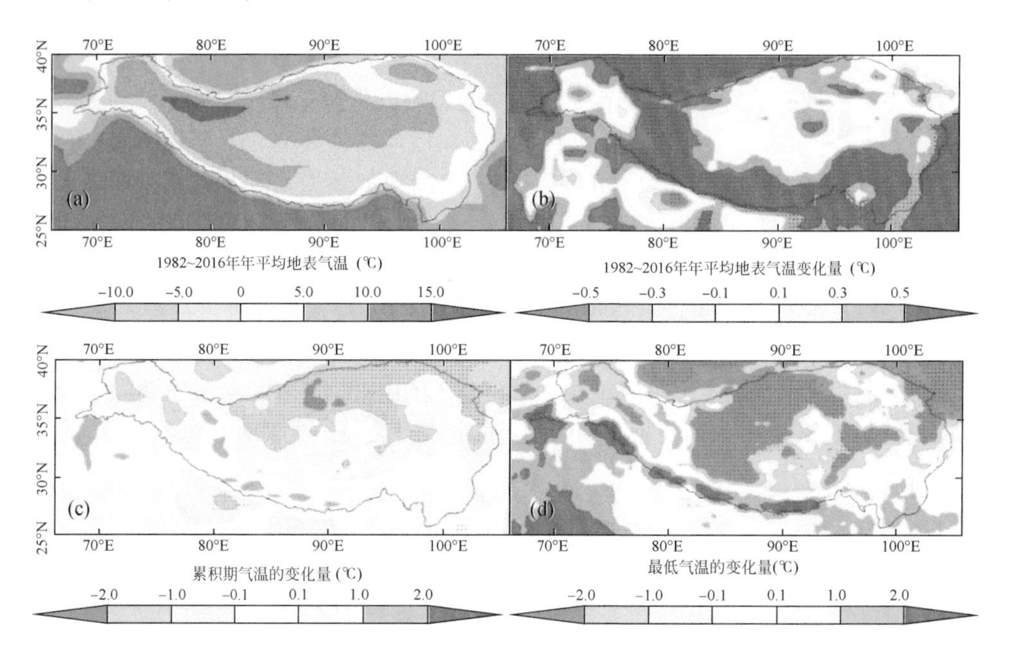

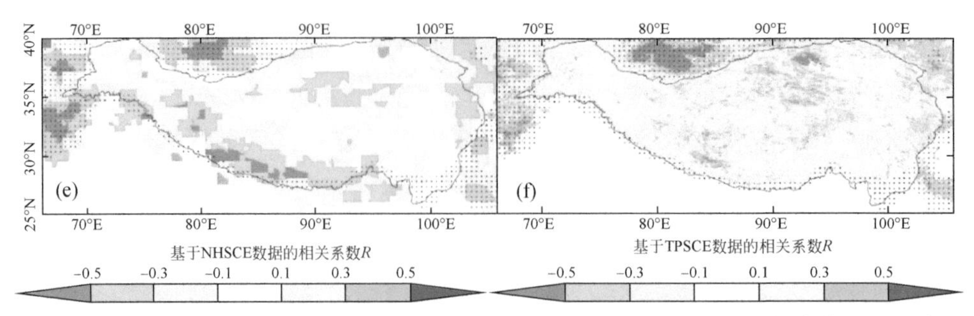

图 9.12　利用 ERA-Interim 数据计算得到的青藏高原 1982～2016 年（1994 年除外）（a）年平均地表气温和（b）年平均地表气温的变化量；（c）累积期气温的变化量；（d）最低气温的变化量。利用（e）NHSCE 数据和（f）TPSCE 数据计算得到的 1982～2016 年（1994 年除外）青藏高原累积期气温与年平均积雪覆盖率 SCF 之间的相关系数 *R*

图中黑点代表变化在 95% 的水平上显著

此外，1982～2016 年（1994 年除外）青藏高原积雪累积期气温与 NHSCE 和 TPSCE 计算得到的 SCF 之间的线性相关系数见图 9.12（e）和图 9.12（f）。如图 9.13（e）和图 9.13（f）所示，1982～2016 年（1994 年除外）年青藏高原积雪累积期气温与 SCF 基本上呈现负相关关系。但是，TPSCE 在西北部的帕米尔高原地区提供了更好的结果，因为 1982～2016 年（1994 年除外）青藏高原积雪累积期气温与 NHSCE 在该地区呈现出错误的正相关关系。

3. 积雪与累积期降水的对比分析结果

除了累积期的平均气温，降水量对积雪的影响也非常显著。受降水数 Persiann-CDR 的时间尺度的影响，本节主要进行 1983～2015 年青藏高原 SCF 与积雪累积期降水量的分析，见图 9.13。1983～2015 年（1994 年除外）青藏高原积雪累积期降水量在中部和东部呈现增加趋势，该趋势利于积雪累积，进而造成积雪深度的增加和积雪持续时间的增加。该变化与之前研究发现的 20 世纪 90 年代开始就出现的北半球中纬度地区寒潮和暴雪事件（Cohen et al.，2014，2012），以及青藏高冰川变化的时空差异（Yao et al.，2012）相符。此外，如图 9.13（c）和图 9.13（d）所示，SCF 与累积期降水量基本上呈现正相关。与基于 NHSCE 的 SCF 与累积期降水量的相比，基于 TPSCE 的 SCF 与累积期降水量的相关性更好，尤其在帕米尔高原地区。

4. 积雪与地表反照率的对比分析结果

积雪反射率较高，因此地表反照率与积雪变化密切相关。受 CLARA 地表反照率时间尺度的限制，本节中地表反照率与 SCF 变化的交叉比较集中在 1982～2015 年（1994 年除外）。1982～2015 年（1994 年除外）青藏高原年平均地表反

照率及其变化见图 9. 14。

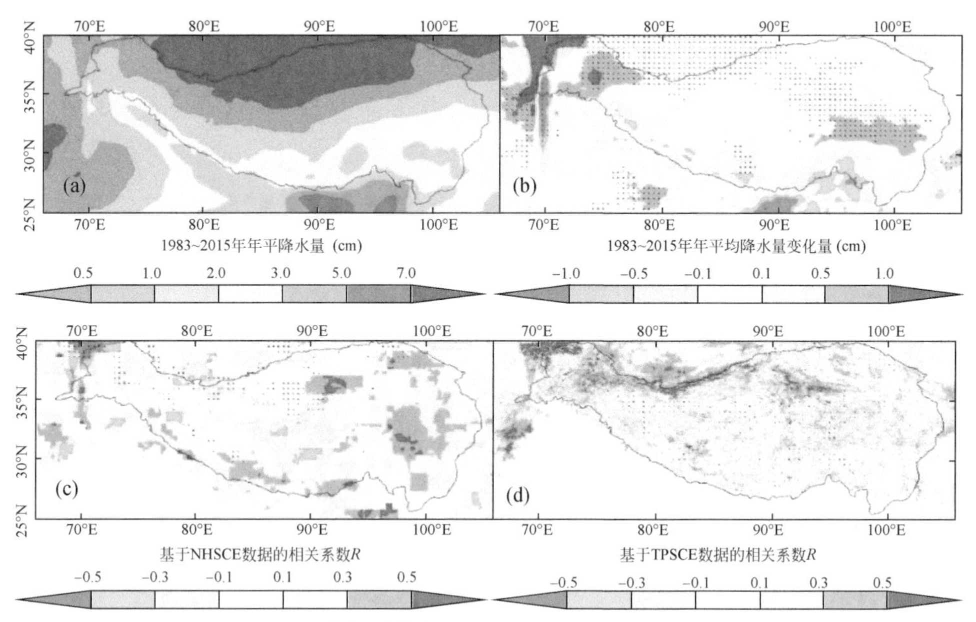

图 9. 13　利用 PERSIANN-CDR 数据计算得到的 1983 ~ 2015 年（1994 年除外）青藏高原（a）年平均降水量和（b）变化量；利用（c）NHSCE 数据和（d）TPSCE 数据计算得到的 1983 ~ 2015 年（1994 年除外）青藏高原积雪累积期降水量与年平均积雪覆盖率 SCF（%）之间的相关关系 *R*

（c）和（d）中的黑点代表两者的相关性在 95% 的水平上显著

利用 CLARA 地表反照率数据计算得到的 1982 ~ 2015 年青藏高原（1994 年除外）平均地表反照率见图 9. 14（a），其空间分布与图 9. 11 中青藏高原年平均 SCF 的空间分布高度相似。依据 Chen et al（2017）的研究，地表反照率的变化一定程度上反映了积雪的变化。如图 9. 14（b）所示，1982 ~ 2015 年青藏高原地表反照率在西北部的帕米尔高原和东南部的雅鲁藏布江流域呈现增加趋势，该趋势与 NHSCE 计算得到的 SCF 变化趋势［图 9. 11（b）］相反。而且，与地表反照率与 NHSCE 计算得到的 SCF 之间的相关分析［图 9. 14（c）］相比，地表反照率与 TPSCF 计算得到的 SCF 之间的线性相关系数［图 9. 14（d）］更加合理，尤其在帕米尔高原地区。

通过长时间序列 SCF 与气温、降水、地表反照率的对比分析，可以发现，与 NHSCE 相比，新开发的 TPSCE 数据更加适合于青藏高原长时间序列积雪变化及相关气候研究。

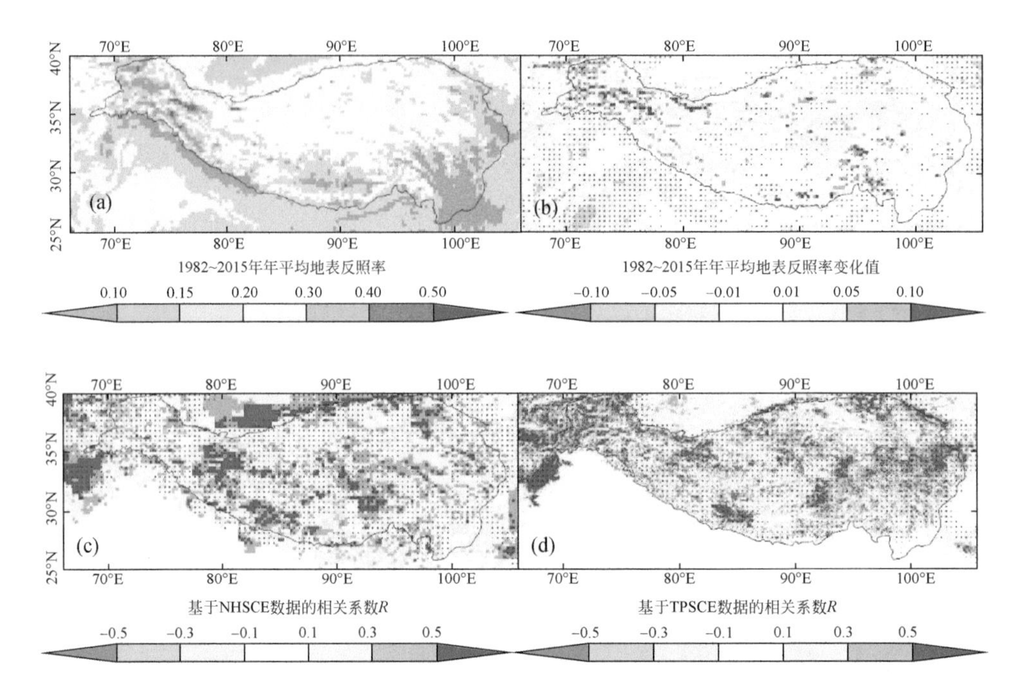

图 9.14 利用 CLARA 地表反照率数据计算得到的 1982 ~ 2015 年（1994 年除外）青藏高原地表反照率的（a）年平均值和（b）变化量；利用（c）NHSCE 数据和（d）TPSCE 数据计算得到的 1982 ~ 2015 年（1994 年除外）青藏高原年平均积雪覆盖率 SCF 与地表反照率的相关系数 *R*

（c）和（d）中的黑点代表两者的相关性在 95% 的水平上显著

9.5 小　　结

由于可用积雪数据匮乏，青藏高原积雪对气候变化的响应研究受到很大的影响。基于 NOAA AVHRR 地表反射率数据集和现有积雪遥感产品，本章开发了一套 1981 ~ 2016 年长时间序列、时间连续且空间完整的青藏高原积雪面积数据集。新开发的积雪数据集与已有 NHSCE、GlobSnow、Suomi-NPP、MODIS、IMS、JASMES 等数据集相比，在青藏高原积雪研究中有诸多优势，包括长时间尺度、高时空分辨率、完整的空间覆盖范围等。该数据集为气候变化背景下北半球中纬度冰冻圈研究提供了新的数据源。

利用地面积雪深度站点数据和高分辨率 MCD10A1-TP 数据对日尺度 TPSCE 的验证结果表明该数据集具有较高的积雪识别精度。MCD10A1-TP 和 TPSCE 在青藏高原及其 11 个流域（包括雅鲁藏布江、恒河、河西、印度河、湄公河、柴达木盆地流域、怒江、塔里木盆地流域、长江、黄河、青藏高原内陆河流域等）

2001 ~ 2014 年平均 SCF 的 RMSE 和偏差表明 TPSCE 可以很好地捕捉到青藏高原的积雪信息。此外，利用 TPSCE 计算得到的青藏高原 SCF 变化与相应时间段内气温、降水、地表反照率的变化具有很好的相关关系，其表现比长时间序列的 NHSCE 数据更加合理。

此外，基于多源数据融合生成的 TPSCE 为青藏高原积雪的变化研究提供了新的数据源，为研究过去 30 多年青藏高原积雪及相关气象、水文变化提供了基础。但是，该数据集依然存在若干问题，如 2000 年以后的数据比 2000 年以前的数据可信度更好、地面数据集较少、数据集的开发受辅助数据可用性影响较大等。此外，云污染依然是利用可见光遥感数据识别积雪的重要障碍，但是利用云识别算法和微波遥感数据，未来有希望生产出长时间序列、更高分辨率的积雪数据。

参 考 文 献

包慧漪, 张显峰, 廖春华, 等 . 2013. 基于 MODIS 与 AMSR-E 数据的新疆雪情参数协同反演研究 [J]. 自然灾害学报, 22: 41-49.

高扬, 郝晓华, 和栋材, 等 . 2019. 基于不同土地覆盖类型 NDSI 阈值优化下的青藏高原积雪判别 [J]. 冰川冻土, 41: 1-13.

黄晓东, 郝晓华, 王玮, 等 . 2012a. MODIS 逐日积雪产品去云算法研究 [J]. 冰川冻土, 34: 1118-1126.

黄晓东, 郝晓华, 杨永顺, 等 . 2012b. 光学积雪遥感研究进展 [J]. 草业科学, 29: 35-43.

阚希, 张永宏, 曹庭, 等 . 2016. 利用多光谱卫星遥感和深度学习方法进行青藏高原积雪判识 [J]. 测绘学报, 45: 1210-1221.

刘洵, 金鑫, 柯长青 . 2014. 中国稳定积雪区 IMS 雪冰产品精度评价 [J]. 冰川冻土, 36: 500-507.

邱玉宝, 张欢, 除多, 等 . 2017. 基于 MODIS 的青藏高原逐日无云积雪产品算法 [J]. 冰川冻土, 39: 515-526.

唐志光, 李弘毅, 王建, 等 . 2016. 基于多源数据的青藏高原雪深重建 [J]. 地球信息科学, 18: 941-950.

周敏强, 王云龙, 梁慧, 等 . 2019. 青藏高原 Soumi-NPP 和 MODIS 积雪范围产品的对比分析 [J]. 冰川冻土, 41: 36-44.

Ashouri H, Hsu K, Sorooshian S, et al. 2015. PERSIANN-CDR: Daily Precipitation climate data record from multisatellite observations for hydrological and climate studies [J]. Bulletin of the American Meteorological Society, 96: 69-83.

Brown R, Derksen C, Wang L. 2010. A multi-data set analysis of variability and change in Arctic spring snow cover extent, 1967 – 2008 [J] . Journal of Geophysical Research: Atmospheres, 115, D16111.

Brown R, Robinson D. 2011. Northern Hemisphere spring snow cover variability and change over 1922-

2010 including an assessment of uncertainty. The Cryosphere, 5, 219-229.

Che T, Li X, Jin R, et al. 2008. Snow depth derived from passive microwave remote-sensing data in China. Annals of Glaciology, 145-154.

Chen C, Lakhankar T, Romanov P, et al. 2012. Validation of NOAA-Interactive Multisensor Snow and Ice Mapping System IMS by Comparison with Ground-Based Measurements over Continental United States [J]. Remote Sensing, 4: 1134-1145.

Chen X, Liang S, Cao Y, et al. 2015. Observed contrast changes in snow cover phenology in northern middle and high latitudes from 2001-2014. Scientific Reports, 5, 16820.

Chen X, Long D, Hong Y, et al. 2017. Observed radiative cooling over the Tibetan Plateau for the past three dECA&Des driven by snow-cover-induced surface albedo anomaly. Journal of Geophysical Research: Atmospheres, 122, 6170-6185.

Chen X, Long D, Liang S, et al. 2018. Developing a composite daily snow cover extent record over the Tibetan Plateau from 1981 to 2016 using multisource data. Remote Sensing of Environment, 215, 284-299.

Cohen J, Furtado J, Barlow M, et al. 2012. Arctic warming, increasing snow cover and widespread boreal winter cooling [J]. Environmental Research Letters, 7: 014007.

Cohen J, Screen J, Furtado J, et al. 2014. Recent Arctic amplification and extreme mid-latitude weather. Nature Geoscience, 7, 627-637.

Dai L, Che T, Ding Y, et al. 2017. Evaluation of snow cover and snow depth on the Qinghai-Tibetan Plateau derived from passive microwave remote sensing [J]. The Cryosphere, 11: 1933-1948.

Dee D, Uppala S, Simmons A, et al. 2011. The ERA-Interim reanalysis: configuration and performance of the data assimilation system [J]. Quarterly Journal of the Royal Meteorological Society, 137: 553-597.

Franch B, Vermote E, Roger J, et al. 2017. A 30+ Year AVHRR land surface reflectance climate data record and its application to wheat yield monitoring [J]. Remote Sensing, 9: 296.

Frei A, Tedesco M, Lee S, et al. 2012. A review of global satellite-derived snow products [J]. Advances in Space Research, 50: 1007-1029.

Friedl M, Sulla-Menashe D, Tan B, et al. 2010. MODIS Collection 5 global land cover: Algorithm refinements and characterization of new datasets [J]. Remote Sensing of Environment, 114: 168-182.

Gao L, Hao L, Chen X. 2014. Evaluation of ERA-interim monthly temperature data over the Tibetan Plateau [J]. Journal of Mountain Science, 11: 1154-1168.

Hall D, Riggs G, Salomonson V, et al. 2002. MODIS snow-cover products [J]. Remote Sensing of Environment, 83: 181-194.

Hall D, Riggs G, Salomonson V. 1995. Development of methods for mapping global snow cover using moderate resolution imaging spectroradiometer data [J]. Remote Sensing of Environment, 54: 127-140.

Hall D, Riggs G. 2007. Accuracy assessment of the MODIS snow products [J]. Hydrological

Processes, 21: 1534-1547.

Hansen J, Ruedy R, Sato M, et al. 2010. Global surface temperature change [J]. Reviews of Geophysics, 48: RG4004.

Helfrich S, McNamara D, Ramsay B, et al. 2007. Enhancements to, and forthcoming developments in the Interactive Multisensor Snow and Ice Mapping System IMS [J]. Hydrological Processes, 21: 1576-1586.

Hori M, Sugiura K, Kobayashi K, et al. 2017. A 38-year 1978-2015 Northern Hemisphere daily snow cover extent product derived using consistent objective criteria from satellite-borne optical sensors [J]. Remote Sensing of Environment, 191: 402-418.

Huang X, Hao X, Feng Q, et al. 2014. A new MODIS daily cloud free snow cover mapping algorithm on the Tibetan Plateau [J]. Sciences in and Cold Arid Regions, 6: 0116-0123.

Kelly R, Chang A, Tsang L, et al. 2003. A Prototype AMSR-E global snow area and snow depth algorithm [J]. IEEE Transactions on Geoscience and Remote Sensing, 41: 230-242.

Key J, Mahoney R, Liu Y, et al. 2013. Snow and ice products from Suomi NPP VIIRS [J]. Journal of Geophysical Research: Atmospheres, 118: 12, 816-812, 830.

Khlopenkov K, Trishchenko A. 2007. SPARC: New cloud, snow, and cloud shadow detection scheme for historical 1-km AVHHR data over canada [J]. Journal of Atmospheric and Oceanic Technology, 24: 322-343.

Kidder S. 1987. Amultispectral study of the St. Louis area under snow-covered conditions using NOAA-7 AVHRR data [J]. Remote Sensing of Environment, 22: 159-172.

Liu J, Chen R. 2011. Studying the spatiotemporal variation of snow-covered days over China based on combined use of MODIS snow-covered days and in situ observations [J]. Theoretical and Applied Climatology, 106: 355-363.

Polashenski C, Dibb J, Flanner M, et al. 2015. Neither dust nor black carbon causing apparent albedo decline in Greenland's dry snow zone: Implications for MODIS C5 surface reflectance [J]. Geophysical Research Letters, 42: 9319-9327.

Pulliainen J. 2006. Mapping of snow water equivalent and snow depth in boreal and sub-arctic zones by assimilating space-borne microwave radiometer data and ground-based observations [J]. Remote Sensing of Environment, 101: 257-269.

Qu X, Hall A. 2014. On the persistent spread in snow-albedo feedback [J]. Climate Dynamics, 42: 69-81.

Riihelä A, Key J, Meirink J, et al. 2017. An intercomparison and validation of satellite-based surface radiative energy flux estimates over the Arctic [J]. Journal of Geophysical Research: Atmospheres, 122: 4829-4848.

Riihelä A, Manninen T, and Laine V. 2013a. Observed changes in the albedo of the Arctic sea-ice zone for the period 1982-2009 [J]. Nature Climate Change, 3: 895-898.

Riihelä A, Manninen T, Laine V, et al. 2013b. CLARA-SAL: a global 28 yr timeseries of Earth's black-sky surface albedo [J]. Atmospheric Chemistry and Physics, 13: 3743-3762.

Robinson D, Dewey K, and Richard R. 1993. Global snow cover monitoring: An update. Bulletin of the American Meteorological Society [J], 74: 1689-1696.

Tsutsui H, Koike T. 2012. Development of snow retrieval algorithm using AMSR-E for the BJ ground-based station on seasonally frozen ground at low altitude on the Tibetan Plateau [J] . Journal of the Meteorological Society of Japan, 90C: 99-112.

Vermote E, Chris J, Ivan C, et al. 2014. NOAA Climate Data Record CDR of AVHRR Surface Reflectance, Version 4 [DB/OL]. NOAA National Climatic Data Center. https://catalog.data.gov/dataset/noaa-climate-data-record-cdr-of-avhrr-surface-reflectance-version-4.

Yang J, Gong P, Fu R, et al. 2013. The role of satellite remote sensing in climate change studies. Nature Climate Change, 3, 875-883.

Yao T, Thompson L, Yang W, et al. 2012. Different glacier status with atmospheric circulations in Tibetan Plateau and surroundings [J] . Nature Climate Change, 2, 663-667.

Yu J, Zhang G, Yao T, et al. 2016. Developing daily cloud-free snow composite products from MODIS terra-aqua and IMS for the Tibetan Plateau [J]. IEEE Transactions on Geoscience and Remote Sensing, 54, 2171-2180.

Zhou H, Aizen E, Aizen V. 2013. Deriving long term snow cover extent dataset from AVHRR and MODIS data: Central Asia case study [J]. Remote Sensing of Environment, 136: 146-162.

第 10 章 北半球积雪研究的挑战与展望

随着国际社会对气候变化认识的不断深入，全球气候治理也进入新的时代（黄磊等，2020）。作为对气候变化最敏感的响应因子之一，积雪研究已成为参与全球气候治理的领域之一。基于上述章节的研究内容，本章结合积雪的脆弱性评价和积雪变化的适应框架，对气候变化背景下北半球积雪的未来研究方向进行展望，共 3 小节。10.1 节，对积雪的脆弱性评价进行介绍；10.2 节，对积雪变化的适应框架进行介绍；10.3 节，对北半球积雪的未来研究方向进行展望。

10.1 积雪的脆弱性评估

在全球变暖背景下，包括积雪在内的冰冻圈研究受到前所未有的重视，成为气候系统研究中最活跃的领域之一（秦大河等，2014）。积雪变化正在引起的一系列社会经济影响是当前全球变化和可持续发展最为关注的热点之一。脆弱性是指受到负面影响的倾向，是近年环境变化和政策研究出现的重要概念，针对全球环境变化可能带来的潜在风险，不同尺度、不同类型、不同对象的脆弱性问题已经成为人类社会生存和可持续发展极为关注的焦点。对脆弱性的认识还存在争议，脆弱性性总体来说有以下基本属性（秦大河，2017）。

（1）时间属性：时间尺度的脆弱性往往会决定结果的差异存在，包括现实的脆弱性、潜在的脆弱性，以及综合的动态脆弱性。

（2）尺度属性：脆弱性的发生、发展都存在固有的尺度范围，脆弱性的大小、程度取决于系统地理范围的划分和脆弱性评估的区域范畴。

（3）学科属性：不同的学科具有显著异同的揭示问题视角和方法，是以系统自身物理属性为视角，还是以政治、经济、文化制度等社会属性为切入点，不同学科差异对系统脆弱性评估结果产生显著差异性。

（4）系统属性：脆弱性对象既包括生态、社会、经济系统，也包括人地耦合复杂巨系统及人群、部门、社区等单一或特殊系统。

（5）问题属性：是健康、收入、社区文化、生物多样性还是系统的恢复能力？不同的问题导向，对脆弱性结果的评估起着决定性作用。

（6）灾害属性：灾害是系统负面影响和损害程度的重要内容，而潜在的、可能的人类健康、社会福祉、生态服务等损害测度则是脆弱性评估的核心。

积雪变化的脆弱性同样具备以上属性，是生态、经济、社会等系统对积雪变化负面影响的敏感程度，也是系统不能应对负面影响的能力、程度反映。积雪变化无疑会对气候、生态、水文、地表环境产生影响，这些影响必然会涉及人类社会进而会对人类生存环境及可持续发展产生影响。

IPCC 2019 年发布特别报告 *Special Report on the Ocean and Cryosphere in a Changing Climate* 指出，由于气候变化，近几十年来低海拔积雪普遍下降（高度可信），几乎所有地区（特别是低海拔地区）的积雪持续时间平均减少了 5d/10a。此外，低海拔地区的积雪面积和积雪深度呈下降趋势，但年际变化较大。在此背景下，部分地区的雪崩风险有所增加（中等可信）；春季雨雪洪水在低海拔地区减少了，在冬季高海拔地区增加了（中等可信）。雪和冰川的变化已经改变了以雪为主导和冰川为水源的河流流域的径流量和季节性（非常可信），并对水资源和农业产生了局部影响（中等可信）。近几十年来，由于更多的降水以降雨的形式下降，冬季径流增加了（高度可信）。冰川退缩和积雪覆盖的变化导致了一些高山地区农业产量的局部下降，包括兴都库什喜马拉雅山脉和热带安第斯山脉（中等可信）。上述针对积雪的脆弱性评价已得到国际社会的广泛关注。

10.2 积雪变化的适应框架

与脆弱性相伴的是针对脆弱性的适应框架。本节简要介绍气候变化背景下积雪变化的适应框架以及典型的适应性案例，为面向可持续发展的积雪变化研究提供参考。

10.2.1 框架

积雪变化的适应研究是冰冻圈变化的适应研究的内容之一，是当今全球变化研究中自然科学与社会科学交叉融合研究的典型代表（丁永建等，2020）。参照冰冻圈适应研究的内容与方向（Carey et al.，2015；Qin et al.，2018；丁永建等，2020；秦大河，2017），积雪变化的适应研究是以积雪变化的自然影响为链接点，以社会经济影响研究为突破，以风险与脆弱性、积雪服务与价值研究为桥梁与纽带，以趋利避害应对和适应积雪变化影响为目的的新兴研究方向。

适应研究方面：①注重从冰冻圈变化影响、灾害风险研究与评估中寻求适应行动的多源信息；②根据历史上社会-生态系统对冰冻圈变化影响的一些案例研究，探寻降低冰冻圈变化影响、灾害风险的途径与开展有效适应的行动方案。具体研究对象涉及水文、水资源与水安全；交通、基础设施、矿产资源开发、航道开通；寒区生态系统与生态安全；生计、健康、文化等（丁永建等，2020）。

根据冰冻圈与气候变化的基本特点，影响、脆弱性、适应评估是识别冰冻圈变化的负面影响、认识冰冻圈变化适应能力的主线，适应对象、适应尺度、适应类型、适应要素则是组成冰冻圈变化适应的 4 个组件。通过适应对象、适应尺度、适应类型、适应要素的选择和综合分析，揭示不同层级自然系统的恢复能力、不同社会系统的调整能力，进而提出冰冻圈变化的应对举措、实施方案，用于进行冰冻圈变化及其过程中生态、环境、经济、社会可持续发展的决策和管理（图 10.1）。

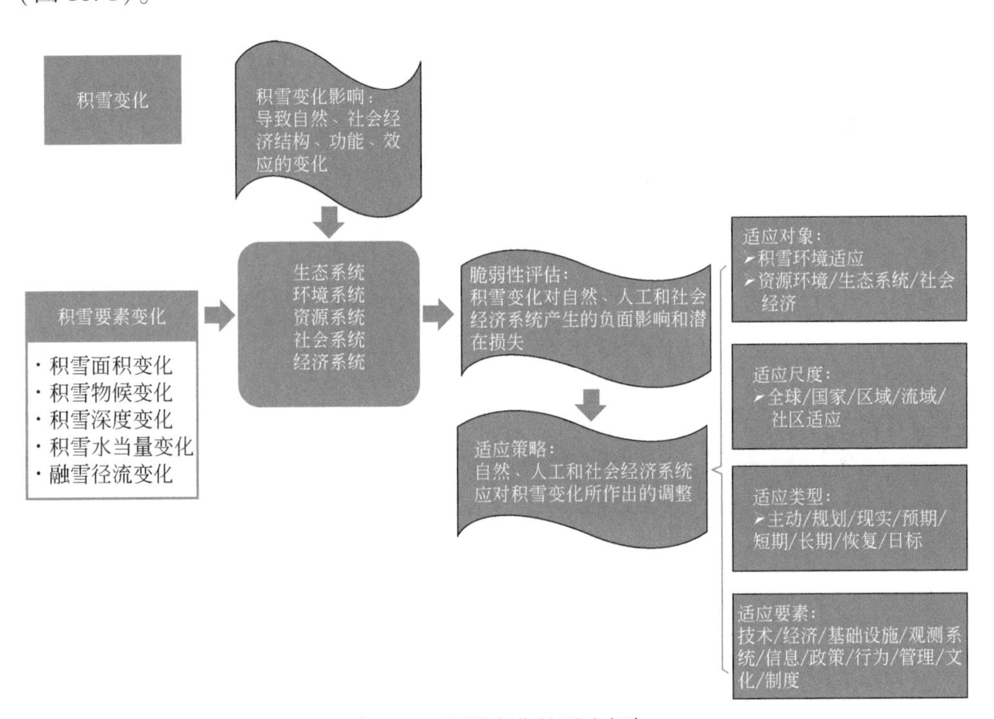

图 10.1　积雪变化的适应框架

10.2.2　适应性案例

本节简单介绍气候变化背景下积雪有关适应性案例，包括瑞士旅游业适应阿尔卑斯山积雪减少、政策驱动下的中国冰雪旅游以及新疆融雪型洪水灾害综合防治适应试点示范工程。

1. 瑞士旅游业适应阿尔卑斯山积雪变化

瑞士经济高度依赖旅游业，而冬季旅游是瑞士山地旅游的主要形态。由于全球气候变暖，瑞士阿尔卑斯山冰雪减少，显著影响该国旅游业发展，尤其是冬季滑雪旅游。由于游客减少，宾馆酒店业入住率下降，低海拔景区运输萧条，许多运输公司资金紧张，甚至有一些破产。为应对冰雪减少对冬季旅游业的不利影响，提出了以下适应措施：发展海拔3000m以上的冰川滑雪区；人工造雪；旅游产品多样化；业务合作或公司融合，降低竞争压力。由于瑞士阿尔卑斯山冰川本身在显著萎缩，考虑到环境原因，发展高海拔冰川滑雪区并非科学措施，因此，目前瑞士旅游业主要采取相应政策，提高瑞士冰雪旅游的适应能力（秦大河，2017）。

2. 政策驱动下的中国冰雪旅游

我国幅员辽阔，拥有广袤的北部边疆。此前很多年，由于北部省份冬季天寒雪多，居民们一直有“猫冬”的传统，自然难以增加收入。而且，北部省份有些地方是山区或林区，产业结构单一，经济社会发展水平相对落后。在惯性思维之下，冰天雪地成了影响经济社会发展的制约因素。

观念一转天地宽。近些年，一些地方牢固树立新发展理念，将“绿水青山就是金山银山”发展理念落实到具体实践之中，当地群众不断从生态保护和科学利用中受益。这对一些拥有“冰天雪地”资源却未能变成“金山银山”的地方来说，无疑是一个重要启示——应及时转变观念，重新审视当地冰雪资源价值，积极发展冰雪旅游、冰雪运动等冰雪经济。从某种程度上说，这既是加快当地经济社会发展、增加居民收入的必然要求，也有利于满足人们日益增长的冰雪旅游、冰雪运动等美好生活需要。

从政策层面上来看，2022 年冬奥会的申办成功和筹办启动是促进冰雪产业快速发展的一个良好契机。2014 年筹备申办冬奥开始，国家体育总局和相关部门便相继出台多项政策规划，为冰雪运动的发展提供了明确的发展方向和实际的文件支撑。而在申办成功的当年就提出了《冰雪运动发展规划（2016—2025年）》，并强调直接参加冰雪运动的人数超过 5000 万，并“带动 3 亿人参与冰雪运动”。

而 2019 年以来，国务院以及相关部委也密集出台了系列涉及支持冰雪旅游发展的产业政策。其中 9 月，国务院印发《国务院办公厅关于促进全民健身和体育消费　推动体育产业高质量发展的意见》提出，“促进冰雪产业与相关产业深度融合”“力争到 2022 年，冰雪产业总规模超过 8000 亿元，推动实现‘三亿人参与冰雪运动’目标”。

实践表明，发展冰雪产业确实可以带动冰雪地区的经济发展。随着我国冰雪旅游大众化演进和政策红利持续释放，冰雪旅游投资呈现出大众化、规模化、多元化特征，投资领域主要瞄准城市基础设施和冰雪旅游商业项目两类，据不完全统计，2018～2019 年我国冰雪旅游投资额约为 6100 亿元。其中，基础设施涉及高铁、高速公路等道路系统，机场改造，旅游厕所，游客服务中心等。从商业项目看，冰雪旅游投资以度假综合体类为主流投资项目，在整体投资规模中占比约 45%；东北及华北区域仍为投资热点；南展西扩东进战略投资效应显现；城市戏雪乐园现稳定增长，北京就有 100 余家戏雪乐园，山西大同新开了桑干河冰雪小镇满足群众冬季旅游需求，安徽合肥、江苏南京等众多省会城市投资 200 万～500 万元的室内冰雪乐园开始快速赢得消费者喜爱。得益于近 3 亿人参与冰雪运动和 2022 年冬奥会的双重利好因素的影响之下，我国冰雪产业的“黄金性质”日益凸显。

3. 新疆融雪型洪水灾害综合防治适应试点示范工程

针对新疆融雪型洪水发生频次增多、洪峰流量增大等问题开展试点示范，以融雪型洪水防治体系建设、监测预警和工程性防治措施为重点，在气候条件相似地区推广新疆增强防汛能力的经验。开展监测预警体系建设，加强融雪型洪水监测网络建设，开展气象水文监测填空加密工程与洪水灾害临近预报系统工程的建设，加强重点区域中小尺度精细化气象水文协同预报能力建设。开展针对性水利工程建设，因地制宜建设大中型水库，在重要河流上建设山区控制性水利工程；加强病险水库除险加固工程、河道护岸及堤防工程、排洪渠工程和沟道疏浚工程等的建设。开展综合防御体系建设，在融雪型洪水灾害的监测预防、预报预警、灾后应急等方面制定相应的政策法规；编制灾害风险区划图，制定综合防治规划；对处于灾害危险区，生存条件恶劣、地势低洼与治理困难地方的居民实施永久搬迁（国家发展和改革委员会，2013）。

10.3 积雪研究的挑战与展望

10.3.1 挑战

随着气候变化成为不争的事实，气候变化驱动下的北半球积雪响应研究将是未来一段时间内气候变化研究领域的热点。现阶段，北半球积雪变化的响应与反馈研究已经取得了丰硕的成果，为积雪相关气候变化研究、水资源规划、生态环境可持续发展、灾害防治等提供了有用的信息支撑。由于北半球地表类型多源、积雪季节性和区域性分布特征显著、长时间序列和高分辨率积雪数据集短缺等一系列问题的制约，北半球积雪变化研究还存在一些问题，值得我们进一步研究和探索。这些问题主要表现在以下方面。

1）对北半球积雪变化缺少系统性研究

尽管北半球积雪整体上呈下降趋势，但区域分异规律尚不清楚。低分辨率长时间序列数据产品不支持对区域积雪变化情况的研究，且尚无中高分辨率数据能支持北半球积雪的分异规律研究，处理难度大。

2）长时间覆盖、质量可靠且时空连续的积雪数据产品依然短缺

现阶段大尺度积雪遥感数据的空间分辨率普遍较低，例如，半球尺度积雪变化研究中广泛使用的、时间尺度最长的 NHSCE 积雪数据，其空间分辨率为 25km。但是，北半球季节性积雪的年际变化较大，为了进行积雪面积和积雪物候的年际比较，研究者通常将研究区限制在稳定积雪区。这使得中低纬度的积雪变化信息难以量化，有可能遗漏掉部分积雪变化信息，尤其是在稳定积雪区边缘。

受地理条件限制，北半球站点积雪观测数据相对稀少且代表性不足。观测数据的缺失使得各种大气再分析项目在积雪同化时没有足够的可用同化输入资料。相关的验证研究表明，多数长时间序列的再分析积雪数据的质量均不稳定，且彼此间存在很大的偏差，尤其是在中低纬度（Brown and Brasnett，2010；Chen et al.，2012，2015；Metsämäki et al.，2015；刘洵等，2014）；部分遥感产品（如 NHSCE 等），其数据生产环节所采用输入参数的不确定性，导致同样存在比较严重数据偏差（Brown and Robinson，2011），科学数据的不一致性也是现有北半球积雪变化研究之间存在巨大分歧的重要原因之一。

3）积雪变化的影响评估尚需优化

考虑到北半球积雪的时空异质性，遥感数据是评估积雪变化对气候辐射收支影响的最佳选择。随着积雪遥感数据、地表反照率数据、植被检测数据的不断改进，以及辐射核模型的成熟和优化，准确量化积雪变化对气候系统辐射收支的影响才能真实反映积雪对气候系统的影响，从而优化气候模型，提高对气候预测的准确性。

4）针对积雪变化的脆弱性和适应性研究不足

尽管冰冻圈的脆弱性与适应策略研究已有十余年的时间，然而针对积雪变化的脆弱性与适应性研究尚不充分。积雪是冰冻圈覆盖面积最广的组成成分，也是受气候变化影响最为显著的组成成分。积雪变化脆弱性研究的不足导致对积雪灾

害的防范能力建设困难，进而阻碍积雪变化的适应性策略研究。

10.3.2 展望

随着遥感、地理信息系统和地统计学等方法和技术的不断进步，基于遥感技术的北半球积雪变化研究有望突破现阶段的限制因素，为生态、环境、灾害、水资源等领域提供更加可靠的信息支撑。针对北半球积雪变化研究中存在的问题和瓶颈，未来的积雪变化研究将主要集中在以下方面。

1）基于光学和微波数据的多源积雪数据产品生成算法和验证

继续发展基于先验知识和数据同化的多源积雪数据融合算法，从时间尺度和空间覆盖范围入手，建立空间一致的北半球长时序积雪遥感数据源。系统评价现有积雪数据的精度与适用范围；在充分考虑北半球积雪时空分布先验信息的基础上，融合生成北半球长时序且空间完整的积雪面积数据集。如何将“地-空-天”监测数据有机融合，形成一套更加全面、准确、高时空分辨率的数据集，更好地服务于积雪变化研究，仍是一个亟待解决的问题（刘一静等，2020）。

2）北半球积雪分布范围、时空差异及变化研究

基于北半球气候系统发生显著改变的事实，可从以下方面入手：①结合北半球气候分区、地表覆被类型、纬度和高程等数据，量化北半球积雪的时空变化格局及区域差异性，探明北半球积雪在不同气候分区、不同地表覆被类型、不同纬度带和高程条件下的分异规律。②建立气候系统变量与积雪变化之间的直接关系，分析气候变化背景下北半球积雪面积的时空变化，理清北半球积雪对气候变化的响应及敏感性，探讨其对北半球气候变化新格局的响应。③结合 ERA 5、Persiann-CDR 和 CRU TS 等再分析气温和降水数据，通过交叉比对和归因分析，进一步探讨北半球积雪在不同气候分区、不同地表覆被类型、不同纬度和高程条件下的驱动因子。

3）积雪变化的影响研究

聚焦积雪对气候、水资源和生态影响等关键方向，构建积雪变化对地表温度、水文水资源、土壤湿度、植被物候等关键过程的影响。在能量平衡角度，以辐射核模型为基础，从输入变量入手，改造和构建定量和空间化的积雪-气候系统辐射收支影响传递链，解决已有评估中积雪和地表反照率数据时空不连续、植被变化被忽略、积雪变化对地表反照率影响难以量化等难题，进行积雪对气候系统辐射收支的数值模拟，估算北半球积雪变化对气候系统辐射收支的潜在影响，评估北半球积雪在不同气候分区、不同地表覆被类型、不同纬度带和高程条件下的辐射胁迫和反馈强度，真实反映北半球积雪对地球-大气系统

的影响。

4）积雪变化的脆弱性和适应性研究

进一步加强对积雪变化的脆弱性研究，尽管中国冰冻圈变化适应研究已成有机体系，但在理论研究方面，尚需进一步充实与完善，尤其是需要探讨将冰冻圈与人类圈相耦合的灾害风险、脆弱性与适应定量评估方法；在实践应用研究方面，要突破传统，提高认识，既加强案例细化研究，又要拓展尺度，深入宏观研究，满足国家适应冰冻圈变化及其影响的战略需求，满足地方或企业应对冰冻圈变化影响的战术需求，满足家庭与个体对冰冻圈变化及其影响的科普需求。此外，在生态文明建设及“冰天雪地也是金山银山”理念的指导下，进一步将“冷资源”变成“热经济”。

综上，深入研究北半球积雪的变化机理，探索北半球积雪变化的空间格局，剖析北半球积雪在不同气候区、不同地表覆被条件、不同高程条件下所表现出的敏感性及其与气候系统之间的相互关系，评估北半球积雪变化对地球–大气系统辐射收支的影响，不仅有助于我们系统地认识北半球积雪对气候变化的响应模式，评估积雪变化对地球–大气系统的整体影响，提高积雪在现有气候预测和数据同化中的应用能力，也有助于我们加强对积雪和气候系统之间相互作用的物理过程与反馈机制的理解以提高水文和气候预测的准确性，提高全社会积雪相关的防灾减灾能力，减少因之产生的国民经济损失。

参考文献

丁永建，杨建平，方一平，等. 2020. 冰冻圈变化的适应框架与战略体系［J］. 冰川冻土，42：11-22.

国家发展和改革委员会. 2013. 国家适应气候变化战略［EB/OL］. http://www.gov.cn/gzdt/att/att/site1/20131209/001e3741a2cc140f6a8701.pdf.

黄磊，张永香，巢清尘，等. 2020. “后巴黎”时代中国应对气候变化能力建设方向［J］. 科学通报，65：373-379.

刘洵，金鑫，柯长青. 2014. 中国稳定积雪区IMS雪冰产品精度评价［J］. 冰川冻土，36：500-507.

刘一静，孙燕华，钟歆玥，等. 2020. 从第三极到北极：积雪变化研究进展［J］. 冰川冻土，42：140-156.

秦大河，2017. 冰冻圈科学概论［M］. 北京：科学出版社.

秦大河，周波涛，效存德. 2014. 冰冻圈变化及其对中国气候的影响［J］. 气象学报，72：869-879.

Brown R, Brasnett B. 2010. Canadian Meteorological Centre CMC Daily Snow Depth Analysis Data, Version 1［DB/OL］. Boulder, Colorado USA. NASA National Snow and Ice Data Center Distributed Active Archive Center. doi：https://doi.org/10.5067/W9FOYWH0EQZ3.

Brown R, Robinson D. 2011. Northern Hemisphere spring snow cover variability and change over 1922-2010 including an assessment of uncertainty [J]. The Cryosphere, 5: 219-229.

Carey M, McDowell G, Huggel C, et al. 2015. Integrated Approaches to Adaptation and Disaster Risk Reduction in Dynamic Socio-cryospheric Systems. In: Snow and Ice-Related Hazards, Risks, and Disasters [M]. Academic Press.

Chen C, Lakhankar T, Romanov P, et al. 2012. Validation of NOAA-Interactive Multisensor Snow and Ice Mapping System IMS by Comparison with Ground-Based Measurements over Continental United States [J]. Remote Sensing, 4: 1134-1145.

Chen X, Liang S, Cao Y, et al. 2015. Observed contrast changes in snow cover phenology in northern middle and high latitudes from 2001-2014 [J]. Scientific Reports, 5: 16820.

Metsämäki S, Pulliainen J, Salminen M, et al. 2015. Introduction to globSnow snow extent products with considerations for accuracy assessment [J]. Remote Sensing of Environment, 156: 96-108.

Qin D, Ding Y, Xiao C, et al. 2018. Cryospheric Science: research framework and disciplinary system [J]. National Science Review, 5: 255-268.

附录　中英文简写索引

（按字母顺序排列）

Arctic Ampilication：北极增温放大效应

AM2：Atmosphere Model 2，大气模型 2

AO：Arctic Oscillation，北极涛动

APP-X：Advanced Polar Pathfinder

a_s：Land Surface Albedo，地表反照率

Δa_s：Land Surface Albedo Contrast，地表反照率差值

AVHRR：Advanced Very High Resolution Radiometer，先进型甚高分辨辐射仪

CAM3：Community Atmosphere model 3，集群大气模型 3

CERES：Clouds and Earth's Radiant Energy System，云层和地球的辐射能量系统

CERES EBAF：CERES Energy Balanced and Filled products，CERES 能量平衡和填充产品

CLARA-A1-SAL：Satellite Application Facility on Climate Monitoring（CM SAF）clouds，albedo，and radiation-AVHRR 1st release surface albedo datasets，气候（云、反射率和辐射）监测卫星应用设施-AVHRR 第一版反照率的数据集

CMC：Canadian Meteorological Centre，加拿大气象中心

CMIP5：Coupled Model Intercomparison Project Phase 5，耦合模型国际比较项目第 5 阶段

CMIP6：Coupled Model Intercomparison Project Phase 6，耦合模型国际比较项目第 6 阶段

Cooling Effect：辐射降温效应

CPC：Climate Prediction Center（USA），美国气候预测中心

CRU TS：Climatic Research Unit Time-Series，气候研究联盟时间序列数据

C_rRF：Cryosphere Radiative Forcing，冰冻圈辐射强迫

D_d：Snow Duration Date，积雪持续时间

D_e：Snow End Date，积雪终雪日

D_o：Snow Onset Date，积雪初雪日

ECA&D：European Climate Assessment & Dataset，欧洲气候评估数据集

ENSO：El Nino-Southern Oscillation，厄尔尼诺-南方涛动

ERA-Interim：European Center for Medium Range Weather Forecasts Reanalysis（ECMWF）reanalysis，欧洲中期天气预报中心再分析数据

FPAR：Fraction of Photosynthetically Active Radiation，光合有效辐射的分数

GFDL：Geographical Fluid Dynamic Laboratory（USA），国家地理流体动力实验室

GHCN：Global Historical Climatology Network，全球历史气候数据集

GISS：Goddard Institute for Space Studies，戈达德太空研究所

GFSC：Goddard Space Flight Center，戈达德航天飞行中心

GLASS：Global LAnd Surface Satellite，全球陆表遥感数据集

戈达德航天飞行中心（Goddard Space Flight Center，GFSC）

IGBP：International Geosphere-Biosphere Program，国际地圈-生物圈计划

IMS：Interactive Multi-Sensor Snow and Ice Mapping System，互动多传感器积雪和海冰制图系统

IPCC：Intergovernmental Panel on Climate Change，政府间气候变化委员会

ISCCP：International Satellite Cloud Climatology Project，国际卫星云气候学计划

LAI：Leaf Area Index，叶面积指数

LW：Long wave，长波

MODIS：Moderate Resolution Imaging Spectroradiometer Satellite，中分辨率成像光谱仪

MCD43GF：MODIS BRDF/Albedo/NBAR CMG Gap-Filled Products，MODIS 无雪地表反照率数据集

MCD12Q2：The MODIS Global Land Cover Dynamics Yearly L3 Global 500m SIN Grid Vegetation Phenology product，MODIS 植被物候数据集

MOD10CM：The MODIS/Terra Snow Cover Monthly L3 Global 0.05 Degree CMG，MODIS 月积雪覆盖丰度数据集

MOD12C1：The MODIS/Terra Land Cover Type Yearly L3 Global 0.05Deg CMG product，MODIS 地表覆被类型数据集

NA：North America，北美

NAM：Northern Hemisphere Annular Mode，北半球环状模

NASA：The National Aeronautics and Space Administration（USA），美国国家

航空和航天局

NBAR：Bidirectional Reflectance Distribution Function，双向反射分布函数（双向）调整反射

NCAR：The National Center for Atmospheric Research（USA），国家大气研究中心

NCDC：National Climatic Data Center（USA），美国国家气候数据中心

NDSI：Normalized Difference Snow Index，归一化积雪指数

NDVI：Normalized Difference Vegetation Index，归一化植被指数

NH：Northern Hemisphere，北半球

NHSCE：Northern Hemisphere EASE-Grid 2.0 Weekly Snow Cover and Sea Ice Extent，北半球 EASE-Grid 2.0 格式周积雪和海冰范围数据集

NISE：Near-Real-Time Ice and Snow Extent，近实时海冰和积雪面积数据集

NOAA：National Oceanic and Atmospheric Administration，美国国家海洋和大气管理局

NSIDC：National Snow and Ice Distribution Center（USA），美国国家冰雪数据发布中心

P_a：Accumulation Season Precipitation，积雪累积期降水量

Pan-Arctic：泛北极地区

PDSI：Palmer Drought Severity Index，帕尔默干旱严重度指数

P_m：Melting Season Precipitation，积雪消融期降水量

RMSE：Root Mean Squared Error，均方根误差

SAF：Snow-Albedo Feedback，积雪-反照率反馈

SCE：Snow Cover Extent，积雪覆盖面积

SCF：Snow Cover Fraction，积雪覆盖百分比

SCP：Snow Cover Phenology，积雪物候

S_nRF：Snow Radiative Forcing，积雪辐射强迫

S_nRF_a：Accumulation Season S_nRF，累积期积雪辐射强迫

S_nRF_m：Melting Season S_nRF，消融期积雪辐射强迫

SM：Soil Moisture，土壤湿度

SW：Shortwave，短波

SWE：Snow Water Equivalent，积雪水当量

大气顶端：Top of the Atmosphere，大气顶端

T_s：Surface Air Temperature，地表气温

T_a：Accumulation Season Temperature，积雪累积期平均气温

T_m：Melting Season Temperature，积雪消融期平均气温
TP：Tibetan Plateau，青藏高原地区
Westilier：西风带
WCRP：World Climate Research Programme，世界气候研究组织
WMO：World Meteorological Organization，世界气候组织